山地人居环境研究丛书/赵万民 主编

国家自然科学基金:"后三峡时代"库区人居环境品质提升理论与方法(基金编号:51278502)

国家"十二五"科技支撑计划课题:西南山地生态安全型村镇社区与基础设施建设关键技术研究与示范(课题编号:2013BAJ10B07)

三峡人居环境文化地理变迁

魏晓芳 著

东南大学出版社

·南京·

内容提要

本书在人居环境科学体系下,以"文化"为核心、文化变迁过程及规律为对象,以"古代—今日—未来"的时间线索及"面—线—点"的空间层次,运用多学科的综合方法,通过梳理三峡人居环境的文化历史脉络,揭示其地域扩展过程及规律,分析三峡地区文化地理变迁的形成动因和形成条件,探寻文化地理变迁的基本原理与历史经验;构建区域人居环境建设中的文化地理变迁研究体系,开展三峡地区不同空间层次的人居环境规划与建设实践,并在此基础上研究和谐可持续文化模式的运行机理。提出和谐可持续文化目标,拓展人居环境科学的研究领域,丰富人居环境科学研究内涵,为三峡人居环境的规划与实施提供依据,从而全面提升三峡人居环境品质。

本书适用于人居环境科学、城乡规划学、建筑学、风景园林学、文化地理学、历史地理学、人类社会学等专业的研究人员、设计者、管理工作者参考,也可作为高等院校相关专业师生的参考书籍。

图书在版编目(CIP)数据

三峡人居环境文化地理变迁/魏晓芳著. —南京:
东南大学出版社,2014.10
 ISBN 978 - 7 - 5641 - 5079 - 2

Ⅰ.①三… Ⅱ.①魏… Ⅲ.①三峡水利工程—区域环境—居住环境—研究 Ⅳ.①X21

中国版本图书馆 CIP 数据核字(2014)第 164620 号

三峡人居环境文化地理变迁

著　　者　魏晓芳
责任编辑　宋华莉
编辑邮箱　52145104@qq.com

出版发行　东南大学出版社
出 版 人　江建中
社　　址　南京市四牌楼 2 号(邮编:210096)
网　　址　http://www.seupress.com
电子邮箱　press@seupress.com
印　　刷　江苏兴化印刷有限责任公司
开　　本　787 mm×1 092 mm　1/16
印　　张　16.75
字　　数　398 千字
版　　次　2014 年 10 月第 1 版第 1 次印刷
书　　号　ISBN 978 - 7 - 5641 - 5079 - 2
定　　价　46.00 元

经　　销　全国各地新华书店
发行热线　025 - 83790519　83791830

序

我国是一个多山的国家,中国的山地约占全国陆地面积的 67%,山地城镇约占全国城镇总数的 50%。山地集中了全国大部分的水能、矿产、森林等自然资源。山地区域是多民族的聚居地,是人类聚居文化多样化的蕴藏地。同时,山区是地形地貌复杂、生态环境敏感、工程和地质灾害频发的地区。我国近 30 多年的城镇化发展,在促进了经济高速增长的同时,也对土地资源节约、生态环境维育、地域文化延续等方面产生了较多的负面影响。这种影响所产生的破坏作用正逐步从平原地区向山地区域扩展。用"科学发展观"来指导我们的城乡建设事业,是我国的一项重要国策。因此,在山地城市规划和建设活动中,重视人与环境的"和谐发展"尤为重要。

中国的城镇化发展有两个明显的特征:其一,在城市(镇)地区走城乡统筹、和谐发展的道路,是促进经济社会整体发展的必然选择;其二,东部、中部、西部不同经济发展的梯度背景,必须采取因地域资源、文化特点、基础积累的不同而相异的城镇化发展道路。我国西南地区是典型的山地区域,具有人口集聚、自然和文化资源丰富、生态环境敏感、工程建设复杂、山水景观独特等特点,亟待开展山地城市(镇)规划适应性理论与实验研究。

城镇化的作用是一把"双刃剑",环境与发展的矛盾在山地区域尤其突出。由于不顾地形和环境条件而进行的"破坏性"建设,致使生态失衡、环境恶化、生物多样性锐减等危害,影响了人类的可持续发展。山地区域的生态平衡被破坏、水土不保,造成中、下游平原地区江河断流或洪灾泛滥。城镇化伴生的人口集聚和大规模工程建设,致使山地自然灾害和工程灾害频发。现代城市规划和建筑设计的浅薄化,使山地丰富的地域文化、传统聚居形态、地方技术等丧失。山地城市(镇)建设明显照搬平原城市的做法,不仅造成经济上的巨大浪费,而且带来工程质量安全方面的隐患。长期以来,西南地区城市规划理论和技术研究方面比较薄弱,使得城市建设缺乏适应性的理论指导。

西南山地特殊的自然与人文资源构成,确定了它在我国整体城市(镇)化发展中的重要位置,体现了"科学发展观"的重要价值。研究西南山地城市(镇)规划的适应性理论,不仅是指导西南地区理论建设和城市建设工作的需要,而且是我国城市(镇)化理论体系整体发展的需要。西南地区的城市建设,在历史上大多反映了尊重自然、适应环境发展的城市建设思想和地方建筑学的技术方法。西南地域独特的城市和建筑形态,与山水环境浑然一体的建筑格局,以及孕育其中的人文内涵和生活风貌,形成了我国山地城市与建筑的特殊的文化流派。

从历史上看,西南区域资源丰富、人文荟萃、人居环境形态独特。2000 年后,西南城镇密集地区城镇化的进程加快,经济发展势头迅猛,城镇化水平在 2006 年达到 40%。重庆作为西部地区的重要城市,党中央寄予了厚望,胡锦涛总书记在十届全国人大五次会议期间提出重庆直辖市在新的历史时期发展的战略定位和目标:"西部地区的重要增长极,长江上游的经济中心,城乡统筹发展的直辖市,在西部地区率先实现全面小康社会。"①西南区域的经济增长和社会文化水平的提高,大多反映在首位度较高的大城市地区,大量城镇和农村地区发展缓慢,落后的状况非常明显,大城市与小城镇地区的建设水平差距在加大。西南地区集中了"发达与欠发达"的经济差异、山区和平原的地域差异以及都市和乡村的形态差异的多维特征。区域性城镇化水平的不平衡发展,地区经济发展和地域文化的差异性,城市规划和建筑工程技术要求的特殊性、山地生态建设和环境保护的复杂性等,构成了西南山地城市(镇)规划理论创新和实践的重要基础条件。城市规划的适应性理论缺乏,技术水平滞后,不能跟上城镇化发展的要求并有效指导城市(镇)规划与建设,成为影响西南山地社会经济和城乡建设发展的瓶颈。

城市规划学科发展到今天,其理论体系的构成已经具有相当的学科外延性和综合性。山地人居环境的构成,在一般人居环境意义上有其更丰富的内涵和独特性。山地自然环境作用于城市、建筑、大地景观的物质形态和生活内容上,三位一体的关系更加突出,人与自然空间的构成更具有机性和依赖性;山地人文环境因地域文化的特殊性构成了人生活方式的丰富性和多维性。对于山地人居环境的研究,应该从地域因素和人文环境等方面来建立理论思维和解决问题的技术方法。

在山地城市规划和城市建设中,对自然环境因素的考虑是十分重要的。对环境的利用和尊重涉及城市建设的经济性、安全性、生活宜居性、城市景观等方面。西南山地城市(镇)规划与建设的相当一部分工作是在解决场地建设和工程建设的安全问题,包括由此而产生的经济性比较。山地的诸多情况,与非山地区域截然不同,如对环境的尊重和生态安全性的考虑,是涉及一个地区以及相应地区(如上游、下游地区等)的安全问题;城市规划和工程建设的经济性往往是"隐性的",隐含在对自然环境的合理利用和对建设用地的有机设计中。从城市宜居和城市景观方面考虑,结合山水自然的规划设计,获取优良的生活环境,是老百姓生活居住的追求,也是项目开发者利益追求的营建方式。因此,西南地区的规划师和建筑师对山地环境的规划设计能力,是衡量其职业素养和技术水平高低的重要指标。

对西南地区山地城市和建筑学术问题的研究,可以追溯到20世纪三四十年代。时逢抗战时期,中国政府和学术团体转来重庆和西南地区,人口的机械增长膨胀了城市和城镇,带来了一个时期的繁荣建设和发展;同时,学术精英集聚西南,客观地带动了山地建筑学和城市规划的理论和创作实践的发展。如梁思成和林徽因先生的营造学社,在四川宜宾的李庄,进行了不少关于西南山地历史建筑(群)的调查和整理工作。当时的中央大学、西南联大和重庆大学建筑系的校址就在山城重庆(今重庆大学松林坡),杨廷宝等先生在建筑设计从业的同时,授教于建筑系,在战火重庆教学育人,培养出不少今日学界著名的学者。学子们在艰苦的战争岁月中励志学习,培养出了为国家战后重建,使"居者有其屋"、"大庇天下寒士"的宏伟抱负,对城市和建筑环境的热爱和山水环境的理解也大多萌生于此(吴良镛教授对于在重庆松林坡读书的回忆文章中有记载)。抗战时期的中央大学建筑系和重庆大学建筑系成为今天重庆大学建筑城规学院的前身,其办学思想和学术风格遗存至今,影响未来。20世纪40年代,国民政府组织了"陪都十年计划",后因战争结束首都回迁等多种因素

---

① 2007年3月全国"两会"期间,胡锦涛总书记对重庆代表团作出重要指示:努力把重庆加快建设成为西部地区的重要增长极,长江上游的经济中心,城乡统筹发展的直辖市,在西部地区率先实现全面小康社会。

未能全部实施，但今天从专业角度来看，当时的规划仍然有十分科学的参考价值，如有效的山地道路体系、城市的组团格局，注重滨水和景观的城市空间组织，新建筑风格和色彩的引导等。从建筑创作角度看，当时聚集重庆的建筑师曾设计了不少富于山地特色的建筑作品，如陪都总统府（"文革"后拆）、"精神堡垒"纪念碑、南山总统官邸建筑群、朝天门民生银行等，这些建筑及其环境成了今天重庆存留不多的历史文物建筑，是重庆"陪都文化"的记载。

自 20 世纪 50 年代以来，在西南地区，以重庆大学建筑城规学院为代表的山地人居环境的研究，从城市和建筑形态空间出发，广泛拓展研究领域，凝练学术内容，在山地城市空间形态、山地城市区域发展、山地城市生态、山地历史文化保护等方面，积累了较为丰富的学术经验和研究成果，凝聚了诸多学者在山地问题研究上理论建树和工程实践的心血，如唐璞教授、赵长庚教授、陈启高教授、余卓群教授、黄光宇教授、李再琛教授、万钟英教授等，他们的研究涵盖了以西南地区为学术舞台的山地建筑学、山地城市规划学、山地景观学、山地建筑技术科学，以及早期的山地人居环境学，在全国产生了极大的学术影响力。20 世纪 80 年代，国家的社会经济发展逐步走上健康的轨道，重庆大学建筑城规学院在人才培养上迈上了新台阶，为西南、华南、华中和华东等地区培养了大量的山地城市规划和建筑学方面的人才，在研究、设计、管理、项目开发等领域发挥着骨干作用。

我国的城市化发展，出现了社会经济地区发展的不平衡和地域文化的差异性，西南地区的城市化发展已经起步，城市建设的活动如火如荼，一日千里，有如我国东部发达地区在 20 世纪 90 年代初所面对的情况，即城市规划的工作跟不上建设的速度、理论的指导滞后于实际建设的需要。本丛书提出的理论思考和研究内容建议，拟对西南山地城市规划理论建设和学术发展做一些探索性的工作，并使其成为国家新时期城市化理论建设整体框架中的有效部分。

吴良镛教授等老一辈学者在 20 世纪 90 年代提出发展"人居环境科学"的主张，在全国范围内得到普遍响应，结合快速发展的城市化，对人居环境的研究在我国各个地域积极开展，有效地指导国家城市建设的理论与实践。针对西南山地土地资源稀缺性与生态环境脆弱性的地域环境特点，城市、建筑空间多维性和自然、人文内涵丰富性的地域文化特征，进行西南山地城市（镇）人居环境建设的理论研究与实践是一项十分重要的工作。在重庆大学建筑城规长期从事关于山地问题研究的基础上，本套丛书将逐步总结和推出相关方面的研究内容：（1）山地人居环境区域发展的研究；（2）山地流域人居环境建设的研究；（3）山地人居环境关于城市形态空间设计的研究；（4）山地人居环境关于工程技术方法的研究；（5）山地人居环境关于历史城镇保护与发展的研究。

我们希望，以西南山地富有特点的城乡建设为土壤，通过学术耕耘，积极加入到全国整体的人居环境科学研究的洪流中，找到自己的位置，不断学习探索，并做出相应的理论与实践的贡献。

赵万民
2007 年 6 月

前　言

沧海桑田,斗转星移,三峡地区的人居环境在历史的长河中不断变化发展,走过了一条不同寻常的变迁之路,铸就了灿烂的三峡文化,值得人们深思与回味。

三峡人居环境在历史的进程中经历了漫长的缓变和急剧的突变,与此同时,文化地理也随之变迁。三峡地区曾因壮丽的峡谷风光闻名于世,又因最大的水利工程令世人瞩目,然而在气势恢宏的背后,三峡人居环境却始终不尽如人意,文化环境的建设速度远远比不上物质空间的建设速度。不论是在有关三峡的学术研究中,抑或是城乡规划设计中,还是在实际的移民搬迁城镇建设中,文化都未得到应有的重视,文化之于地区发展的促进力量不仅没有得到充分发挥,反而成为地域发展的阻碍。基于这种背景,在"文化强国"战略目标的引领下,本书希望通过研究,建立体系、梳理历史、探寻机制、提出对策,促使三峡地区优秀的传统文化得到传承、活力的新兴文化得以发展。

本书在人居环境科学体系下,以"文化"为核心、文化变迁过程及规律为对象,以"古代—今日—未来"的时间线索与"面—线—点"的空间层次,以"基础研究→现象研究→规律研究→对策研究→实践研究"的逻辑思路,运用多学科的综合方法,通过梳理三峡人居环境的文化历史脉络,揭示其地域扩展过程及规律,探讨其文化地理变迁机制,提出三峡人居环境的和谐文化发展对策,开展三峡地区不同空间层次的人居环境规划与建设实践,旨在丰富三峡人居环境的研究领域,为三峡人居环境的规划与实施提供依据,从而全面提升三峡人居环境品质。

在基础研究中,本书第二章尝试构建人居环境建设体系下文化地理研究的理论体系,解析三峡文化的组成。本书解析了人居环境语义下文化与文化地理,初步构建了人居环境建设体系下的文化地理研究理论体系,并用类型学解析了人居环境建设体系下三峡地区文化的构成。

在现象研究上,本书的第三、四章研究了三峡地区文化的兴起与发展,及主要文化形态的地域扩展过程。本书回顾了三峡文化的缘起;阐述了三峡地区不同历史时期的文化地理形成与发展过程;分析了三峡主要文化形态的历史地域扩展过程;总结了人居环境空间语境下三峡文化历史发展的特点。在规律研究中,本书的第五章进行了三峡人居环境的文化地理变迁机制研究,阐述了人居环境建设的文化地理变迁的基本理论;分析了影响文化变迁的各级因素,并探寻各种因素相互作用下的变迁规律,解析变迁机制;归纳并探讨三峡人居环境的文化地理变迁模式。

在对策研究上,本书第六章提出了三峡人居环境的文化发展对策,即三峡地区文化地理区划与协调、文化生命周期的认知与调控、文化价值的评估与提升,从地域文化的空间和谐、时间可持续与保持先进性三个方面提出了三峡地区文化地理区划方法、文化生命周期调控方法与地域文化价值多维评估方法等理论与方法。

最后，在实践研究中，本书第七章提出从物质空间规划到文化空间规划的技术思路，建立文化地理数据库、开展文化空间规划、构建地方公共文化服务体系等，以实现三峡地区文化和谐、可持续与积极地发展；并通过不同人居环境空间层次的规划与建设案例来实践对策方法。

综上，本书对三峡地区人居环境的历史发展脉络与其文化地理的空间变迁过程进行了相对完整的展示，全景式地呈现了三峡地区人居环境文化地理变迁的历史过程，并提出其文化发展对策以及在不同空间尺度的规划干预方法，旨在为相关专业人士在地域文化变迁研究中或是三峡地区人居环境的相关研究与规划设计实践中提供参考。由于笔者的时间、精力、水平有限，疏漏之处在所难免，敬请各位同行及各界读者批评指正。

愿我们的优秀文化源远流长，我们的人居环境日渐美好！

2014 年 8 月 6 日

目　　录

1 绪　　论

在国外,曾有一个外国朋友问我:"中国有意思的地方很多,你能告诉我最值得去的一个地方吗? 一个,请只说一个。"这样的提问我遇到过许多次了,常常随口吐出的回答是:"三峡!"[1]

——余秋雨《三峡》

1.1　研究背景、目的和意义

1.1.1　研究背景

三峡地区曾因壮丽的峡谷风光闻名于世,如今又因世界上最大的水利工程再次成为世界瞩目的焦点地区。三峡人居环境在历史的进程中经历了漫长的缓变和急剧的突变,与此同时,文化地理也随之变迁。

文化是一个地区人类社会的灵魂,文化的形成、发展、兴盛、衰落都与当地独特的地理环境和民风民俗有关。从某种意义上来说,文化变迁过程就是在书写一个地区的历史。三峡独特的环境孕育出了独特的文化,同时历史的移民又使三峡文化丰富多样,在不断的冲突、融合中形成了多彩的画卷。如今,三峡大坝的建成、水库水位的上升,对当今三峡文化的地理格局产生了巨大的影响。三峡工程自1994年开工建设以来,经过近十七年的建设,在航运、发电、防洪等事业上取得了令世人瞩目的成绩,三峡地区也因此得到了跨越式的发展。大量移民资金的投入大大改善了三峡地区城乡建设与基础设施的落后局面;对口支援有力地促进了该地区的城乡建设与产业结构调整。在大规模的移民与城乡建设基本完成的今天,三峡人居环境的工作重点也在转变。重心逐渐向社会经济、文化建设、可持续和谐发展等方面偏移。然而,许多优秀的文化濒临灭亡,一些传统文化成为历史,部分文化遗迹永沉库底……三峡人居环境的文化面临着巨大的危机。

曾经的险滩恶水到如今的高峡平湖,曾经黄金要道的繁荣到今天移民库区的贫困,社会经济与人民生活水平并未随着自然环境的重大改变和物质环境的巨大改善而得到更好的发展与提升,甚至背道而驰,每况愈下。其因何在? 在一座座老城古镇淹没库底,一座座移民新城迅速崛地而起之时,惊人的建设速度让人叹服,但文脉就此斩断。尽管大规模的文物抢救工作在进行,但不可避免地丧失了大部分人类文化的瑰宝。三峡地区的文化建设速度远远比不上物质空间建设速度。文化建设的滞后,将成为三峡地区可持续发展的一大隐患。面对三峡地区城镇文化个性逐渐消逝的现状,我们不能任其无序发展,对三峡地区文化的研究势在必行。

吴良镛先生[2]指出:"三峡工程不仅是一项水利枢纽工程,而且是从移民搬迁到大地区人居环境建设的一个城镇化发展的特殊形式,是一项举世瞩目的社会工程与文化工程。"[3]而要做好这项"社会工程"与"文化工程"就要对这个地区的文化进行深入的了解,研究文化

1

绪

论

变迁可为完成这项工程提供理论与实践的支持。

文化研究在城乡规划全过程中占有相应的比重,但不高。在城乡规划界,对文化研究的认识存在一些误区,人们往往漠视文化,更注重形态与功能。然而,文化研究恰恰又对地区的发展起着潜移默化的作用,与人们的生活生产直接相关。传承与发扬地方"文化"是相关规划工作者的责任!

早在新中国成立前夕,毛泽东就预言:"随着经济建设高潮的到来,不可避免地将要出现一个文化建设的高潮。"[4],显然,这个高潮已经到来。2010 年 7 月 23 日,胡锦涛总书记在主持中共中央政治局就深化我国文化体制改革研究问题的学习时强调:"深入推进文化体制改革,促进文化事业全面繁荣和文化产业快速发展,关系全面建设小康社会奋斗目标的实现,关系中国特色社会主义事业总体布局,关系中华民族伟大复兴。我们一定要从战略高度深刻认识文化的重要地位和作用,以高度的责任感和紧迫感,顺应时代发展要求,深入推进文化体制改革,推动社会主义文化大发展大繁荣。""文化是民族凝聚力和创造力的重要源泉,是综合国力竞争的重要因素,是经济社会发展的重要支撑。"胡锦涛强调,深入推进文化体制改革,必须以邓小平理论和"三个代表"重要思想为指导,深入贯彻落实科学发展观,坚持社会主义先进文化前进方向,坚持文化事业和文化产业协调发展,遵循社会主义精神文明建设的特点和规律,适应社会主义市场经济发展的要求,以发展为主题,以体制机制创新为重点,以满足人民群众精神文化需求为出发点和落脚点,着力构建充满活力、富有效率、更加开放、有利于文化科学发展的体制机制,繁荣发展社会主义文化,不断增强我国文化软实力和国际竞争力①。

2011 年 10 月,中国共产党第十七届六中全会提出:"坚持中国特色社会主义文化发展道路,建设社会主义文化强国。""随着世界多极化、经济全球化深入发展,文化在综合国力竞争中的地位和作用更加凸显,增强国家文化软实力、中华文化国际影响力要求更加紧迫。发扬中华民族文化传统,推动文化产业健康发展,深化文化事业改革,建设文化强国。"

三峡地区在近几十年中,文化的时空变化又较为剧烈。因此,在这样的背景下,三峡人居环境的文化地理变迁研究十分必要与重要。笔者所在的山地人居环境研究团队对三峡人居环境研究的持续关注,给予了笔者研究基础上的支持,三峡文化的独特魅力吸引着笔者前行;三峡研究中文化研究的缺失使得研究更具价值;而文化力在社会发展中所起的重要作用让我们不得不重视文化建设;当前三峡文化面临的困境急需解决,更加需要关于三峡人居环境的文化研究。笔者希望通过对三峡人居环境中的文化地理变迁的梳理研究,总结出文化变迁的规律,构建未来和谐持续的文化发展体系,为三峡人民的生产生活带来有益的帮助。

1.1.2 研究目的

本研究立足于人居环境科学,运用历史、地理、文化、经济、社会等学科的多维视角,在对三峡地区文化现象及文化历史脉络的调查、梳理与分析的基础上,构建人居环境建设体系下的文化地理研究理论体系,解析三峡地区的文化类型构成;再现三峡文化从兴起到发展的历史发展与地理变迁过程,总结不同时期的文化地理特征与各类文化的地域扩展特征;剖析三峡人居环境的文化地理变迁影响因素,探寻变迁规律与机制,总结不同变迁模式;总结文化

---

① 新华社北京 7 月 23 日电(2010 年)

地理变迁实践中的经验、教训,提出解决对策,寻求文化、社会、经济、生态和谐发展之道;提出从人居环境建设的物质空间规划转向文化空间规划,以促进三峡地区及其周边的社会文化发展,提升人居环境品质,达到人居环境建设与文化、社会、经济协调可持续发展的目的。

笔者试图通过对三峡地区文化地理变迁的研究,使优秀传统"三峡文化"得以传承,新兴而有活力的当代"三峡文化"得以发扬,并将"文化"这种抽象的概念借助于物质空间规划手法,转化为可触及的真实生活状态。

1.1.3 研究定位

科学研究一般来说可定位在某一学科领域内某个区域层次中的某一研究对象的某一内容的研究。

一般研究大致可分为方法研究、理论研究与实证研究,本研究属于理论研究,以特定的地域作为研究的空间范围,以特定的领域作为研究的学术范围,以古今作为研究的时间范围,运用多学科融会贯通的研究方法探寻规律。

在规模层次上,人居环境建设体系可分为全球、国家与区域、城市、社区和建筑等五大层次。本书研究关注三峡地区文化地理变迁的问题,在人居环境建设的空间体系下,属于第三个层次,即区域的层次,并涉及由此往下的各个层次。

文化是本次研究的中心词也是主要对象。有关文化的研究必然是一项综合性的研究:内容的综合、时间与空间的综合(分别对应于第2、3、4章)。很多学科领域都有关于文化的研究,只是各自的出发点与落脚点不同。

关于文化研究的方方面面,本书研究的主要内容是文化的"地理变迁"。文化是动态的,一直处在继承与创新的变化发展过程中,不论是时间上还是空间上都在持续变迁,只是变迁的动力、机制、方向、快慢等有所不同。要研究一个地区人居环境建设的文化地理变迁情况,必须综合"过去"、"现在"与"将来"进行时间轴上的动态思考。

综上,本书研究可定位为:人居环境学科领域内,以文化变迁为研究对象,在三峡地区空间范围内,以时间为线索,对地域文化的组成,历史变迁过程,地理变迁时空规律,未来的和谐、持续发展对策,以不同空间层次的案例实践为主的综合性研究。

1.1.4 研究意义

余秋雨先生在《一个王朝的背影》中谈到:"文化生态系统是文化做本质的所在,一旦动摇了文化生态系统,那么其他的政治的,军事的,经济的都会坍塌!"可见文化生态系统在整个人类社会系统中的重要性,那么关于文化的研究不可能是毫无意义的。于丹在《读书在这个时代到底有什么用?》中说道:"文化的力量,我们不能夸大它,它不能阻止地震的来临,它也不能改变金融危机,它能改变什么? 它改变的是我们面对这一切的态度,它改变的其实是我们自己和世界相遇的方式。"[5]

1)学术意义

美国政治学家萨缪尔·亨廷顿的《文明的冲突与世界秩序的重建》一书中提到"人民之间最重要的区别不是意识形态的、政治的或经济的,而是文化的区别"[6],提出了文化举足轻重的地位。文化问题是地区发展过程中亟待解决的重要问题。可持续的城乡规划与建设必须充分考虑文化因素。

我国地域差异很大,社会经济发展不平衡,各地的文化特色各有千秋[7],地域文化地理变迁研究为中国文化研究的整体性和丰富性提供了一个个生动的侧面。本书针对三峡地区文化构成的多样性、文化变迁的复杂性以及文化发展的不稳定性,综合运用多种新的研究方法,梳理三峡地区文化地理变迁的历史脉络,揭示文化现象的基本事实;分析三峡地区文化地理变迁的形成动因和形成条件,探寻文化地理变迁的基本原理与历史经验;构建区域人居环境建设中的文化地理变迁研究体系,并在此基础上研究和谐可持续文化模式的运行机理,提出和谐可持续文化目标,拓展了人居环境科学的研究领域,丰富了人居环境科学研究内涵在学术上具有的重大意义。

2)实用意义

三峡地区位于我国第二级阶梯与第三级阶梯的交汇处,它复杂的自然地理与复杂的人文历史使得该区的生活、生产方式,城镇空间布局都不可能像东部平原地区一样,按照规整的方式布局,而是呈现出典型的山地特征。三峡地理区位独特,地理位置十分重要。它据长江上游东端,扼西部与中部两大经济地带以及两湖与成渝两大经济区的结合部;背靠辽阔的大西南腹地,面向经济发达的长江中下游地区;黄金水道长江横贯该区,是三峡工程这一世界最大的水利枢纽工程的建设基地;已形成一个以水运条件最具优势的综合性交通枢纽;具有"承东启西、南北交流"的战略地位,关系到中国"南水北调"、"西电东送"、"西气东输"等一系列重要经济战略的实施。这种区位条件,使其在中国国民经济发展的总体格局中,在促进西部大开发,实现中部崛起以及中国东、西部的协调发展中均具有重要而特殊的战略地位[8]。然而这么重要的地区却存在着突出的人地矛盾,这就使得研究三峡库区的人居环境问题显得尤为重要。三峡工程不仅给三峡人民创造了新的机会,也给其社会文化带来了巨大的冲击。一方面,使得社会结构发生变化,另一方面,使人民产生文化危机感及对新文化的认同与归属的需要。随着科学发展观的深入,构建"和谐社会"已成为共识。三峡地区的特殊地理区位和历史重要性,使得这一地区的稳定、繁荣成为构建"和谐社会"中的重要一环。三峡地区恰好位于我国的几何中心,西连云、贵、川、渝,东接湘、鄂、皖、赣;上控青、藏、滇,下扼江、浙、沪。正确理解、认识三峡地区的文化,以解决三峡地区所面临的文化可持续发展问题,具有历史和现实意义。

本书从与人们生活息息相关的文化入手,总结人居环境建设的文化地理变迁规律,为今后三峡人居环境提供较为科学的依据,并指导三峡城乡规划建设,让三峡魂世代流传,在指导实际的城乡规划设计和人居环境建设中具有实用意义。

1.2 主要研究对象与内容

1.2.1 研究对象与范围

区域是文化研究的视野之一[9],本书就是在区域的视野下对特殊对象进行的研究。本书的研究对象是三峡地区不同时期的文化现象及其变迁过程,旨在探索文化地理时空变迁规律。拆分开来,即为"三峡地区""文化现象"的"时间与空间的变迁过程与规律"。文化变迁是人类社会的一种普遍现象。

关于空间范围,常用的概念有"三峡库区"、"三峡淹没区"、"峡江地区"、"三峡地区"等。一般所说的"三峡淹没区"是指库区蓄水 175 m 水位线所淹没到的区域,主要是沿长江及其支流淹没的地区(图 1.1)。

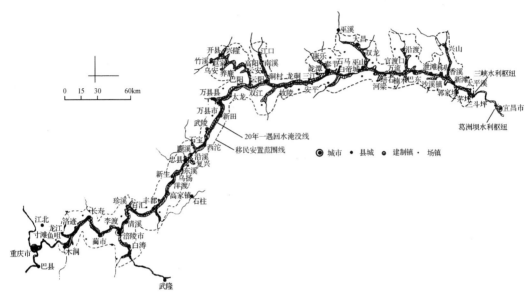

图 1.1　三峡库区淹没城市(镇)、场镇及移民安置范围示意图

图片来源:赵万民.三峡工程与人居环境建设[M].北京:中国建筑工业出版社,1999:7.

"三峡库区"则是指长江流域因三峡水电站的修建从而被淹没的地区,通常指:湖北省和重庆市在内的 20 个区、县(市),包括:湖北省宜昌市所辖的夷陵区、秭归县、兴山县,恩施州所辖的巴东县;重庆市所辖的巫山县、巫溪县、奉节县、云阳县、万州区、石柱县、忠县、开县、丰都县、涪陵区、武隆县、长寿县、渝北区、巴南区、重庆主城区和江津市(图 1.2)。

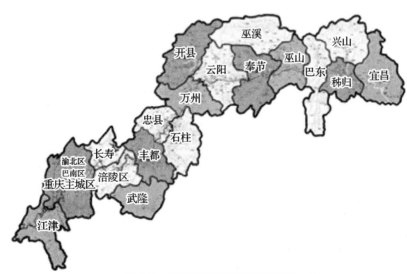

图 1.2　三峡库区受淹城市关系图

图片来源:赵万民,魏晓芳,等.三峡库区新人居环境 15 年进展[M].南京:东南大学出版社,2011.

　　而本书研究提及的"三峡地区"所涉及的空间地域范围则远大于以上两个概念。关于地域文化的研究往往没有明确的边界,文化辐射与传播的范围总是在动态的变化中。因此,笔者将本书研究的空间范围定位在以"三峡库区"受淹 20 个区县行政边界范围为核心,辐射影响支流沿线及山区腹地的广大周边地区(图 1.3)。

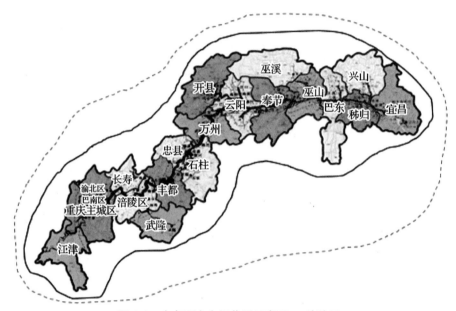

图 1.3　本书研究空间范围示意图:三峡地区

图片来源:自绘.

　　本书研究的主要空间范围是以三峡库区为核心的三峡地区,而时间则跨"古—今—未来"。

1.2.2　研究内容

　　本书旨在通过梳理三峡人居环境的文化历史脉络,揭示其地域扩展过程及规律,探讨其文化地理变迁机制,以构建三峡人居环境的和谐文化发展模式,丰富三峡人居环境的研究领域,为三峡人居环境的规划与实施提供依据。

　　研究的核心内容为三峡人居环境的文化地理的时空变迁过程和规律,指出当前三峡文化地理的特点以及三峡文化面临的困境,提出和谐、可持续的发展之道。

　　本书的主要研究内容可大致分为六个部分、八个章节:

　　第一部分是研究的基础问题与理论分析。包括研究的缘起、目的和意义,研究对象与内容,国内外的研究综述等,这些内容构成文章的第一章——绪论;在明确了研究对象之后,对文化及文化地理进行释义,通过资料的整理和分析,构建人居环境建设体系下的文化地理变迁研究体系,并通过类型学解析探讨人居环境体系下三峡文化的构成,为下文对这些文化的时空地理分析打下基础,并由此构成文章的第二章——人居环境建设体系下文化地理研究的理论体系构建。

　　第二部分是三峡人居环境文化地理的时间变迁过程。包括三峡文化的缘起与三峡地区不同历史时期的文化地理形成与发展过程,全面梳理三峡人居环境的文化地理时间维度的地理变迁过程,展示一个丰富多姿的三峡文化地理变迁过程,并试图总结出其中的变化发展规律,为当代人居环境建设的文化传承提供有效的正面引导。这一部分构成了文章的第三章——三峡地区文化的兴起与发展研究。

　　第三部分是三峡人居环境文化地理的空间变迁过程。包括指出了地理环境对三峡文化形态的影响显著,分析了三峡文化地域扩展因子,探析了三峡地区主要文化形态如农耕文化、巴楚文化、巫鬼文化、移民文化、交通文化与饮食文化等的地域扩展过程。并由此构成了文章的第四章——三峡文化的地域扩展过程研究。

　　第四部分为三峡人居环境的文化变迁机制(规律研究)。包括总体分析文化地理变迁影响因素,剖析文化的传承方式,研究人居环境建设文化地理变迁的动力机制,探讨三峡人居环境的文化地理变迁模式,为探寻一种更优的发展模式提供理论基础。这些内容构成了文章的第五章——三峡人居环境文化地理变迁机制研究。

　　第五部分提出今后三峡人居环境的文化建设的愿景及其对策。包括提出三峡人居环境和谐、可持续发展、积极向上的文化愿景,三峡人居环境的文化地理区划、文化生命周期调控以及文化价值评估的对策,它们与人居环境规划的协同思路,以实现三峡地区文化和谐、可持续与积极地发展。这部分内容构成了文章的第六章——三峡人居环境文化建设的规划对策研究。

　　第六部分为实践案例研究,提出了从人居环境的物质空间规划到文化空间规划的方法。包括讨论了文化对地区发展的重要性及传统空间规划文化性的缺失,探讨了从物质空间规划到文化空间规划的方法,剖析了从三峡人居环境宏观到微观空间层次的规划与设计的案例,最后提出应处理好传统文化的保护与开发、继承与创新,文化遗产保护与社会经济发展以及地域文化与全球化的关系。这部分构成了文章的第七章——从物质空间规划到文化空间规划——三峡地区人居环境规划案例与实践。

　　最后的第八章为整本书的结论,对研究进行总结,对后续研究进行展望。

　　六个部分八个章节共同构成了本书的研究框架与主体内容,其逻辑关系如图1.4。笔者试图在图1.5所示框架内完成研究,达到预期的目标。

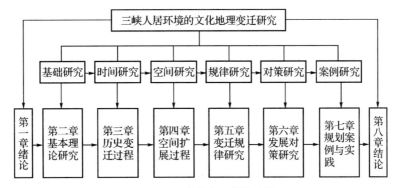

图1.4　研究内容逻辑关系图

图片来源:自绘.

本书的研究体系框架图如图1.5所示:

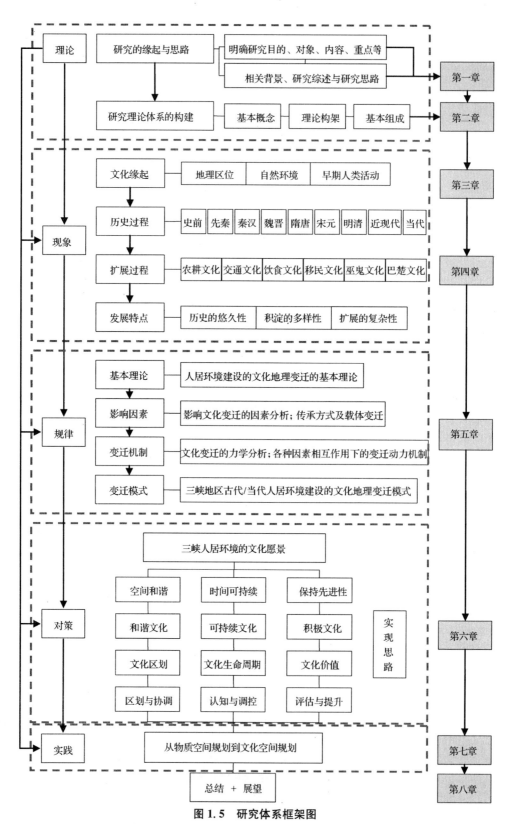

图 1.5　研究体系框架图

图片来源:自绘.

1.2.3　研究重点与难点

任何一门科学都不是独立存在的,而是与其他科学相互交叉、相互渗透、相互包容的。而本书研究是在人居环境科学领域下,涉及文化学、地理学、社会学、历史学、经济学等多种学科的综合。在如此综合的研究中,需要明确研究重点,选择性地尝试突破。因此,在庞大的研究内容中,本书研究的重点是:三峡文化的组成;时间维度的文化地理变迁过程与现象;空间维度的文化地理变迁过程与现象;文化地理变迁规律;文化和谐可持续发展对策以及规划应对的实践案例研究。避免将目光仅集中在文化本身上,"甲乙丙丁,开中药铺"堆砌罗列一大堆文化现象。而是立足于文化并涉及自然、经济、历史等,揭示文化变迁内部机制与外部联系,进行系统的研究。

而任何一项研究都有其研究的难点所在。本书研究的难点在于资料的缺失,涉及范围广、影响因素多,发展模式不确定等。"知识的各种分支在广度和深度上的扩展使我们陷入了一种奇异的两难境地。我们清楚地感到,一方面,我们现在还只是刚刚在开始获得某些可靠的资料,试图把所有已知的知识综合成为一个统一的整体;可是,另一方面,一个人想要驾驭比一个狭小的专门领域再多一点的知识,也已经是几乎不可能的了。除非我们中间有些人敢于着手总结那些事实和理论,即使其中有的是属于第二手的和不完备的知识,而且还敢于冒自己被看成蠢人的风险,除此之外,我看不到再有摆脱这种两难境地的危险的其他办法了。"[10]

1.3　国内外相关研究综述

1.3.1　关于文化及文化变迁的研究

关于文化的研究,古已有之。20世纪末,联合国教科文组织连续发表了三份研究报告,分析了世界文化发展的现状与趋势。据不完全统计,关于文化的图书已超过10万种,其中英文图书超过7万种。文化变迁研究是文化研究的一个分支,而文化地理变迁研究则是人居环境研究中的重要组成部分。学术界一般将文化变迁的研究分为三个阶段:以文化进化论为代表的第一阶段(19世纪)、以文化相对主义为代表的第二个阶段(20世纪中期)和以文化变迁综合研究为主体的第三个阶段(20世纪晚期)。关于"文化变迁"的理论研究与实证研究主要集中在国外。国内目前仅有少量研究成果。

1) 国外研究综述

文化变迁的内涵较为宽泛,与社会变迁有所交叉。国外研究常常将"社会变迁"与"文化变迁"等同,如美国社会学家威廉·费尔丁·奥格本在《社会变迁——关于文化和先天的本质》一书中第一次提出了"文化决定社会变迁"的观点[11],即社会变迁的根本是文化变迁。也有学者将二者概念加以区别,如美国学者克莱德·M.伍兹在《文化变迁》一书中指出:"文化变迁和社会变迁都是同一过程的重要部分,在概念上也可以区分,倘若文化可理解为生活上的多种规则,那么,社会就是指遵循这些规则的人们有组织的聚合体。"[12]马林诺夫斯基①写了《文化变迁的动力》,对文化变迁作了具体的论述[13][14]。拉德克利夫·布朗②论述了文化接触产生的相互作用,认为研究文化变迁的过程,共时性研究优于历时性研究,但同时也必须进行历时性研究,才能发现文化变迁的规律。

从人类学诞生以来,各个学派都讲社会文化变迁。早期古典进化学派用文化进化理论来说明文化发展的普遍性,认为人类文化普遍地由低级向高级、由简单向复杂发展进化,形成一个发展顺序。涉及的主要是历史上的文化变迁,当然重建人类的过去也是为了了解现在的情况,但他们不大重视民族之间的文化接触以及正在发生的文化变迁过程。传播学派侧重于进化论所忽视的文化的地理、空间和地方性变异,着重研究文化的横向散布[15],认为文化的变迁过程就是传播过程,文化主要在传播过程中发生变迁。但是,他们忽视人类创造文化的能力,对文化变迁的过程或传播时间顺序的解释就缺乏说服力。功能学派则认为文化变迁则是为适应社会生存发展的需要而发生的。他们虽着重于社会文化的功能、结构的研究,讲文化现象的变化着重讲它的功能的变化、消失与替代,但也注意研究在调查中所发现的文化变迁。社会文化论认为,物质空间只是影响城市生活的一项变量,且这一变量并非决定性的,而真正起决定性作用的应该是各类人群体的文化[16]。

美国人类学家、历史学家博厄斯(Boas)强调每个民族的历史和文化的特殊性[17],认为这种特殊性一方面取决于社会的内部发展,另一方面取决于外部的影响。这既考虑到独立发明,也考虑到传播的作用。他们强调传播,但也反对极端传播论。早在1920年博厄斯便指出美国学者开始对文化变迁的动态现象感兴趣,1932年在《人类学研究的目的》一文中说,"人类学必须研究文化现象的相互依赖,必须通过对现存社会的研究取得资料","我们不仅要知道现存社会的动力,还要知道它们如何变成这样",他认为应研究不同文化接触所产生的影响。研究文化涵化,只研究文化分布不研究社会文化变迁则不完全,"总之,我们试图开展的方法建立在现时可以观察得到的社会动态变化的研究上。他强调要作详尽的描述性的民族学调查,虽因其忽视理论的倾向而受到批评,但细致的调查可以使研究者从中观察到文化变迁的过程"[18]。巴尼特(H. G. Barnett)的《创新:文化变迁的基础》1953年被认为是研究文化变迁的基本著作。他得出了创新是所有文化变迁的基础的结论,指出"创新应被界定为任何在实质上不同于固有形式的新思想、新行为和新事物。严格说来,每一个创新是一种或一群观念;但有些创新仅存于心理组织中,而有些则有明显的和有形表现形式"。创新包括进化、发明和发现、传播或借用。进化、发明、发现、传播或借用,是文化变迁的过程或途径。进化是社会内部发展引起的,如生产技术由低级发展到高级,社会组织由简单发展到复杂。文化的进化自然地引起文化变迁,进化的过程就是变迁的过程。发现是使某些已存在的过去不为人所了解的事物变得为人所知。发明是对先前的材料、条件进行新的综合,从而产生出一种新的东西。有些发现和发明是无意识的、偶然的,如古人发现用火烧陶土可使之

---

① 英国伦敦大学布罗尼斯拉夫·马林诺夫斯基(Bronislow Malinowski,1884—1942)是现代人类学的奠基人,著有:《文化论》、《科学的文化理论》、《文化的科学理论》、《文化变迁的动力》等。

② 阿尔弗雷德·拉德克利夫·布朗(Alfred Radcliffe Brown,原名 Alfred Brown,1881 年 9 月 17 日—1955 年 10 月 24 日),英国人类学家,结构功能论的创建者。主要著作有:《安达曼岛民》、《原始社会的结构与功能》、《社会人类学方法》等。

坚硬从而发明制陶;有些发现和发明是有意识的革新,如纺纱机、蒸汽机的发明。当社会接受了发现和发明并有规律地加以运用时就引起文化变迁,比如欧洲工业革命、当代的科技革命。发现和发明可以在一个社会内部产生,也可以在外部产生而被一个社会所接受。传播是文化变迁过程的重要内容,是创新的普遍形式。早期进化论者不仅强调发明和发现,也指出了传播的作用。摩尔根说"所有的重大发明和发现都会自行向四方传播",泰勒也讲"文化的传播法则"。马林诺夫斯基认为,社区内部所引起的文化变迁是由于独立进化,不同文化接触产生的文化变迁则由于传播。他甚至把借用看做与其他的文化创新形式一样具有创造性。美国文化人类学的著名代表人物赫斯科维茨等从20世纪30年代开始便把文化变迁作为专门的研究课题。美国人类学家着重研究印第安人与白人文化接触所引起的变迁,赫斯科维茨说文化的变迁的研究起源于美国历史学派。与此同时,英国人类学家着重研究殖民地土著居民与白人文化接触所引起的变迁。第二次世界大战以后,第三世界国家和民族的发展问题更加引起人们的关注,促使人类学家更多地研究文化变迁。直到目前,文化变迁研究仍然是研究的热门课题(表1.1)。

表 1.1 国外有关"文化变迁"主要研究观点总结表

代表	主要观点	代表作
[美]社会学家 威廉·费尔丁·奥格本	第一次提出了"文化变迁"的观点,即社会变迁的根本是文化变迁	《社会变迁——关于 文化和先天的本质》
[美]克莱德·M.伍兹	文化变迁和社会变迁都是同一过程的重要部分	《文化变迁》
传播学派	侧重于进化论所忽视的文化的地理、空间和地方性变异,研究文化的横向散布,忽视了人类创造文化的能力	
进化学派	认为人类文化普遍地由低级向高级、由简单向复杂发展进化	
功能学派	着重于社会文化的功能、结构的研究,认为文化变迁则是为适应社会生存发展的需要而发生的	
泰勒	文化的传播法则	
摩尔根	所有的重大发明和发现都会自行向四方传播	
美国历史学家博厄斯	强调每个民族的历史和文化的特殊性,取决于社会的内部发展与外部的影响	《人类学研究的目的》
巴尼特	创新是所有文化变迁的基础:创新包括进化、发明和发现、传播或借用	《创新:文化变迁的基础》
马林诺夫斯基	内部引起的文化变迁是由于独立进化,不同文化接触产生的文化变迁则由于传播	《文化变迁的动力》
赫斯科维茨	文化的变迁的研究起源于美国历史学派	

以美国为例,西方文化变迁研究有以下几个特征:视变迁为一切文化的永恒现象,文化的均衡稳定乃是相对的;以个人为变迁的最小单位;以既定的社区为中心,进行相对完整、系统的解剖;在强调引起文化变迁的外部刺激的同时,也强调文化内部的发展为导致变迁的原因,重视文化变迁的内部整合与调适机制运行过程分析;不侧重于对变迁现实结果的说明,而是力图把握正在发生的具体的变迁过程并着眼于未来,试图建立富于预见性的理论构架;通过参与分析而指导变迁;在应用多种研究方法的同时,大量采用计量人类学的手段,以尝试建立精确的模型[19]。

2)国内研究综述

国内对于文化变迁的理论研究集中在对文化变迁动因上的研究。中国社会科学院研究员司马云杰归纳的：生物因素决定论、地理因素决定论、心理因素决定论、文化传播因素决定论与工业发展因素决定论[20]；杨镜江将文化变迁的原因细化为以下几方面：根本的是社会生产方式的变更；文化自身的矛盾冲突、文化的分化；地理环境条件的变化；外来群体文化传播的影响[21]；厦门大学人类学研究所教授石奕龙通过对马克思恩格斯理论的梳理认为：自然环境和社会环境的改变才是文化变迁的根本原因[22]。还有学者认为研究人类文化应在文化对立与文化自觉之间[23]。

关于文化变迁的实证研究，中央研究院民族学组早在 20 世纪 30 年代就进行了大量的实地调查，写出了一批高质量的调查报告，如凌纯声、商承祖的《松花江下游的赫哲族》等，对研究当时当地少数民族的文化变迁有重大价值。费孝通的《江村经济》，是对汉文化及其变迁的研究著作[24]。80 年代，在费孝通的倡议和指导下，胡起望、范宏贵的《盘村瑶族：从游耕到定居的研究》(1983)[25]是对广西大瑶山地区进行调查的研究成果之一。90 年代，郭大烈的《云南民族传统文化变迁研究》[26]从云南民族地区的实际出发，分析了云南少数民族历史文化特征与 40 多年的变迁。

国内文化学界的学者对地域文化有着研究，诸如齐鲁文化、三晋文化、荆楚文化、吴越文化、巴蜀文化、藏文化、中原文化、岭南文化、徽文化、八闽文化、客家文化、赣文化、东北文化、京味文化等地方文化都被不同程度地研究过。不同时期各自文化的影响都不相同，每种地方文化的特点也各不相同。随着我国人民民族文化意识的觉醒，人们精神文化需求的日益增长，地域文化研究可谓是方兴未艾。

1.3.2　人类聚居与人居环境相关研究

20 世纪 50 年代，希腊建筑师道萨迪亚斯(C. A. Doxiadis)提出了"人类聚居学"(Ekistics：The Science of Human Settlements)。那么我们研究三峡库区的人类聚居也就是要研究在三峡库区这个特定的环境下，人与环境之间的相互关系。一方面研究自然地理与人的关系，一方面研究人文地理(包括了社会地理、经济地理等)与人的关系，并且采用融会贯通的方法来研究在不同的历史阶段的发展情况，找出三峡库区人类聚居发生发展内在的联系与规律，为今后建设更好的聚居环境做出理论支持和实践指导。

吴良镛先生在充分研究道氏的人类聚居学的基础之上，结合中国的哲学思想创立了"人居环境学"。1993 年，吴良镛在中国科学院技术大会第一次提出建设中国的人居环境科学。吴先生在他的《人居环境科学导论》中则鲜明地指出"理想的人居环境是人与自然的和谐统一"[2]。在三峡库区这一人地矛盾极为突出的地域内，如何运用人居环境学的理论和思想来进行研究，寻找出人类历史聚居与自然地理之间的关系、人居环境格局与人文地理之间的关系，是本书研究急需解决的一个问题。只有了解了这些规律，才能为三峡库区今后的人居环境能最大限度地达到人与自然的和谐统一提供方法。事实上，人居环境学的思想，与当今提倡的可持续发展是相吻合的，是一种科学的发展观。

重庆大学赵万民教授在继承学界前辈关于"山地城乡建设"学术思想，对应国家山地城镇建设客观需要，长期持续研究西南山地人居环境建设，进行山地人居环境的人才培养，以国家科研课题和地方实践工程为载体，开拓研究领域，凝练学术思想，使得人居环境学在西南山地得到广泛而深入的研究与应用。

1.3.3 关于三峡文化地理以及人居环境的相关研究综述

正所谓"西控巴渝收万壑,东连荆楚控巴渝",三峡是古今重要的交通要道,亦是文人骚客诗兴大发之地。自从三峡工程全面建设开展以来,它一直是国内外专家学者关注的研究热点,社会各界都未停止过对这项跨世纪的大工程的关注。

学者们对三峡有着方方面面的研究,如水文地质、水利运输、历史文物保护、环境变化、生态安全、移民搬迁、土地利用等。"夷陵虽小邑,自古控荆吴",三峡是一个自古以来经济落后贫穷的地区,但也是一个对于整个中国影响极大的地方。众所周知,三峡有着悠久而灿烂的文化。然而,三峡大坝建起后,在给国家电力和长江航运带来便利的同时,也对库区周边自然环境、文化遗产等造成了不同程度的破坏,给库区人居环境带来了许多负面影响。因此,关于三峡文化遗产的保护、人居环境的改善研究也是当今学术界关注的要点。

1) 三峡地区文化地理相关研究综述

关于三峡地区的地理研究,2006 年三峡大学的周宜君副教授做出了很好的总结。她在《云南地理环境研究》杂志上发表的《长江三峡区域地理研究综述》中以"三峡+地理"为主题关键词,利用在中国期刊网的资源,对 1990—2006 年的相关文献进行分析归纳,总结回顾了长江三峡区域地理研究历程[8][27]。

三峡地区的地理研究可追溯到公元 6 世纪北魏时期地理学家郦道元的《水经注》,他首次对三峡的地理环境特征①进行了描述。近代 19 世纪,清末学者杨守敬主持撰写编绘的《水经注疏》[28]与《水经注图》对三峡地理进行了更详细的描绘和解释。20 世纪以来,三峡地理由描述解释阶段进入分析预测阶段,起始了三峡地质演化史的研究。建国以来,三峡区域社会经济的快速发展及其衍生的人口、资源、环境与发展等问题,对地理学研究提出了新的要求;加之长江三峡特殊的地理位置及其在中国政治经济中的重要地位,更使它成为国内外理论界关注的焦点。20 世纪 90 年代以来,随着世界最大的水利枢纽工程的建设、最大规模的移民工程、史无前例的城市规划与改造的进行,该地区面临着政治、经济、文化、技术等诸多领域的一系列问题,并由此引发了相应的研究热潮。

从 1919 年,孙中山先生首次提出开发三峡水力发电以来,当时的国民政府建设委员会发起对三峡地理环境的考察研究,到 1956 年毛泽东主席的"高峡出平湖"宏伟蓝图描绘时,关于三峡水利枢纽的论证和研究就逐渐多起来。直到 1986 年中共中央、国务院正式下达《关于长江三峡工程论证工作有关问题的通知》时,对三峡工程及三峡库区的论证全面铺开,聘请专家 400 余人,分 10 个专题 14 个专家组对三峡进行研究论证,此时对于三峡的研究达到巅峰,研究论文数量最多。之后,在三峡工程的建设中,学者们对三峡库区有着方方面面的研究,如水文地质、水利运输、历史文物保护、环境变化、生态安全、移民搬迁、土地利用以

1 绪论

---

① 原文为:"自三峡七百里中,两岸连山,略无阙处。重岩叠嶂,隐天蔽日,自非亭午夜分,不见曦月。……春冬之时,则素湍绿潭,回清倒影。绝巘多生怪柏,悬泉瀑布,飞漱其间,清荣峻茂,良多趣味。每至晴初霜旦,林寒涧肃,常有高猿长啸,属引凄异,空谷传响,哀转久绝。故渔者歌曰:'巴东三峡巫峡长,猿鸣三声泪沾裳!'……江水又东迳西陵峡。……山水纡曲,而两岸高山重嶂,非日中夜半不见日月。绝壁或千许丈,其石彩色,形容多所象类。林木高茂,略尽冬春。猿鸣至清,山谷传响,泠泠不绝。所谓三峡,此其一也。"

及旅游规划等。如北京大学的吕斌教授开展了三峡工程影响下三峡区域旅游地空间结构及其空间的变动与重构等研究[29][30]，编制《长江三峡区域旅游发展规划》(2003年)，提出打造"三峡旅游经济圈"的思路[31]。三峡地区重要的战略地位为研究者提供了宏大的背景与舞台，使长江三峡地理研究从一开始便具有宽阔的学术视野和较高的起点。

关于三峡文化的研究集中在西南地区，尤其是重庆。西南师范大学历史地理研究所所长蓝勇的《西南历史文化地理》《长江三峡历史地理》《中国三峡文化》，重庆师范大学三峡文化与社会发展研究院三峡文化研究中心的黄中模、管维良著的《中国三峡文化史》，陈可畏主编的《长江三峡地区历史地理之研究》等一系列有关三峡地区文化或地理或历史研究的书著丰富了三峡文化研究内容，收集、整理了许多关于三峡历史文化的传说、资料，也为三峡地区文化地理变迁研究提供了翔实的基础资料。

2) 三峡库区人居环境相关研究

迄今为止，以人居环境科学的理论和观点研究三峡库区建设这一巨系统问题的主要是吴良镛院士和赵万民教授完成的《三峡工程与人居环境建设》[3]一书。赵万民教授在1993—1994年期间完成的这一研究，初次把三峡工程纳入人居环境科学的学科框架，在城市化、城市规划、城市设计、传统文化和历史遗产保护等方面搭建起完整的框架，并立足于实际解决问题，对三峡移民城镇规划的制定及今后规划的实施具有一定的参考价值和借鉴意义。

吴良镛院士和赵万民教授在《三峡库区人居环境的可持续发展》中提出，三峡如此大范围的人居环境建设，不可预见的因素很多，要研究的工作也很多，绝不是一项单纯的工程技术问题，也不仅仅是简单的居民迁移问题，是在21世纪的开端，中国三峡地区5万多平方千米水陆域面积上近1 400万人民的生产、生活和生态环境的一次大调整、大平衡和大建设，是整个库区新的人居环境可持续发展的综合系统工程[32]。这项工程是一个开放的巨系统，广泛地涉及区域科学、环境科学、历史文化遗产的保护和开发、新城镇规划建设、风景旅游和地方建筑学多种领域，社会、经济、历史、地理、能源、土建、水利等学科都能在其中找到自己的位置，构成了三峡工程多学科综合交叉的结构关系。

赵万民教授多年跟踪三峡库区人居环境建设的调查和研究，在此基础上针对三峡库区十多年的移民和新城市的建设从移民工作调查、城市搬迁、城市建设方式等方面提出思考和建议，他在《三峡库区人居环境建设十年跟踪》一文中指出："这项工作的主要难度不仅在于大坝建设的本身，更在于三峡库区后期的人居环境的建设和可持续发展。"[33] 2004—2006年赵万民教授主持的"三峡库区人居环境建设十年跟踪"的六个子课题对应调查和研究三峡工程人居环境建设面临的重大课题，一方面调查并研究库区城市迁建十年来各自领域的问题，另一方面通过相互的逻辑联系，构建起库区迁建城市人居环境建设的整体框架，是当代关于三峡库区人居环境研究的一个重要成果，为今后库区人居环境的研究打下了坚实的基础。

综上，可看出社会各界对于三峡人居环境的关注在持续升温，各方面的研究都取得了长足的进展。在强调三峡工程性的研究的同时，文化问题始终没有系统地阐述。因此，笔者希望通过自己的努力，来为三峡人居环境研究添砖加瓦，梳理三峡人居环境建设的文化地理变迁过程，试图找出规律，探索一种适合三峡人居环境建设持续发展的和谐文化发展模式。

1.3.4　大河流域水利建设与文化变迁的经验与教训

在世界上,大河流域的水利建设常常引发大规模的移民与地方文化的变迁,其中有经验也有教训。

1）尼罗河的经验与教训

尼罗河是一条流经非洲东部与北部的河流,长 6 650 km,是世界上最长的河流。尼罗河流域就全流域平均而言,是水资源短缺的地区。限于流域内各国经济发展水平,除埃及以外,目前水资源的利用仍以农田灌溉为主。公元前三四千年至 19 世纪 20 年代的特点是主要发展引洪漫灌,也开始修建蓄水水库,采用自流引水和提水灌溉。19 世纪 20 年代至 20 世纪初的特点是在继续引洪漫灌的同时,建闸壅水,引枯水灌溉,提高农田复种指数。20 世纪初至 60 年代的特点是,修建年调节水库,调节年内径流,提高年径流利用程度,并开始河流的综合利用。20 世纪 60 年代至 70 年代的特点是,以修建阿斯旺大坝为标志,开始径流的多年调节,提高枯水年的用水保证率,河流的综合利用已初具规模。20 世纪 80 年代至今的特点是:在继续修建多年调节水库的同时,采取增水、保水、省水等措施,提高水资源利用率,全面进行河流的综合利用。

为了有效开发利用尼罗河水资源,解决下游埃及境内的洪涝问题,调节河水流量,扩大灌溉面积,推动经济发展,埃及政府修建了阿斯旺大坝(图 1.6)。阿斯旺大坝于 1960 年在原苏联援助下动工兴建,1971 年建成,大坝长 3 830 m,高 111 m。原以为筑坝是一箭多雕的高明之举,可是没想到工程的负面作用随着时间的推移逐渐显现。尼罗河沿岸的生态环境持续恶化,沿河流域的耕地肥力大大下降,甚至出现盐碱化现象,同时水质下降、藻类蔓延,海岸线内退。原来尼罗河畔肥沃的土地要功归于尼罗河年年岁岁有规律的泛滥。在泛滥的季节,汹涌的河水漫过河床,淹没两岸大片土地,然而洪水退下后留下的淤泥却是农田宝贵的肥源。大坝建成后,虽然通过引水灌溉可以保证农作物不受干旱威胁,但由于泥沙被阻于库区上游,下游灌区的土地得不到营养补充,土地肥力不断下降,迫使农民不得不大量使用化肥,这大大提高了农业成本,降低了农业收益。1982 年有一位土壤学家估计,由于土壤肥力下降、大量使用化肥农药,农业净收入下降了 10%。阿斯旺大坝拦截了鱼群的食料,因而使下游的水产品产量由每年 1.8 万 t 下降到每年 500 t;建坝以后下游地区开始蔓延血吸虫病,变成了血吸虫病的高发区,同时带菌的疟疾蚊子从苏丹往北蔓延[34]。

教训:水文条件的改变导致生态环境的破坏,进而影响人们的生产生活。

趋势:生态恢复、经济文化建设。

图 1.6　尼罗河阿斯旺大坝　资料来源:自摄.

2）田纳西河流域管理的成功经验

美国田纳西河流域是对流域内自然资源进行全面综合开发和管理的一个成功范例。田纳西河位于美国东南部，是密西西比河的二级支流（图 1.7）。田纳西河流域的开发始于 1930 年。由于长期缺乏治理，森林遭破坏，水土流失严重，经常暴雨成灾，洪水为患[35]。

图 1.7　田纳西河　　资料来源：自摄.

田纳西河流域是"罗斯福新政"的一个试点，试图通过一种新的管理模式，对其流域内的自然资源进行综合开发，达到振兴和发展区域经济的目的。美国国会于 1933 年通过《田纳西流域管理局法》，成立田纳西流域管理局（TVA），对 TVA 的职能、开发各项自然资源的任务和权力作了明确规定，如 TVA 有权为开发流域自然资源而征用流域内土地，并以联邦政府机构的名义管理；有权在田纳西河干支流上建设水库、大坝、水电站、航运设施等水利工程，以改善航运、供水、发电和控制洪水，等等。《田纳西流域管理局法》的这些重要规定，为对田纳西河流域包括水资源在内的自然资源的有效开发和统一管理提供了保证。田纳西河流域曾是美国最贫穷落后的地区之一，经过多年的开发，其落后面貌从根本上得到了改变。

经验：立法先行、交通优先、科技先导、以人为本、分类指导、重视环保等。

趋势：强化制度文化建设，科学管理流域保护与开发。

1.4　研究的思路与方法

1.4.1　研究思路

关于地域文化变迁的问题庞杂而繁复，本书采用以问题为导向的研究思路，试图寻求三峡地区文化变迁的时空规律，解决当前三峡文化发展面临的实际问题。在对研究问题、研究对象以及研究范围清晰界定的前提下，通过对文献资料的爬梳，总结研究经验，并根据研究内容之间的逻辑关系，笔者采用并行与串行相结合、横向空间分布与纵向时间演变相结合的研究思路来开展研究。

爱丁顿："在任何要把属于我们自然界的精神方面和物质方面的经验领域联结起来的努力当中,时间都占据着关键的地位。"[36];霍金:"时间是空间的机遇。"(人存原理)[37];法国哲学家柏格森:"时间证明自然界存在不确定性。"[38]。时间是我们基本的存在维度,也是文化地理变迁的显性度量。因此,本书以时间为主轴(图1.8),根据不同历史阶段的空间分布展开,并以人居环境科学的空间层次为辅轴,对不同层次的文化地理现象及其成因、机制进行深入研究。最后根据研究结果有针对性地提出引导和促进三峡地区实行和谐可持续文化模式的对策及建议。

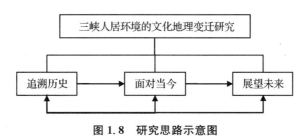

图1.8 研究思路示意图

图片来源:自绘.

1.4.2 研究方法

"研究方法的落后必然会限制学科的发展。""工欲善其事必先利其器"①。在界定了研究范围、确立了研究目标的基础上,还得选择合适的研究方法。

本书在人居环境科学的总体框架下,将以多学科理论为指导,综合运用各种与之相关的研究方法,融会贯通,尽量遵循规范性和创新性的原则选择研究方法,力争做到理论研究和实践研究相结合、定性研究和定量研究相结合,尽量将三峡人居环境的文化地理变迁过程及规律展现在大家面前(图1.9)。

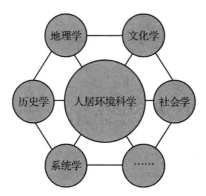

图1.9 多学科融会贯通的研究方法体系

图片来源:自绘.

---

① 《论语·卫灵公》。

关于文化的研究势必要从古籍、书典中反复查询,提取有效的内容,这也是进行科学研究必不可少的方法之一,尤其是三峡地区相关的地方志。陈正祥先生在《中国文化地理》中的第二篇指出地方志是"中国文化的一种结晶","是一种记叙地方的综合性著作"[39],因此,对于地方史志的研读是本书的研究重点之一。通过文献信息分析和文本挖掘,梳理国内外近年来对于人居环境科学、区域文化变迁、文化地理、三峡库区、三峡文化等研究的前沿理论与方法,为本书各部分研究内容的研究奠定基础。本书在海量搜集国内外相关研究文献的基础上,经过略读、精读,并不断完善相关文献的更新与补充,形成研究的体系框架、理论模型和假设。

1.5 本章小结

本章简要阐明研究的背景、目的与意义;并就研究对象进行界定,明确研究内容、重点与难点;同时完成文献综述,找准研究思路与方法。

本研究是在"三峡工程"这一世界最大的水利工程建设及其带来的移民搬迁、人居环境重建与国家大力提倡"文化强国"等背景下开展的,旨在:构建人居环境建设体系下的文化地理研究理论体系,解析三峡地区的文化类型构成;再现三峡文化从兴起到发展的历史发展与地理变迁过程,总结不同时期的文化地理特征与各类文化的地域扩展特征;剖析三峡人居环境的文化地理变迁影响因素,探寻变迁规律与机制,总结不同变迁模式;总结文化地理变迁实践中的经验、教训,提出解决对策,寻求文化、社会、经济、生态和谐发展之道,以促进三峡地区及其周边的社会文化发展,提升人居环境品质,达到人居环境建设与文化、社会、经济协调可持续发展的目的,具有扩展人居环境研究领域的学术意义与指导实际的城乡规划设计和人居环境建设的实际意义。其主要研究内容可大致分为理论研究、时间研究、空间研究、规律研究、对策研究以及案例研究六个部分,共八个章节。

在充分查阅相关文献资料的基础上,对文化与文化变迁研究、人居环境、三峡地区以及大河流域的经验与教训等方面进行了综述,并据此制定研究思路,选择研究方法。

2 人居环境建设体系下文化地理研究的理论体系构建

如果说建筑及人工构筑物是"凝固的音乐",那么文化则是贯穿人居环境始终的"流动的旋律"。在人居环境科学体系下,文化承担何种角色,起到何种作用,其研究之间的关系如何,又有哪些研究方法,如何构建人居环境建设体系下的文化地理变迁研究框架,这些是本章要解决的问题。

2.1 人居环境语义下的文化与文化地理

2.1.1 文化的释义

文化是一个综合概念、历史概念,一个动态过程,其定义至今无统一定论。

在国外,文化有多种定义。"文化",起源于拉丁文的动词"Colere",意为"耕作土地",后引申为培育、教育一个人的兴趣、精神和智能。文化概念是英国人类学家爱德华·泰勒(E. B. Tylor)1871 年在《原始文化》一书中提出的。他将文化定义为"包括知识、信仰、艺术、法律、道德、风俗以及作为一个社会成员所获得的能力与习惯的复杂整体"[40]。此后,文化的定义层出不穷。如美国社会学家奥尔兰朵·帕特森认为:"文化是指社会老一代向下一代传播的同代人之内产生的关于怎样生活和怎样做判断的观念。"克莱德·克拉克洪在 1950 年代末期搜集了 100 多个文化的定义①。19 世纪末,据《大英百科全书》统计,世界上至少有160 多种关于文化的定义[41]。到 2010 年年底,据不完全统计,关于文化的定义有近两百种,归纳起来可以分为以下 10 类:在 19 世纪进化论思想框架内展开研究的古典进化论者所下的文化定义;传播学派的文化定义;历史地理学派的文化定义;文化形态史观派的文化定义;功能学派的文化定义;结构学派的文化定义;新进化论学派的文化定义;符号—文化学派的文化定义;苏联学术界的文化定义;现代华人学者的文化定义。[42]

在我国,对文化的定义也很多。古籍中"文化"二字并不常见。"文化"在我国最早出现于《周易》的"观乎天文,以察时变;观乎人文,以化成天下"②。观察天地自然的时序演变规律,以按照自然规律来安排农耕渔猎等生产活动以及衣食住行等生活活动;观察人与人之间的关系、文化习俗等,把握现实社会中的人伦秩序,用文明礼仪来教化大众。即文而化之、以文化之。直至五四新文化运动前后,"文化"这个名词才在我国广泛流行。与自然科学研究探寻自然规律相对应,文化科学研究主要在于探寻人类社会的运行规律。《现代汉语词典》上的解释为:文

---

① 引自百度百科 http://baike.baidu.com/view/3537.htm.
② 《周易·贲卦·彖传》。

化是人类在社会历史发展过程中所创造的物质财富和精神财富的总和,特指精神财富,如文学、艺术、教育、科学等[43]。它具有历史的延续性,同时在地球上占有一定的空间,是人居环境的组成部分。人类的意识形态、生活方式以及精神的物化产品都可以说是文化。现代《辞海》对文化的定义为:"从广义上来说是指人类社会实践中所创造的物质财富和精神财富的总和。从狭义来说,指社会的意识形态以及与之相适应的制度和组织机构。"[44]

文化是个复合系统,是一系列相互适应的价值观、行为方式以及社会组织的总和。文化的各个要素相互作用、影响、协调而达到有序状态的演进过程即为文化变迁过程。

文化如同空气一般充斥在我们周围,融入我们的生活。人居环境建设体系下,文化为一条贯穿于各个方面的无形线索,反映为人们的各种思想、行为方式以及人类活动所创造的一切物质与精神财富的总和。它包括与人类聚居相关的物质文化、精神文化、行为文化和制度文化。

文化是现实生活中可被定位的真实存在,是具有空间分布特征的,因此可以理解为人居环境中的文化。文化的介入,使得人居环境问题研究发展成为一个涉及建筑、城市、区域规划、人造景观、地理、人类学、民俗学、社会学和大地科学等多个领域的综合性学科。

地域文化是指一个地区的人们在长期的生产生活中形成和发展起来的群体意识,并在这种群体意识驱动下所创造的一切成果。地域文化是特定的地域空间内,特定的地理环境中,特定的人群及其对自然的适应与开发方式,同时具有特定的文化形态。在巨大社会变革和全球一体化趋势中,文化对一个地区的作用显得尤为重要,很可能成为决定地区兴衰的关键所在。地域文化一经形成,通常可保持较长时期的稳定,会随着社会的变迁而发生变迁,也是除自然物质空间外一个地区区别于另一个地区的重要指标。

2.1.2 文化地理的释义

文化与地理有着必然的联系。文化的产生与发展和自然地理环境有很大的关系。如每个文化都有其文化源地,即最早出现的地方;文化从源地向外传播、扩散后形成的分布范围即为"文化区"。不同文化区的文化可以通过人口的迁居、战争等形式相互渗透[45]。文化源地、文化扩散、文化区的存在表明,文化具有空间性,而文化的空间性正是文化与地理的交点。而文化的发生、发展、兴盛与衰败、淘汰或重生的现象表明文化具有时间性,这是文化与历史的交点。

文化是现实生活中可被定位的真实存在,是具有空间分布特征的,即,文化具有空间性。文化地理则主要研究人类文化的空间组合,人类活动所创造的文化在起源、传布方面与环境的关系。而这些组合、关系受到外界要素的影响又会随时间变化而变化,有着发展、演进、更替的客观规律。

文化地理学是研究人类文化的空间组合,人类活动所创造的文化在起源、传布方面与环境的关系的学科。文化地理学的研究,旨在探讨各地区人类社会的文化定型活动,人们对景观的开发利用和影响,人类文化在改变生态环境过程中所起的作用以及该地区区域特性的文化继承性,也就是研究人类文化活动的空间变化①。目前文化地理学主要研究有关文化景观、文化的起源和传播、文化与生态环境的关系、环境的文化评价等方面的内容。

---

① 引自百度百科 http://baike.baidu.com/view/100966.html? tp=1_01.

1822 年,李特尔便对人类文化与环境之间的关系产生了兴趣。几十年后,拉采尔倡议研究人类文化地理,提出了"人类地理学"一词,论述了历史景观,认为文化地理区是一个独特集团的、各种文化特征的复合体,而且很重视对文化传布的研究。与此同时,维达尔·白兰士在 19 世纪末提出生活方式的概念和人类文化及其地理影响的思想。20 世纪初,美国人类学家克罗伯认为地理因素替代时间居于突出地位。在他的这一思想和早期的文化地理学思想影响下,索尔提出了关于文化地理的重要论点,主张用文化景观来表达人类文化对景观的冲击。他认为文化地理学主要通过物质文化要素来研究区域人文地理特性,文化景观既有自然景观的物质基础,又有社会、经济和精神的作用,他还强调人文地理学是与文化景观有关的文化历史研究。受索尔影响的美国文化地理学者们被称为文化地理的伯克利学派。第二次世界大战以后,文化地理的研究除了对文化景观、区域文化的历史的探讨之外,瑞典地理学家哈格斯特朗将空间扩散分析法应用到文化传播的研究中,形成了文化地理的瑞典学派。

中国文化地理的思想起源很早,历代各类著作、方志中有大量文化地理资料记载,但很少有人专门从事这方面的研究。目前,中国历史学家、民族学家、人类学家等只从本学科研究的需要出发考虑文化的地区差异和文化起源的地理背景,历史地理学、聚落地理学、地名学等地理学研究中亦有所涉及,但文化地理学尚未成为独立研究的学科。

那么,在人居环境科学体系下,研究文化地理具有重大的意义。

2.1.3 文化地理学的研究内容与方法

文化地理学的研究,旨在探讨各地区人类社会的文化定型活动,人们对景观的开发利用和影响,人类文化在改变生态环境过程中所起的作用以及该地区区域特性的文化继承性,人类文化活动的空间变化。它是地理学的重要分支,也是文化学的一个组成部分。文化地理研究主要有 5 方面内容:文化区、文化扩散、文化生态学、文化整合和文化景观[46]。

目前文化地理学主要研究内容有二:一是研究文化与自然环境的关系;二是研究文化与文化的空间关系。主要研究有关文化景观、文化的起源和传播、文化发展规律、环境的文化评价等方面的内容。文化地理学的研究理论主要有:文化区理论、文化扩散理论、文化生态理论、文化整合理论、文化景观理论等。

文化区理论认为,可根据文化特征或是具有某种特殊文化的人群来对地表空间进行划分,从而形成若干文化区;且一个文化区必须具有一套独立的思维方式、认知方式、价值观念、道德系统、审美情趣与情感方式;在同一个文化区内,文化特征有大致的均质性,但非等质,中心区与边缘区有一定差异,中心区文化特征最为明显、典型,边缘区的文化特征随着距核心区的距离增大而递减,直至消失,消失处即为文化区边界;边界具有过渡性,某一文化特征是逐渐减弱或消失的,边界不一定明显;两种文化区的交汇地带多为文化共存地带,文化特征复杂;且文化区的划分标准因人而异,文化区的划分有一定主观性。文化扩散理论认为:文化的空间扩散的动力有内力与外力之分,内力主要为文化的自身发展,外力主要为文化间的差异;文化空间扩散方式有扩展扩散与迁移扩散两种,前者是指某种文化在核心区发展的同时向外传播的过程,后者则指具有某种文化的人从一地迁往另一地,从而将此种文化带到迁居地的方式。文化生态理论认为文化具有类似生态系统的组织方式与特征,文化与文化之间、文化与环境之间、各种文化过程之间具有一定的关系：如文化与自然环境之间有着制约、适应、选择、再现等关系。文化整合理论认为：文化具有相互影响、协调，进而成为整体的过程。文化景观理论认为：人类会为满足某种需要，有意识地在自然景观之上叠加自己创造的成果，形成文化景观；文化景观会随时间的推移而变化；文化景观可反映文化内涵，文化造就文化景观、文化景观巩固文化。

文化地理学的研究方法主要有定性分析与定量分析两大类方法。杨国安、甘国辉在《人文地理学研究方法述要》中将人文地理学研究方法归纳为系统分析与实地调查，问卷调查、座谈会与社会统计学方法，描述法与比较法，地图法，数学模拟法与经济分析法，地理信息技术、多媒体技术与网络技术以及地理计算[47]等方法。这些方法也是文化地理学常用的方法。

2.2 人居环境建设体系下的文化地理变迁研究体系构建

2.2.1 文化地理在人居环境学科中的地位与作用

人居环境科学是研究人的生活和生产活动与其生存环境之间构成关系的科学。它强调把人类聚居作为一个整体，从政治、社会、文化、技术等各个方面，全面地、系统地、综合地加以研究。其目的是要了解掌握人类聚居发生发展的客观规律，从而能更好地建设符合人类理想的聚居环境[2]。吴良镛先生提出人居环境科学是一个开放的体系，是一个学科群(图2.1)。

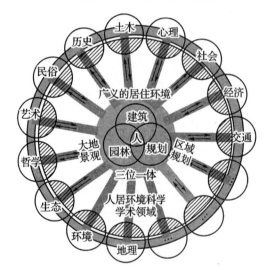

图 2.1 开放的人居环境科学创造系统示意——人居环境科学的学术框架

图片来源：根据吴良镛著《人居环境科学导论》[2]第82页改绘.

在图2.1中，我们可以见到多种学科领域相互交错，共同构成人居环境科学。尽管没有单独一门学科叫做"文化"，但我们也不难发现，"文化"渗透于体系的各个学科之中。而对于研究人类文化的空间组合，人类活动所创造的文化在起源、传播方面以及与环境的关系，即为文化地理。由此可见文化地理在人居环境科学体系中是无处不在的。文化伴随着人类的发展而发展,在人类历史的长河中,起到了巨大的作用;文化地理对于人地关系的研究也正是人居环境科学研究不可或缺的一部分。在吴先生提到的人居环境构成的五大系统中,文化地理也是贯穿于自然系统、人类系统、社会系统、居住系统和支撑系统等各子系统之中,但并不隶属于某个系统,起到的是"纽带"的作用。关于文化地理的研究,无疑是对人居环境科学研究的一个推动。

我们所感知的人居环境不仅是一个物质存在,还是一个各种物质与非物质文化交织缠绕的网络。人类主体总是包裹在人居环境的复杂关系中。人类的思想和行为塑造着人居环境,人居环境又反过来影响着人们的思维与行动。总的来说,在人居环境科学体系下,文化具有"融贯的地位,纽带的作用",可将无形作用于有形,又在有形上升华为无形(图 2.2)。

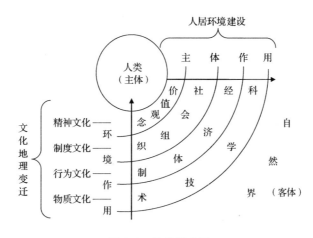

图 2.2　结构模式图

图片来源:根据文化生态系统模式图改绘.

2.2.2　人居环境理论与人居环境建设体系下的文化地理研究对象

人居环境理论强调把人类聚居作为一个整体,目的是了解、掌握人类聚居发生、发展的客观规律,以更好地建设符合人类理想的聚居环境。吴良镛先生在《人居环境科学导论》中指出人居环境科学是一门以人类聚居为研究对象,着重探讨人与环境之间的相互关系的科学,强调把人类聚居作为一个整体,从社会、经济、文化和工程技术等各方面进行综合系统研究,学科目的是了解、掌握人类发展的客观规律,以更好地建设理想的聚居环境。

人居环境除了有它的科学内容以外,还有其深厚的人文内涵。原建设部城乡规划专家委员会委员、世界人类聚居学会副主席、清华大学建筑学院副院长毛其智教授在 2007 全球人居环境论坛上指出:"人居环境科学是 21 世纪城市科学重点研究的领域,它是在研究过程中不断完善发展的。""人居环境运动不仅是一种物质形态建设过程,也是一种文化的建设过程。"因此,我们需要重视人居环境的人文内容。文化地理的研究则是人居环境科学在文化领域内的一次探索。

在人居环境建设体系下,文化地理的研究对象为一定区域范围内文化现象的组成、文化的变迁过程、文化与地理环境之间的关系、文化地理的时空扩展过程、影响文化地理变迁的因素和动力机制以及文化地理变迁模式等,即包括文化的兴起与发展、文化的地域扩展过程、文化的现状地理格局、文化变迁机制与文化发展模式等内容。简而言之,即为文化及其空间扩展的现象与规律。笔者也将从以上方面对三峡人居环境的文化地理变迁与建设进行深入研究。

2.2.3 人居环境建设体系下的文化地理研究方法

人类的逻辑思维方式无非就归纳与演绎两种基本方法。归纳法是由个别到一般的方法,演绎是由一般到个别的方法。而人居环境建设体系下的文化地理研究需要这两种逻辑思维方法的综合。从最初对个体文化地理现象的观察、分析,到多种文化地理知识积累,直至规律的总结,这是典型的归纳法;而利用规律预测某种文化的发展,将文化发展向正确的方向引导,寻求优化的文化发展模式则是演绎的过程。

研究人居环境时要融贯地综合研究,把社会科学体系和自然科学体系结合起来。人居环境建设体系下的文化地理研究亦如此,需要综合类型学、历史地理学、地理学、社会学、动力学、生命科学等学科的方法进行综合研究。可谓"究天人之际,通古今之变"。

文化地理变迁是个非常复杂的现象与过程。在研究中常常需要将复杂事物简单化,这样才能透过纷繁复杂的表象看到本质,寻找蕴含在文化地理变迁运动中的一般规律。而将复杂事物简单化的方法有很多,如精简、分解、综合、概括、浓缩、分类、替代等。

2.2.4 人居环境建设体系下的文化地理变迁研究框架

文化不是一个虚无缥缈的东西,而是与日常生活息息相关的。它贯穿于人类的生活和生产之中,作用于人居环境建设的方方面面。而文化系统的庞杂、边界不清晰,导致了文化研究的多姿态性;文化现象本身的社会性和不确定性,又使之貌似与定量化的科学研究相距甚远。然而笔者认为:文化一旦与时间、空间结合,就可以被认知、分析和研究(图 2.3)。

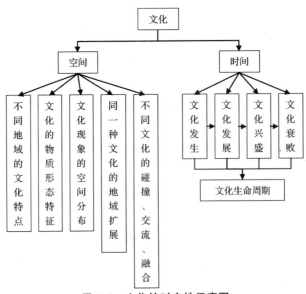

图 2.3 文化的时空性示意图

图片来源:自绘.

人居环境的文化地理研究主要是通过空间思考文化,而又通过文化思考空间(图2.4)。

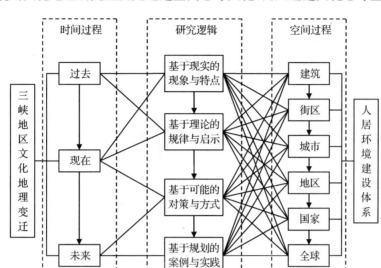

图 2.4　人居环境科学体系下三峡地区文化地理变迁的过程与逻辑关系图
图片来源:自绘.

2.3　三峡人居环境体系下文化的组成——类型学解析

人居环境建设体系包括五大系统,即自然系统、社会系统、人类系统、居住系统和支撑系统[2],而文化贯穿于每个系统中,并不隶属于某个系统。三峡地区从古到今文化内容极其丰富,文化地理变迁过程也纷繁复杂。有大溪陶文、巴人悬棺、古栈凌空、楚剑冶炼、川江号子等许多方面的许多类型的文化及其表现形式。研究需在混乱中寻找秩序,在繁复中探究规律。分析人居环境建设体系下的文化组成,是寻找规律进行深入研究的首要任务。

类型学(Topology)是依托哲学观的一种对事物认知的方法论。简单来说,类型学就是将事物按照某种逻辑或属性进行分类,以便于识别、研究与应用。包括类型选择、类型提取、类型还原、类型重组等步骤。将研究对象进行分类是从哲学层面对事物的一种认知方式与思考方式。一种分组归类方法的体系,通常称为类型,类型的各成分是用假设的各个特别属性来识别的,这些属性彼此之间相互排斥而集合起来却又包罗万象,这种分组归类方法因在各种现象之间建立有限的关系而有助于论证和探索。因此,要全面认知三峡地区的文化地理变迁,首先要对三峡的文化进行充分的认知与思考,那么类型学是一种可借鉴的方式。

2.3.1　不同分类方式的文化组成

各种不同的文化对人类发展有不同的功能,三峡地区的文化构成,形成了三峡地区文化生态系统,多种文化类型共存,并在各自的生命周期不同阶段,形成合力,推动三峡地区人类文明的进程。三峡地区人类社会的物质与精神财富总和形成举世罕见的、与灵奇山水相关相切的、多种文化成分有机融合的三峡文化系列,其中许多至今仍是难解之谜(表2.1)。

表 2.1 三峡人居环境体系下的文化类型表

大类	亚类	中类	小类
物质文化	被人文化的自然景观	山石	峡
			洞
			石
		水流	江滩
			瀑潭
		生物	植物（木）
			动物（猿、鱼等）
	底蕴深厚的人工产物	聚落	古城（镇）
			（现代）城镇
		建筑	民居
			寺庙
			宗祠
			阙、桥等
		服饰	日常服饰
			节庆服饰
			其他装饰品
		工具	生产工具（农耕、渔猎）
			生活工具
			交通工具
非物质文化	精神文化	语言文字	混合语
		民间信仰	巫、鬼、自然崇拜
		民族习俗	节日、祭祀、礼节
		民间艺术	神话、歌、传说、舞、戏、画等
		民间文学	诗、文
	行为文化	交通行为	
		社交行为	
		娱乐行为	
		通讯行为	
		劳动行为	
		饮食行为	
		教育行为	
	制度文化	人口与民族	
		政治、经济、法律制度	

人居环境体系下的文化具有丰富的层次与多维的视野,因此也有多种分类途径。按时间可分为古代文化、现代文化;按州际地域可以分为欧洲文化、亚洲文化、非洲文化、美洲文

化等;按文化的属性可分为物质文化与非物质文化;按文化的受众可分为大众文化与精英文化;按文化的质量可分为高雅文化与低俗文化;按文化的层次可以分为表层文化、中层文化和底层文化。中国艺术研究院研究员、博导苑利指出:任何一种文化遗产——大到建筑,小到剪纸,都是由"有形"与"无形","物质"与"非物质"这样两个方面共同构成的。

本书研究选取的文化分类方式为文化学中的经典分类方式,即按照文化属性的不同层次将人居环境建设的文化分为物质文化与非物质文化(包括精神文化、行为文化与制度文化等),并针对三峡地区将各种文化层次进行归类,便于一览三峡文化的全貌。

2.3.2 物质文化:被人文化的自然景观与底蕴深厚的人工产物

物质文化是指为了满足人类生存和发展需要所创造的物质产品及其所表现的文化,包括饮食、服饰、建筑、交通、生产工具以及乡村、城市等,其中凝聚、体现、寄托着人的生存方式、生存状态、思想感情的物质过程和物质产品,是一种有实物载体的文化形态,是与非物质文化相对应的。"物质文化是文化要素或文化景观的物质方面,是人们创造的可见的、可触知的具有物质实体的文化内容。它包括满足人类生活及生存所需要的物质产品及其所表现的文化,诸如与人类衣、食、住、行相关的服饰、饮食、居住及交通文化等都属于物质文化的范畴[48]。"

人类创造任何一种物质文化都是历史人文因素与自然要素的结合。三峡地区的物质文化主要有被人文化的自然景观、聚落(城镇与乡村)、建筑、服饰、饮食、生产工具等。

1) 被人文化的自然景观

野生植物是非文化的,经过人工栽培、改良的农作物是文化的;天然的岩石是非文化的,而经过人工打制的各种石器是文化的;雷鸣电闪是非文化的,但将其人格化为神灵之物或赞以诗文、融入情感则是文化的。

三峡的自然景观是令人叹为观止的。不论是三峡工程之前的峡谷景观还是三峡工程之后的大坝平湖景观都让人震撼(图 2.5)。这些自然景观被人们赋予文化内涵,具有文化意义与文化价值,是被人文化的自然景观。被人文化的自然景观也是一种文化景观。文化景观既有自然景观的物质基础,又有社会、经济和精神的作用。

图 2.5 瞿塘峡·夔门

图片来源:自摄(2012 年 8 月).

峡、洞、石,都承载着三峡文化。如山石中的峡,大三峡、小三峡、小小三峡在不同的时段无不令人叹为观止,除了自然的鬼斧神工,更多的则是人们留下的文化,如石刻、诗文、神话、传说、生活方式或劳作方式等。

三峡中的洞众多,被赋予了人文意义之后,洞的内涵也丰富了。许多民间故事、传说都以洞为场所,是当地典型的人居环境微观场所。如著名的三游洞、陆游洞(图2.6)等自然洞穴,都因文化的积淀而显得与众不同。而三峡特有的纤夫石则更是记载了劳动人民曾经的文化印迹。

图 2.6　三游洞与陆游洞

图片来源:自摄.

木、石天成,本非文化,但三峡木、三峡石在岁月的历练中,在人居环境里逐步积累着不寻常的文化。三峡石是天然的艺术品,是长江三峡地区内各种奇石的总称。三峡石中,又以纤夫石与人类活动的关系最为密切。岩石上一条一条深浅不一的纤槽是千百年来巴人、船工、纤夫在长年累月与大自然的搏击中,用纤绳在三峡沿江滩头岸边的巨石上,年复一年摩擦勒刻而成的亘古痕迹,是长江三峡水运艰辛历史的见证,是三峡纤夫苦难历史的生动写照,是三峡一带特有的文化遗产,也是人类文明发展史上的真实记录(图2.7)。

图 2.7　三峡纤夫石

图片来源:自摄.

江滩、瀑潭也因有故事而带着几分灵气(图2.8)。江滩是三峡地区人类活动的重要场所,也是沿江城镇的重要组成部分。由于江水涨落,江滩时而显露时而淹没,对航行有着不同程度的影响。曾经有不少险滩使得三峡人们丧生江中。关于江滩,在三峡地区也有着不少的传说。有山有水,自然有洞有流。三峡地区江河两岸洞流不断,不同的时节有着不同的景观,于是各种关于神龙、关于仙人的传说随即产生。

图2.8 三峡潭瀑　图片来源:自摄.

而多种多样的生物也使得三峡地区生机盎然,成为诗歌、神话甚至生活的重要角色。如"粉色昭君桃花鱼"、"猿啼三声泪沾裳"、"三峡阴沉木家具"等(图2.9)。

图2.9 三峡阴沉木　图片来源:自摄.

纵观三峡历史,其自然景观被人文化的方式主要有:神话、传说、形似或神似的联想、拟人化的故事、文人骚客的诗词等。

2)底蕴深厚的人工产物

除了自然景观之外,三峡地区本身就遍布人类构筑的印迹,留有文化厚重的人文景观。

(1)聚落

"稍筑室宅,遂成聚落。"[①]人类是一种群居生物体,当人们迁徙到某个地方并在那里修建居所,渐渐地就形成了聚落。聚居是人类居住活动的现象、过程和形态。[1]聚落,是早期人类由于聚居而形成的群落,现在泛指人群聚居的地方,包括都市、城镇和乡村等。它是在一定

---

① 出自《汉书·沟洫志》。

地域内发生的社会活动和社会关系,是由共同成员的人群所组成的相对独立的地域社会。聚落是一种空间系统,是一种复杂的经济、文化现象和发展过程,是在特定的地理环境和社会经济背景中人类活动与自然相互作用的综合结果。曾经的聚落到今天的乡村、城镇乃至城市,都是人类文化成果的结晶。

三峡自古以来就有人类活动,而人是一种群居性的生物,聚居是一种必然的形式,聚落也由此而生。聚落是一种与人类生活密切相关的物质文化形态。受到自然环境与社会环境的影响,三峡地区古代聚落分布也是颇具特色。由于峡区山高水深、地势陡峭,水路交通为联系与沟通的主要方式,因此,聚落大多都形成于支流河口、进出相对较易的宽谷地带,且以长江为主干,支流为叶脉状分布的聚落发展格局。城镇是典型的聚落。

① 古镇

城镇是区域人口最为集中的地方,也是地方人居环境最典型的载体。三峡地区有白沙古镇、大昌古城、宁厂古镇、西沱古镇、石宝镇等一系列独具特色的古城(镇)(图 2.10)。

图 2.10　三峡地区古城镇分布图

图片来源:自绘.

白沙扼长江之要津,是万里长江上游的国家级第一深水良港,是重庆市第一人口大镇及重庆市重点发展的中小城镇,素有"天府名镇"、"川东文化重镇"之美称和"小香港"之盛誉[49]。白沙坝历史上是与重庆沙坪坝、成都华西坝、北碚夏坝齐名合称为四川著名的文化四坝;也是中国大后方四大文化区之一。2001 年 4 月被命名为重庆市首批历史文化名镇。白沙古镇位于长江上游,重庆江津市域西部,依山傍水,环境优美,既有长江沿镇而过,又有溪流环绕(图 2.11)。

图 2.11　白沙古镇　　图片来源:自摄.

2010 年年底,《白沙古镇保护规划》获重庆市政府审批通过,主要是修复老街区、修缮抗战遗址、打造老重庆影视基地、建抗战文化主题公园。2011 年 10 月,白沙"老重庆影视拍摄基地"正式挂牌(图 2.12)。

图 2.12　白沙老重庆影视基地

图片来源:自摄.

走马古镇位于重庆市九龙坡区,处于巴渝中心地带。因其西临璧山、南接江津,有"一脚踏三县"之称,是重庆通往成都的必经之地,是成渝路上的一个重要驿站,往来商贾、力夫络绎不绝,也留下了"识相不识相,难过走马岗"的民谚。《巴县志》记载:"(重庆)正西陆路八十里至走马岗交璧山县界,系赴成都驿路"[50]。如今,走马古镇尚存古驿道遗址、古街区、铁匠铺、老茶馆、明清建筑古戏楼和孙家大院、慈云寺遗址等。2008 年走马古镇被国务院命名为第四批"历史文化名镇"(图 2.13)。

图 2.13　走马古镇

图片来源:自摄.

丰盛镇位于重庆市巴南区东面,也是巴南区东部的边沿镇之一。丰盛古镇因其历史悠久,文化底蕴深厚,于 2002 年 4 月被重庆市人民政府命名为重庆首批 20 个"历史文化名镇"之一,2005 年 2 月重庆市人民政府批准了《丰盛镇古镇保护规划》,2008 年 12 月 23 日获得了由国家住房和城乡建设部以及国家文物局联合颁发的"中国历史文化名镇"称号(图 2.14)。

图 2.14　丰盛镇

图片来源:自摄.

洋渡古镇位于长江南岸。根据《忠县志》记载:"1952 年设置洋渡乡,1958 年为洋渡公社,1985 年四川省人民政府民政〔1985〕46 号文件同意将洋渡乡改设洋渡镇"[51]。据国家古迹文献记载洋渡花岭村原来是武德二年(公元 619 年)设置,元末废弃的南宾县。这里是天然的深水港,加之又是三县交界之地,人员流动大、货物便宜,到赶场日子都是摩肩接踵,热闹非凡。通过上千年的演变,成为现在的洋渡古镇(图 2.15)。

图 2.15　洋渡古镇

图片来源:自摄.

忠县石宝古镇因依托国家级文物石宝寨而声明远扬。石宝寨号称世界八大奇异建筑之一,位于重庆忠县境内的长江北岸,距忠县城 45 km。此处临江有一俯高十多丈、陡壁孤峰拔起的巨石,相传为女娲补天所遗的一尊五彩石,故称"石宝"。此石形如玉印,又名"玉印山"。明末谭宏起义,据此为寨,"石宝寨"名由此而来。石宝寨塔楼倚玉印山修建,依山耸势,飞檐展翼,造型十分奇异。它是我国现存体积最高、层数最多的穿斗式木结构建筑。整个寨子全部采用木质穿斗、木石相衔的结构建造,部件之间全部靠打眼、穿榫相连,没有使用一颗铁钉,所有楼柱直接嵌入玉印山的岩体,楼与山水乳交融,被称为"世界八大奇异建筑"。根据玉印山地形地质条件和三峡库区蓄水后石宝寨周围的水位情况,石宝寨保护方案在以前的"护坡加仰墙"方案上修缮完成。这个方案是沿着石宝寨四周筑一道巨型围堤,使其形成一个巨大的石盆,把整个石宝寨围在其中。如今石宝寨成为世界上最大的"盆景"和江中"小蓬莱"(图 2.16)。

图 2.16　围堰中的石宝寨　图片来源:自摄.

　　西沱古镇位于重庆市石柱土家族自治县,原名西界沱,古为"巴州之西界",因地临长江南岸回水沱而得名,与长江明珠——石宝寨隔江相望。早在清朝乾隆时期,这里就"水陆贸易,烟火繁盛,俨然一郡邑"。古老的历史,为这里留下了宝贵的文化财富。现被国家住建部、国家文物局评为首批中国历史文化名镇。三峡工程蓄水,西沱古镇有 20% 被淹掉(图2.17)。

图 2.17　西沱古镇　图片来源:自摄.

　　万州区武陵镇与忠县毗邻,同石柱县隔江相望,距万州城区陆路 73 km(水路 37 km)。武陵镇是一个有着 2 000 多年历史的繁华古镇。资料显示,早在秦汉时代,武陵一带就开发得比较好,沿江的聚居村落、小的集市已初具规模。陈勃先生《武陵古镇》一文称:古镇于周建源阳县始,小镇整体布局基本定位,……与隔江而望如巨龙下江的西沱古镇,共同演绎出巴人图腾尚巫的龙蛇与鳌灵崇拜的古镇布局(图2.18)。

图 2.18　武陵镇及其老码头　图片来源:自摄.

云安镇,位于重庆东部的云阳县内的汤溪河畔,古镇四面环山,一条小溪从古镇中间穿过,这条小溪因冬暖夏凉,故名汤溪。云安镇是拥有 2 200 多年历史的古镇。相传汉高祖刘邦初年,大将樊哙打猎追白兔时发现盐井,刘邦令扶嘉率民在此凿井引卤,架锅熬盐,以供军需民食。"三牛对马岭,不出贵人出盐井",云安镇也因此成为"千年盐都"。由于三峡工程的修建,这座古镇已被全面淹没。目前古镇已经全面搬迁到新县城,现已建成的云安移民小区位于云阳新县城中部(图 2.19)。

图 2.19　云安古镇　　图片来源:自摄.

白帝城位于重庆奉节县瞿塘峡口的长江北岸[①],是观"夔门天下雄"的最佳地点。历代著名诗人都曾登白帝、游夔门,留下大量诗篇,因此白帝城又有"诗城"之美誉。白帝城三面环水。扼三峡门户的白帝城既见证了三峡的沧桑巨变,也孕育了深厚的历史文化。因三峡工程蓄水,白帝城成为高峡平湖中的一个岛屿(图 2.20)。

图 2.20　白帝城　　图片来源:自摄.

归州古镇是秭归县原县城所在地,3 000 多年前这里诞生了古归国。古城归州迄今已有1 700 多年的历史,这里的主要建筑几乎全部都在三峡工程 175 m 蓄水线以下。1998 年,秭归县率先在三峡库区完成县城整体搬迁,归州古镇现存的城墙为清嘉庆年间所建。归州新镇于 2002 年 6 月在距离归州古镇约 3 km 处的屈原庙村陶家坡上整体落成。新镇依山展势,面临长江,呈"凹"形分布于屈家沟东西两侧。该镇定位于"乡土味,文化型,生态镇",在三峡库区移民搬迁新镇中别具一格(图 2.21)。

---

①　原名子阳城,为西汉末年割据蜀地的公孙述所建。

图 2.21　归州古镇拆迁现场　　图片来源：自摄.

香溪镇因小镇旁的一条长数百里的小溪河——香溪河而得名（图 2.22）。全镇仅长约 1 km，宽约 500 m，大致呈不规则的三角形。全镇主要有两条街道：一条下街（公路下），也称前街。一条上街（即秭兴公路镇中部分），也称后街。香溪下街是老街，历史久远，古色古香，是香溪小镇的灵魂。出生在香溪河畔最有名的有两位：一位是中国古代伟大的爱国主义诗人屈原，一位是中国历史上有名的四大美女之一王昭君。1980 年春，在香溪镇出土了刻有"越王州勾自作用剑"字样的越王剑，目前陈列在秭归县屈原纪念馆内。

图 2.22　香溪镇　　图片来源：自摄.

屈原镇位于湖北省秭归县境内，地处长江西陵峡的牛肝马肺峡和兵书宝剑峡之间，地跨长江南北两岸，与三峡大坝眺望可及，是世界四大文化名人之一——屈原的诞生地。该镇是闻名中外的两大地质灾害——新滩大滑坡和链子岩工程治理所在地。古老的小镇将在三峡移民后，全部原样复制到茅坪的三峡博物馆，古镇就此消失（图 2.23）。

图 2.23　搬迁前后的新滩镇（屈原镇）　　图片来源：自摄.

大昌古城，从其规模上来看，在今天仅能称其为"镇"，但在历史上这里曾是三峡地区一座"城"。大昌古镇在巫山县大宁河东岸，小三峡北端，海拔 141 m，已有 1 700 多年历史。

1992年,三峡库区文物规划组的专家考察完大昌古城后,认为古城是三峡工程淹没区内重庆段保存规模最大、最完整的古建筑群。在组群的完整性、布局的灵活性、装饰的丰富性方面都较为突出,是地方建筑的代表。大昌古城因此被确定为整体搬迁。2002年,老城开始局部拆迁;2005年7月,大规模地搬迁复建开始。搬迁后的古城位于原址东南一隅,大约千米的地方,紧靠小三峡之一的滴翠峡峡口(图2.24)。

图2.24 今日的大昌古城与新镇　图片来源:自摄.

宁厂镇位于重庆巫溪县县城北部大宁河畔,依山傍水而建,是我国早期制盐地之一,也是重庆市政府公布的首批历史文化名镇。宁厂古镇有4 000多年的制盐史,远古时期是"不绩不经,服也;不稼不穑,食也"的乐土,在唐尧时期就是极盛一时的巫咸国的本土和首会所在地,并因盐而兴,有过"一泉流白玉,万里走黄金","吴蜀之货,咸荟于此","利分秦楚域,泽沛汉唐年"的辉煌。宁厂古镇是三峡工程建成后三峡库区内唯一一个保存完整的古镇,现古造盐作坊遗址保存完好(图2.25)。

图2.25 今日宁厂古镇　图片来源:自摄.

图片来源:自摄.

奉节县竹园古镇位于奉节北边75 km,是渝东地区通往湘、鄂、陕西经济走廊的交通枢纽,是古老文明、历史悠久的边陲小镇。始建于明末清初,迄今已有500年历史,又名竹元坪。古镇周围群山环抱,四水归池,风景优美,气候适宜,壮观秀丽,青山绿水。2002年,重庆市政府将竹园镇公布为市级历史文化名镇[52](图2.26)。

图 2.26　竹园古镇　　图片来源：自摄.

　　庙宇镇位于巫山县城西南部，地处渝鄂两省的巫山、奉节、建始三县陆上交汇中心，地处巫峡南岸、渝鄂边陲处。闻名于世的龙骨坡遗址就在庙宇镇东。这里发现了二百多万年的古人类化石，被称为"巫山人"。"龙骨坡文化"对"巫山人"的确立，说明我们的祖先早在二百万年前就在巫山这块古老的土地上生息繁衍，把巴渝历史从四至六千年的新石器时代推到二百万年前的古人类时代，把人类的历史向前推进了一大步，充分说明了长江流域同样是中华民族的文化摇篮，同时为探讨人类起源地域与演化提供了科学的依据。巫山龙骨坡遗址为全国重点文物保护单位。2002 年重庆市人民政府将庙宇镇公布为市级历史文化名镇[52]（图 2.27）。

图 2.27　龙骨坡遗址　　图片来源：自摄.

　　高阳古镇是长江三峡库区最后一个移民迁建集镇，在移民搬迁前系兴山县县城，历时1 012 年。高阳古镇原址海拔 155 m，通过筑堤回填，原地起跳抬高 22 m 高度，高阳新镇通过筑堤回填方式矗立在长江支流香溪河左岸海拔 177 m 的旧址台地高处（图 2.28）。

图 2.28　高阳古镇　　图片来源：自摄.

龚滩古镇位于重庆市酉阳土家族苗族自治县境内,坐落于乌江与阿蓬江交汇处的乌江东岸,是一座具有1 700多年历史的古镇。专家学者考察后认为,龚滩古镇可与世界文化遗产丽江古镇媲美。龚滩古镇现存长约3 km的石板街、150余堵别具一格的封火墙、200多个古朴幽静的四合院、50多座形态各异的吊脚楼,独具地方特色,是国内保存完好且颇具规模的明清建筑群。2006年,龚滩古镇搬迁复建工程在新址小银滩正式动工。2009年,古镇搬迁复建工程主要工作基本完工,搬迁复建后的龚滩古镇正式开街(图2.29)。

图2.29 龚滩古镇

图片来源:自摄.

龙潭古镇位于渝东南武陵山区腹地,重庆市酉阳县东南部,是土家族、苗族、汉族等民族聚居地。龙潭镇因镇上两个余水潭形似"龙眼",常积水成潭故名"龙潭"。自秦统一全国至今,由梅树龙潭到如今龙潭,据书面记载已有2 200多年的历史。凭借龙潭河、酉水河之便,龙潭古镇逐渐发展成为重要的商业集镇,古称"龙潭货、龚滩钱"(图2.30)。

图2.30 龙潭古镇

图片来源:自摄.

② 城镇

三峡地区重要城镇有16个,从长江上游到下游,分别是:江津、重庆主城、长寿、涪陵、忠县、石柱、武隆、万州、云阳、开县、奉节、巫山、巫溪、巴东、秭归、宜昌(图2.31)。

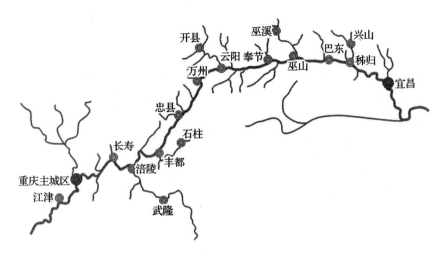

图 2.31　三峡库区城镇分布图　图片来源:自绘.

这些城镇都有各自独特的文化,如丰都、忠县、万州、巫山等在三峡地区独具特色。

丰都,自古以来就是文化名城,位于重庆市下游丰都县的长江北岸,四川盆地东南边缘,是中国很有特色和名气的历史文化小镇。丰都鬼城又称为"幽都"、"中国神曲之乡",旧名"酆都鬼城",春秋时称"巴子别都",传说这里是人死后灵魂归宿的地方,以其"丰都鬼城"作为阴曹地府所在地的鬼文化而蜚声古今中外(图 2.32)。

图 2.32　鬼城丰都　图片来源:自摄.

忠县位于重庆市中部,地处三峡库区腹心地带,上距重庆主城区 180 km,下距万州 105 km。东邻万州,南接石柱,西界丰都、垫江,北壤梁平,是三峡移民搬迁重点县,老县城三分之二被淹没。忠县历史悠久。早在新石器时代,人类就在这块土地上生活、劳作、繁衍,创造了早期的忠州文化。忠县是巴文化的主要发祥地之一,有文字记载的历史达 2 300 多年。周朝为巴国地,秦属巴郡,汉置临江县,西魏设临州。唐贞观八年为纪念周人巴蔓子"刎首留城"和严颜宁当断头将军、不做投降将军之壮举,唐太宗赐临州为忠州。清雍正十二年升为直隶州,民国二年设忠县至今(图 2.33)。

重庆市万州区地处三峡库区腹心,长江中上游结合部,因"万川毕汇、万商云集"而得名,是长江十大港口之一,有"川东门户"之称。境内山峦起伏,丘陵交错,街道楼房背山面江,故称"江城"。万州动态移民 26.3 万,占三峡库区的五分之一,占重庆库区的四分之一(图 2.34)。

图 2.33　忠县县城　　图片来源:自摄.

图 2.34　万州　　图片来源:自摄.

　　巫山位于重庆市东北部,三峡库区腹心,地跨长江巫峡两岸,素有"渝东门户"之称。巫山既为巫山山脉的简称,又是濒临巫山山脉的巫山县的简称。巫山县以上古唐尧时代巫咸(尧帝的御医)而得名,春秋战国为楚国巫郡,秦汉改郡为县,时名巫县,隋开皇三年更名为巫山县。200万年前的龙骨坡"巫山人"是亚洲人类的发源地;5 000年前的大溪文化遗址是新石器文化的代表;有《神女赋》《高唐赋》、竹枝词等名诗名赋;有神女峰、高唐观、楚阳台等名胜景观;有历史悠久的巫文化、巴楚文化和神女文化;有秦末汉初古栈道、千年悬棺、汉墓群等古迹40多处;珍稀文物1 000多件,居三峡库区之首。巫山县是三峡工程重庆库区首淹首迁县,三峡工程正常蓄水位175 m,全县淹没陆地面积49.3 km²,涉及14个乡镇、60个村,淹没县城1座、建制镇1座、乡级镇6座、场镇2个、工矿企业48家,动迁人口9.1万人(图2.35)。

图 2.35　巫山县城　　图片来源:自摄.

　　巫溪地处渝东北边陲,大巴山东段南麓的渝、陕、鄂三省(市)结合部,与鄂西陕南接壤,南近长江天险,北临巴山要隘,为"巴夔户牖,秦楚咽喉"。境内重岗复岭,溪流纵横。此县因境内有巫溪(又名昌江)而得名,据《水经注》:"巫溪水,即盐水"。巫溪系大溪文化区域,在新石器时代已有先民生息繁衍。因历代政治、经济、军事的需要,故政区迭更,隶属多变,县、郡、监、州,沿革纷呈。商周至春秋前期属庸国鱼邑,战国属巫县。汉置北井县,宋设大宁监,元升监为州,明降州为大宁县,民国初更名巫溪县。巫溪地方数千年间虽历经改朝换代,但少受战乱兵祸,几度繁荣,巫盐外销秦楚,兼及川西(图2.36)。

图2.36 巫溪县城 图片来源:自摄.

(2) 建筑

建筑是人们用建筑材料搭建的一种供人居住和使用的物体,也是一种文化的载体,同时也是人类文化的产物,是一种文化现象。"建筑内涵的文化意蕴十分重要,建筑像一本篆刻着地理环境与社会关系的教材,编织着独特的文化戏剧,向世人展示人类舞台的趣事。"[1]三峡地区的建筑以民居为主,也有不少寺庙、祠堂与阙等其他建筑形式。三峡人善建吊脚楼,修建前选择风水,修建中遵循仪典,修建标准、整齐划一、规矩严格。

① 民居

民居是地方文化在日常生活中体现最为集中的物质载体之一。《黄帝内经》中说:"宅者,人之本。人以宅为家,居若安即家代昌吉。若不安,即门族衰微。"可见民居对人类生活有着极其重大的影响。民居是文化地理的一个极其重要的部分[53]。任何地区民居样式的选择都与当地的自然环境、生产力水平以及地方文化具有密不可分的关系。尤其是在古代,自然环境对民居的影响更为显著,气温的高低、湿度的大小、雨量的多少以及地方建筑材料资源的情况都会极大地影响一个地区民居建筑的样式与风格。

三峡自古有人家,是多民族聚居之地,其民居建筑形式呈现出多元多变的风格。三峡地区典型传统民居有:干栏式、井干式、碉房式、四合院式等多种样式,材料多以木、砖为主。其中干栏式的吊脚楼民居建筑古时最为多见,这种风格与当地山林众多、阴霾潮湿的气候相适应,也与当地山高谷深、平地较少的地形特征相吻合。三峡建筑的个体形象充满了强烈的山地意识,承载了深厚的人性记忆,形成了峡区极有特色的人文地表景观。

图2.37 大昌古城·温家大院

图片来源:自摄.

① 王恩涌,等.中国文化地理.北京:科学出版社,2008.

每一处建筑都处在特定的自然环境中,尤其功能,既是对地理景观的强化也是对地理空间的利用,还烘托了地域色彩;同时在特定的文化和社会背景中,不同区域有着不同的审美心理与观念,影响着建筑的外在特征,是人类情感的表达方式之一。酉阳龚滩的吊脚楼,巫溪宁厂的半边街,石柱、西沱的云梯街,巫山大昌的温家大院(图2.37),云阳、云安的街角小楼,秭归、新滩的门洞屋脊,巴东楠木园的吊楼窗扇等,无不体现着传统建筑的古典魅力、含蓄的抽象以及人居环境最朴素的和谐。可谓是"拙中藏巧,自然和谐"。宋华久的大型画册《三峡民居》[54]体现了人与自然和谐相处的情境。

三峡民居的形态与分布很大程度上是世世代代的劳动人民对自然所作出选择的结果。建筑材料、湿度条件、风水条件等都是影响三峡古代民居的因素。"渊源于三峡地理环境和巴楚历史文化的民居建筑在营造上具有因地制宜、就地取材、造福防灾的功用观,人地和谐、乡土特色的审美观,崇拜自然、保护环境的生态观,并打上了巴楚文化的印记,是一种具有浓郁地方特色和深厚文化内涵的传统居民建筑文化。"[55]

三峡民居多元多变的风格,是历史上大规模长期移民的结果,也是三峡地区以巴楚文化为代表的主流文化受中原文化和西洋文化影响进而融入中国建筑体系的结果。然而,千百年来传承下来的丰富多彩的三峡民居,除了少部分民居得以搬迁外,大部分民居都无缘再与世人见面。而库区现代建筑给人的地理感受则是古老审美取向的消失、对与自然和谐的忽视、普适的克隆建筑。

② 寺庙

《礼记·曲礼下》:"君子将营宫室,宗庙为先,厩库为次,居室为后。"

中国古寺庙具有深厚的文化积存,是人类普世文化的收藏地,楹联牌匾大都是前代高手的妙笔,三峡地区寺庙亦然。著名的有奉节白帝庙、宜昌黄陵庙、云阳张飞庙、长寿扇沱王爷庙、秭归江渎庙、湖北当阳玉泉寺、奉节县新城清净庵、湖北荆州三观、丰都悟惑寺、荆州关帝庙与梁平双桂堂等。

白帝庙是白帝城中纪念先人之地。先是纪念公孙述,后为三国人物。公元前35年,公孙述为刘秀所灭。后人在白帝城中的白帝山上修筑庙宇,供奉公孙述像,称"白帝庙"(图2.38)。

图2.38 白帝庙 图片来源:自摄.

传说诸葛亮撰写的《黄陵庙记》这样记述:"孰视于大江重复石壁间,有视象影现焉,鬓发须眉、冠裳宛然如彩画者。"前竖旗旌,右驻以黄犊;前面还有块岩石呈黑色,吉人牵牛状。"策牛者何人,尔行何日已?"黄牛助禹开江有功,人们便在山下修了座黄牛庙来四时祭祀。宋朝文学家欧阳修任夷陵县令时,认为神牛开峡事出无稽,只信大禹治水,黄牛庙故改称黄陵庙。此庙始建于汉代,屡罹兵焚,多次重修(图2.39)。现仅存明万历四十六年(1618)重修的禹王殿、武侯祠等。

图 2.39　宜昌黄陵庙　　图片来源:自摄.

　　云阳张飞庙因纪念三国蜀中大将张飞而建,原位于云阳旧县城对岸的飞凤山麓,距今1 700多年历史,是二期移民重点搬迁的国家级文物保护单位(图 2.40)。2002 年 10 月 8 日张飞庙开始闭馆拆迁,新址逆江而上 32 km,位于云阳县长江南岸的盘石镇龙安村。这个地方的地理特征与原有环境相似,即仍然可以保持依山、坐岩、临江,并仍然与新云阳县城隔江相望。张飞庙的保护方案是"原物搬迁",因此将尽可能地使用原物,是一砖一木一瓦地原样搬迁的库区最大文物搬迁项目。当然,也可能会补充一些辅料,如庙内张飞的塑像是泥塑,不可能搬走,所以,新张飞庙中他的塑像用铜塑像来代替。

图 2.40　张飞庙

图片来源:自摄(2006 年 5 月).

2

人居环境建设体系下文化地理研究的理论体系构建

　　长寿扇沱王爷庙,也称扇子沱王爷庙,传说非常精美,是当年雄踞于犀牛头,镇住一江水域,保护一方渔民平安的王爷庙,可惜如今已经破败①。根据县志记载:"王爷庙位于重庆市长寿区长江南岸的扇沱场江边。西距重庆(水路)59 km,东距长寿县城17 km。坐南朝北偏东 30°,高程 185 m,占地1 500 m²,建筑面积 1 100 m²。清乾隆五十九年建造。"(图 2.41)

图 2.41　扇子沱王爷庙　　图片来源:自摄.

---

①　http://blog.sina.com.cn/s/blog_5eb7a4300100hq3q.html.

　　江渎庙,又名杨泗庙,清代祠庙建筑,建筑面积 850 m²,是人们祭奠长江河神的主要场所。原来位于秭归县屈原镇新滩桂林村,面朝长江,背靠大王山,坐南朝北,依山而建,海拔高度 110 m,处于三峡大坝二期水位的淹没范围之内。现已整体迁建于凤凰山。"原样搬迁,整旧如旧。"(图 2.42)

图 2.42　江渎庙　图片来源:自摄.

　　玉泉寺位于湖北省当阳市,是宜昌现存最老的寺庙,是当地的佛教圣地。玉泉寺坐落于绿树丛林的玉泉山东麓,距三国古战场长坂坡暨当阳市城区 12 km。东汉建安二十四年(219 年),普净禅师结茅玉泉山下,为玉泉寺建寺之始。南北朝大通二年(528 年),梁武帝敕建覆船山寺。隋开皇十二年(592 年),智者大师奉诏建寺,隋文帝赐额"玉泉寺"。唐初,玉泉寺与浙江国清寺、山东灵岩寺、江苏栖霞寺并称"天下四绝"(图 2.43)。

图 2.43　玉泉寺　图片来源:自摄.

　　玄妙观、太晖观、开元观,人称"荆州三观"。玄妙观位于湖北省荆州市中心城区荆北路,小北门内西侧,北靠城墙。它始建于唐开元年间,是荆州市著名的文物旅游景点和游览胜地。太晖观位于湖北省荆州市荆州城西门外太晖山上,距荆州市 3 km。太晖观原是明代湘王朱柏所营建的王宫,于洪武二十六年(1393 年)开始兴建。开元观位于湖北省荆州市中心城区荆西路,始建于唐开元年间(713—741 年),故名开元观(图 2.44)。

图 2.44 荆州三观(玄妙观、太晖观、开元观)　图片来源:自摄.

悟惑寺地处长江南岸,位于丰都县兴义镇境内,距丰都县城 18 km,距沿江高速公路 5 km,海拔 800 m。明代始建于兴义镇泥巴溪村古官山顶,名曰"古官寺"。后因山顶风大,易于遭火灾迁至山腰龙洞处,名曰"永兴寺"。相传数年之后,省外二地仙路过此地,口吐惠言,曰山阴之麓正对木鱼之堡才是佛爷所在佳地,故于清代乾隆年间该寺建居于此地,名曰"悟惑寺"(图 2.45)。

图 2.45　悟惑寺

图片来源:华龙网.

荆州关帝庙亦称关公馆,位于荆州古城南门关庙旧址。关庙旧址既是关羽镇守荆州 10 余年的府邸故基,也是关羽后代世袭江陵的地方所在。整个馆宇仿原关庙风格,殿宇分为仪门、正殿、三义楼和陈列楼等,共占地 4 500 余平方米。正殿和三义楼分别供奉着关羽和桃园结义刘、关、张巨塑。庙内现存明万历年间栽植雌雄银杏两株(距今约 600 多年),关羽青龙偃月刀、赤兔马槽等珍稀文物。如今,荆州关帝庙已被列为国家三国旅游线重点游览胜迹(图 2.46)。

图 2.46　荆州关帝庙　　图片来源:自摄.

双桂堂,位于重庆市梁平县城西南 13 km 处的万竹山,是 1983 年国务院确定的全国重点寺院。双桂堂历经沧桑,仍保存文物 237 件,其中有名人字画 61 件,佛像 110 尊。西南名刹重庆双桂堂风光图册(19 张),其他佛教文物 66 件,其中最著名者为铜佛、竹禅画、玉佛,皆被定为国家二、三级文物。目前,双桂堂已被列为全国重点宗教寺庙,梁平县也将着力打造以双桂堂为核心的佛教文化旅游区(图 2.47)。

图 2.47　双桂堂

图片来源:自摄(2010 年 5 月).

③ 宗祠

宗祠是三峡地区家族文化与移民文化在建筑上的集中体现。屈原祠、杜工部祠、延生堂、白公祠、秦家祠堂等都是宗祠建筑的典型代表。

屈原祠位于秭归县东 1.5 km 长江北岸的向家坪,又称清烈公祠,为纪念屈原而建。屈原是战国时楚国大诗人,相传他自沉汨罗江后,一条金色神鱼先将其尸体吞下,游至香溪河口再吐出来。香溪河口在屈原故里附近,屈原之姊便将其弟尸体安葬于此,并定居于此,秭(姊)归之名由此而产生。屈原祠始建于唐元和十五年(820 年),北宋改名为清烈公祠,元、明、清屡圮屡修,才得以保存。1978 年建葛洲坝水利枢纽时,将它迁至今址,且按原貌重建(图 2.48)。

图 2.48　屈原祠　　图片来源:自摄.

杜甫西阁是人们为纪念唐代大诗人杜甫,将白帝山下观音洞满愿楼改建而成。大历元年(766年)春,杜甫由云安到夔州,同年秋寓居夔州的西阁。阁在长江边,有山川之胜。杜甫在夔寓居一年又十个月,却写诗四百多首,占其全部存世诗篇的三分之一。杜甫有诗《宿江边阁》:"暝色延山径,高斋次水门。薄云岩际宿,孤月浪中翻。鹳鹤追飞静,豺狼得食喧。不眠忧战伐,无力正乾坤。"现在杜甫草堂唯一的遗址,便是一块残碑和一棵柚树。奉节的柚子个大、水多、色白、肉脆、气香、味甜,据说就是沾了杜甫的灵气,久负盛名的"夔柚"良种也就是从他那儿传来的。现白帝山上和诗城广场有杜甫雕像,手持书卷,胡须上翘,放眼山河,仍可见忧国忧民风骨(图2.49)。

图 2.49　杜甫西阁　　图片来源:自摄.

延生堂位于丰都县城东北角,背负"鬼城"名山,面临长江,四周林木苍翠,景色宜人,是丰都佛教活动中心。延生堂原名东岳殿,始建于唐代,清康熙年间更名为"延生堂",依律立坛传戒,常住僧众30余名,置田约160亩(1亩≈666.67 m^2),是川东享有盛名的佛教十方丛林。清康熙十七年(1678年),高僧通醉将其所著《锦江禅灯》十卷赠藏于此。1921年丰都佛教会在此成立。相继举办佛化子弟学校,并成立了佛学研究社和居士林(图2.50)。

图 2.50　丰都延生堂　　图片来源:自摄.

忠县白公祠位于重庆忠县忠州镇长江沿岸,是国家重点文物保护单位,位于重庆市忠县城西。白公祠始建于明崇祯三年(1630年),清道光十年(1830年)加以扩建,是为纪念忠州刺史、唐代大诗人白居易而建的祠堂,是与洛阳香山"唐少传白公墓祠"齐名的两座白居易祠之一。白公祠,分为两级台地,临江山而建,气势恢弘,门前一坡有两丈有余的大石梯,左是参天大树,右为高耸的栈楼,登梯毕乃白公祠大门,大门为三楼四柱三间牌楼,匾额横书"白公祠",门联

"遗泽被山川万姓常思贤刺史,宏篇映日月千秋同仰大诗人",道出了万民心声(图2.51)。

图 2.51　白公祠　　图片来源:自摄.

　　秦家祠堂是明代巾帼英雄秦良玉的家族祠堂,位于忠县洋渡镇上祠村,朝北坐南,占地面积 2 685 m²。始建于清乾隆壬午年(1762 年),嘉庆十九年(1814 年)进行了修葺,新中国成立后改为村小学校,上个世纪 60 年代惨遭破坏(图2.52)。

图 2.52　秦家祠堂　　图片来源:自摄.

　　④ 阙、桥等

　　汉阙是中国目前发现最早的地面建筑物,其雕刻所表现的汉代人物、故事、图案等,具有极高的历史、文物价值和艺术价值。在重庆市忠县境内发现丁房阙、无铭阙和乌杨阙等汉阙(图2.53)。

图 2.53　白公祠内的丁房阙与无铭阙

图片来源:自摄(2012 年 8 月).

当阳桥又名长坂桥，传说三国时蜀将张飞曾在这里横矛独退曹兵，改称横矛处。"先主背曹公，依刘表。表卒，曹公犯荆州，先主奔江南。曹公追之，一日一夜，及于当阳之长阪（坂）。先主闻曹公猝至，弃妻子走，使飞将二十骑拒后。飞据水断桥，瞋目横矛曰：'张翼德在此，可来共决死！'敌皆无敢近者。故遂得免。"正所谓："当阳桥头一声吼，喝断桥梁水倒流。"（图2.54）

图2.54 当阳桥　图片来源：自摄.

八阵图传说是由三国时诸葛亮创设的一种阵法。相传诸葛亮御敌时以乱石堆成石阵，按遁甲分成生、伤、休、杜、景、死、惊、开八门，变化万端，可挡十万精兵。三峡人称八阵图有水八阵和旱八阵之分，水八阵因三峡水库蓄水而淹没于水中。旱八阵位于白帝城边的杜甫寓居夔州时的草堂东2 km处。《太平寰宇记》说在四川夔州（今奉节县）南江边，八阵图绝不是一块普通的大碛坝，它有其深厚的历史文化内涵，奉节县委宣传部副部长倪良学称：据研究，从唐朝开始，每年正月初七，人们习惯在八阵图成群结队游览，俗称"踏碛"。妇女在碛上拣石子钻孔串起来，以示吉利。而名人中，李白、杜甫、陆游等人也来此踏碛并留有诗句（图2.55）。

图2.55 水八阵、旱八阵遗址

图片来源：自摄（2012年8月）.

（3）服饰

服饰文化是以服饰为载体的对现实生活和精神世界的反映，是人的知觉、情感、理想、意念等综合心理活动的有机产物。服饰作为一种文化形态，贯穿了三峡地区各个时期的历史。

服饰，顾名思义，即衣着和装饰，也是装饰人体的物品总称。它是一种身份地位的象征，是一种符号，是人类文明的标志，又是人类生活的要素，它代表个人的政治地位和社会地位，也反映出当时的文化状况与社会发展水平。服饰主要具有三方面作用：御寒、遮羞、装饰。而不同的服装又有不同的文化含义：一是区别身份地位，二是表示所处的场合。服饰可从款式、色彩、图案与装饰、材料等方面体现其文化内涵。三峡地区日常服饰表现三峡人生活的常态，仪礼服饰则表现生活的异态。

① 日常服饰

三峡地区的日常服饰较为朴素，保持着青、蓝、灰的清淡色调。汉族的日常服饰与全国其他地方差异不大，女性衣饰有大裉、长裙、花鞋、围头等常服；男性衣饰则为对襟短衣、青布头帕等。

较为特殊的是一些民族服饰，具有浓郁的民族风。

古代土家族居民服饰的特点是："男女垂髻，短衣跣足，以布勒额，喜斑烂色。"三峡地区古代苗族，男女都蓄长发，包花头帕，上穿花衣，下着褶裙，脚穿花鞋，佩戴各种银饰品。而在今天，现代工艺、布料、成衣涌入三峡地区的少数民族聚居地后，土家族、苗族除在节日仪式、婚丧嫁娶之时偶尔穿着民族服装外，平时的服饰已与汉族无异。

日常的服饰禁忌也有民族之分。汉族忌讳将内裤，特别是女性内裤晾在人们必经之路，通常认为从晾晒的内裤甚至包括裤子和袜子等亵衣下经过，会玷污了神圣的头，会给自己带来晦气。而土家族则忌讳扛锄头、穿蓑衣进屋门。

② 节庆服饰

节庆服饰是指人生诸项重大仪礼中的服饰，是日常服俗的变异、升华、复合或简化，往往蕴含着很深的文化。如三峡地区有特殊的新生服、婚礼服、节日服、寿礼服与丧礼服（图2.56）。

图2.56　三峡地区传统婚礼新娘服饰　　　　图2.57　三峡刺绣枕头项

图片来源：自摄.

③ 其他装饰品

与服饰相关的其他装饰品包括香袋、玩具、绣品等刺绣挑花手工品以及雕花桌椅、几案、多宝阁、雕花大木床等家具。

三峡刺绣几乎都是实用性的，制作工序和花纹图案均趋向简略，图案大都以平涂式的色块处理,以实用为目的。奉节民歌《绣香袋》,是反映当地姑娘刺绣、挑花、彩织方面的歌曲,曲调优美抒情,歌词唱出了姑娘们对幸福生活、美满婚姻的憧憬。三峡刺绣枕头项以黑色为底(或红色为底),图案配以白色、浅红、浅蓝和浅黄等色(图2.57)。三峡挑花是以蓝、黑、白布之一种为底料,用白线、黑线或彩线挑出各种图形的一种刺绣形式;它构图简洁,画面单纯而不单调,充实而不繁杂,构成了三峡挑花清爽而素雅的质朴美感。

（4）工具

工具是物质文化遗产中体量较小的类型,但在地域文化中起着不可或缺的作用。

① 生产工具(农耕、渔猎)

生产工具是人们在生产过程中用来直接对劳动对象进行加工的物件,生产工具是生产力水平的重要标志,也是人类文明在物件上的映射。生产工具的内容和形式是随着经济和科学技术的发展而不断发展变化的。生产工具的升级换代过程也是人类文明进步的过程。

三峡地区古代典型生产工具有渔猎工具、农耕工具、手工工具等。渔猎工具有鱼叉、鱼钩、渔网、鱼荃、鱼筒、小船(划子)、火枪、夹子、弓弩、套索、牛角号等。农业生产工具包括取水工具、耕地农具、播种农具、除草农具、收获农具、砍伐工具、捕鱼工具和木材加工工具。其中农耕工具有刀耕火种作用的钩刀、钉锄、尖木棒,翻地的短辕犁、双齿锄,拔秧的秧马,打场的风车,磨米面的石磨以及收割用的镰刀等。① 这些工具的材料大多是石质、木质、骨质、陶质、铁质和铜质。手工业生产工具包括制陶工具、酿酒工具、榨油工具、土法织布工具等,种类繁多。

② 生活工具

生活工具包括炊具、家具、器具、茶具等。生活工具的材料也有木、竹、石、泥、陶等。如竹背篓沿用至今。

③ 交通工具

交通工具则包括行走工具(如各式背篓)和航运工具(如各种船只)两种。

2.3.3 非物质文化:精神文化、行为文化、制度文化

"非物质文化"与"物质文化"相对,是人类在社会历史实践过程中所创造的各种精神文化、行为文化与制度文化的总称。三峡地区的人们繁衍生息在这片并不富饶的土地上,有着共同的奋斗经历和共同的风俗习惯,产生了共同的文化及其强烈的认同感,有着极为丰富的非物质文化[56][57]。

1）精神文化

精神文化是文化的核心,是无形的,它依托一定的物质载体,通过人们的行为、思想、意识表达出来。"地区精神"是指对一个地区有广泛持久的影响而又能激励人们前进、推动社会发展的内在思想基础。民族语言、地方戏曲、土家舞蹈、历史传奇、民间故事、薅草锣鼓、劳动号子、山歌民谣等,都是精神文化的具体表现。

---

① 庄孔韶.长江三峡民族民俗文物保护及其实践[J].中央民族大学学报(社会科学版),2009(5).

（1）语言文字

语言与文字，既是文化要素，也是文化的载体与传递工具；是人类社会最重要的交际工具，是文化传承的重要载体，也是人类文明的集中体现；是人类表达意见和交流思想的文化符号，可传递价值观念与历史积淀。上古神话、先秦诗经、楚辞与诸子散文、汉赋、魏晋诗文、唐诗、宋词、元曲、明清小说都是语言文字文化的具体表达。三峡地区长期移民混居，并无特别的文字，但在长期的实践与融合中，形成了较为特殊的方言。而这方言中，蕴含着地域的文化与习俗。世界上的语言大概有近6 000种，有文字的语言仅为2 500～3 000种，分为10个语系：汉藏语系、阿尔泰语系、闪含语系、芬兰乌戈尔语系、伊比利亚高加索语系、达罗毗荼语系、马来波利尼西亚语系（南岛语系）、南亚语系、班图语系①等[58]。三峡地区居民使用的四川方言川东话，属于北方方言的西南官话，"当前世界上还在使用的语言约有5 000～20 000种，每一种语言都反映出不同的世界观，代表一种不同的思维模式与文化模式"（UNESCO联合国教科文组织，1995）。

三峡地区的语言是一种混合语，易听易懂又不失乡土味道。三峡语言形成的来源有：古语的沿用，外语的引入（移民带入，与外界接触吸取的外来语），方言的创造。多次的移民带来不同地区的方言，多种方言在此交流融合，逐渐形成了一种语音既不同于他地而又通俗易懂的方言。当然，部分词汇与普通话有些差异，而这些词汇又恰恰是三峡人民生活状态与精神面貌恰到好处的真实表达。如，嘴沿皮子：嘴唇；鸡蛋茶：水煮荷包蛋[59]；大量的"子"或"儿"缀的运用等。语言交际以及移民方言的演变情况是移民与当地社会融合程度的明显标志。三峡峡口、峡腹与峡尾的语言又呈现出不同的特点，有学者进行过专门的研究。

语言之所以能代代相承，除了不间断的口口相传之外，还有赖于文字。书面的记载与传播使得语言文化源远流长。三峡地区的各地方志以及文学艺术类的书面作品数不胜数，在后文有详述。

（2）民间信仰

民间信仰指那些在民间广泛存在的，属于非官方的、非组织的，具有自发性的一种情感寄托、崇拜以及伴随着精神信仰而发生的行为和行动。即"民众中自发产生的一套神灵崇拜观念、行为习惯和相应的仪式制度"。是社会物质生活条件的反映，是一种典型的精神文化。

民间信仰来自世俗生活，在科学技术尚不发达的古代，三峡地区的人们崇尚原始巫术，相信万物有灵，与宗教现象类似。胡绍华在《长江三峡宗教文化概论》中指出，三峡宗教信仰有人为宗教世俗化趋势日益明显；"三教合一"、"多教合一"现象普遍；民间宗教信仰繁杂；地理分布特征明显，宗教场所众多等特点[60]。民间信仰在三峡地区的日常生活中起着道德约束、社会交往以及心灵安慰等积极作用。

三峡地区由于自然地理环境与交通环境的限制，科学知识掌握程度较低，对自然界的多种现象无法解释，故归结于鬼神，信鬼尚巫。巫文化、鬼文化，还有以"将军箭"为代表的拜祭文化都是三峡民间信仰的代表文化；占卜、算卦、风水、命相、鬼巫等都是三峡民间信仰文化的具体表达。信仰文化方面的器物有一般民众挂的吞口（木雕）、照妖镜、桐堂（包括天地君亲师牌位）、各种神佛像（雕刻或绘制），道士端公、巫师用的各式法器，与宗教信仰有关的文

---

① 班图语系：Bantu Languages，非洲赤道以南广大地域内约150种语言的统称。

续、符签等文字或图画资料。

民间崇拜是民间信仰的方式之一，三峡民间崇拜包括祖先崇拜、自然崇拜、图腾崇拜和神灵崇拜。祖先崇拜体现在祭祖活动、氏族祠堂等；自然崇拜包括对风雨雷电、山、林、动物等崇拜；图腾崇拜的典型是夔龙崇拜；而神灵崇拜则包括各种神灵的崇拜，其中以女神最具特色。三峡地区的女神有人祖女神——嫘祖、涂山氏，自然女神——瑶姬，巫性女神——山鬼，盐水女神——河神等众多形象。

图腾崇拜包括：巴族虎崇拜、鱼崇拜、鹰崇拜、太阳崇拜、山体崇拜等。有研究楚辞的学者考证：屈原所作的《九歌》源于巴人原始的祀神乐曲。《九歌》祭祀的主神（东皇太一）即是日神、太阳神。楚人奉祝融为始祖，祝融为"火正"，象征着天上的火球太阳；《山海经》载，巴人祖先为太皞氏（伏羲），亦即太阳神。在三峡库区巴东雷家坪遗址、中堡岛遗址中都出土了罕见的太阳纹陶片，秭归东门头遗址出土了中国最早的"太阳人"石像，这表明巴人、楚人皆崇拜太阳。山鬼即山神，是巴人崇拜的女神"巫山神女"的化身。《后汉书·南蛮西南夷列传》载："廪君死，魂魄世为白虎。"廪君巴人以白虎为图腾崇拜，虎既是祭祀之神，亦是保护神，考古出土的巴人青铜兵器上特殊的虎纹以及虎纽錞于等，便是巴人图腾之象征。峡江两岸的巴人部落崇尚白虎也与其山猎经济有关。至今仍在三峡地区广泛流传的丧事活动"跳丧鼓舞"，明显是虎图腾文化之传承。"跳丧"的整体舞蹈语言全部是模仿老虎的各种动作，足如虎步虎跳，手似虎伸双爪，其动作更有以"虎仰头"、"虎甩尾"、"猛虎下山"为名，可见巴人的虎图腾信仰，已深深融入三峡地区民间风俗之中。

以夔龙崇拜为例，追溯三峡地区龙文化的点滴。古书有过不少关于夔（龙）的描写；甲骨文留下了象形文字"夔"的字形，一角一脚，已传其神。商、周青铜器三种饰纹之一便是夔纹，直到春秋末才渐次集中抽象为龙的纹形。三峡地区有以夔为图腾的部族，这部族首领便以夔为名，故称夔乡、夔国。龙是中华民族公认的文化标志，在三峡地区亦然。三峡纤夫长年累月与瞬息万变的滔滔江水打交道，危险重重。为了摆脱恐惧，增加信心，人们冥想江水之中有主宰自然的神灵，因此，他们对龙神极为崇拜，期望龙神能帮助他们平安。龙在人民心目中的形象是体态灵健、气质雅俊、头扁长、目明亮、眉粗壮、角后伸、躯细长，显得轻灵飘逸，或腾飞于飘渺无定的云霭中，或出没于崩云裂岸的狂涛里，雄奇而不怪异，洒脱而不张狂。峡江两岸，以龙字命名的地名与庙宇随处可见，如龙湾、回龙湾、龙王庙、龙滩、龙池、龙船河、盘龙洞、龙眼井、龙子沟等。

（3）民间习俗

民间习俗亦称风俗，文化"因物而迁之谓风，从风而安之谓俗"。传统节日、民间祭祀、婚俗、丧俗等都是三峡地区民间习俗的典型。

① 传统节日与民间祭祀

中国传统节日及其习俗在三峡地区代代传承。如五月初五的端午节三峡地区就有祭江招魂，祭屈原，赛龙舟；回娘家，涂雄黄，驱邪毒；包粽子，做咸蛋，蒸馍馍；做香袋，做鞋垫、虎头帽、虎头鞋；灵牛耕田等风俗习惯。

民间祭祀一般都有特殊的祭祀仪式和特定的祭祀主持；一般分为神灵祭祀和祖先祭祀两大类活动。不同主题的祭祀活动有着不同的步骤流程和意义。

② 婚俗与丧俗

三峡民间认为人的生命是永恒的,人的灵魂是不死的,人的降生与谢世只不过是阴阳交替和生命轮回的过程,把对死者的祭悼也看成是一种祝福。三峡人把结婚与死亡通称为"红白喜事",同样予以热烈庆祝。

三峡民间传统婚俗主要流程为"哭嫁"①、"娶亲"②、"出嫁"③、"守床"④、"回门"⑤五部曲。云阳民歌《圆台歌》唱得好:"一对凤凰飞出林,一对喜鹊随后跟,凤凰叫声花结果,喜鹊叫声果满林。凤凰含了花结果,喜鹊含了果团圆,花结果来果团圆,花果团圆万万年。"

三峡民间传统丧俗主要流程较为复杂,一般为"唤灵"、"退福"、"纳福"、"按口鼻"、"烧落气纸"、"香汤洗身"、"报信"、"带饭"、"着装"、"装殓"、"搭灵堂"、"绕棺"、"闹夜"、"跳丧"、"回拜"、"发孝帕"、"开路"、"封殓"、"送葬"、"窆契"、"服三"、"祭祀"等步骤。葬法主要有悬棺葬、船棺葬、土葬等形式。相传凡有悬棺的地方,均有鼯鼠护卫。古代巴人的悬棺葬和船棺葬皆位于临水的悬崖上,其置棺方式分为:插桩式⑥、岩礅式⑦、崖洞式⑧、崖窑式⑨等。清雍正年间改土归流后,土家族地区普遍实行了土葬。

(4) 民间艺术

三峡地区民间艺术包括优美的诗歌、神话、传说;民歌、戏剧、乐器、舞蹈、号子;绘画、印染、雕刻等。

① 语言类:诗歌、神话、传说

三峡地区语言艺术成果丰富,包括诗歌、神话、传说及其他形式的文人笔记。三峡古代诗歌有两千多首,加上现代诗歌有近五千首之多。

以神话传说为例,三峡民间流传着巫山神女的传说。相传,巫山神女是西王母之女。当大禹疏导长江三峡时,她在飞凤山麓一平台,授九卷天书与大禹,并派神丁相助。大禹"遂能导波决川,以成其功"。这块平台后人称之为神女授书台。此后她定居巫山,为民造福,日久天长,她的身影化为俊俏的神女峰。巫山人民竖碑立祠,泥塑金身,绘影力文,将神女祀为"佐禹治水"有功于三峡黎民的"正神"。

---

① 姑娘出嫁前,一般要"哭嫁"。"哭嫁"是一门传统的技艺,哭得越悲惨越感人。姑娘一般要从十二三岁开始学"哭嫁",还要专人进行教哭,教的人大多是哭嫁优秀者。

② 亦称迎亲。新郎迎亲,媒人在前,一队人鸣锣,一队人执铳,先向舅家送上厚礼一份,名曰"代还骨种",拦门礼独有特色,男女双方各请一位能说会道的人当总管,男方总管(也称路督管)率领迎亲队伍到女方门口,女方则在大门旁摆放一张桌子,双方总管对歌,若男方总管赢,便可进门迎亲,若女方总管赢,则从桌子下面爬过去。

③ 新娘出嫁时,凤冠霞帔,璎珞垂旒,云带蟠绡,下面百花裥裙,大红绣鞋,由娘家的兄长用七尺红绫作"背亲带",拦腰将新娘背起,嫂嫂打开新郎送来的红伞,将新娘遮住送上花轿,这叫"遮露水"。亲兄弟要站在轿子两旁,意为"守护",娘家总管提两壶美酒,在周围洒酒,意为"辞行酒"。

④ 这时新娘要唱"哭上轿"。上路后,围鼓响手双吹双打,轿前轿后,前呼后拥,陪嫁随之,如遇到迎亲队伍,两位新娘互换一只露水鞋,以示姊妹友谊,新娘进新房要猛踩一下门槛,拜天地后要抢坐新床,俗称"守床",其坐床习惯是男左女右,以床的中线为界,有心计的新娘常抢坐在床的中线上,以象征日后的地位,新郎也不甘示弱,彼此互不相让,直到揭盖头,新娘嫣然一笑,闹新房对歌欢声,直至深夜。

⑤ 婚后三天回门,一切如常,恰如三春花事过,随来的四月五月天气,仍是新竹新荷,只觉人世水远山长。

⑥ 将棺木搁置在插于崖壁裂隙处或所凿方孔中的木桩上。

⑦ 将棺木放在崖壁的石礅上。

⑧ 将棺木放置在崖上的自然山洞中。

⑨ 以人工在崖壁上凿出洞龛,将棺木放置其中。

三峡有嫘祖庙,是人们纪念嫘祖而设的。相传嫘祖为西陵氏之女,是传说中的北方部落首领黄帝轩辕氏的元妃。《史记·五帝本纪》中说:"黄帝娶于西陵之女,是为嫘祖,为黄帝正妃。"她生了玄嚣、昌意二子。玄嚣之子蟜极,之孙为五帝之一的帝喾;昌意娶蜀山氏女为妻,生高阳,继承天下,这就五帝之一的"颛顼帝"。《史记》中提到黄帝娶西陵氏之女嫘祖为妻,她发明了养蚕,为"嫘祖始蚕"。[①] 大诗人李白的老师赵蕤所题唐《嫘祖圣地》碑文称:"嫘祖首创种桑养蚕之法,抽丝编绢之术,谏诤黄帝,旨定农桑,法制衣裳,兴嫁娶,尚礼仪,架宫室,奠国基,统一中原,弼政之功,殁世不忘。是以尊为先蚕。"《通鉴外纪》记载:"西陵氏之女嫘祖为帝之妃,始教民育蚕,治丝茧以供衣服。"(图2.58)

图2.58 嫘祖浮雕

② 音乐类:歌、舞、戏

三峡人家爱歌善舞,刚学会说话就能唱歌,刚学会走路就能跳舞,歌舞凝聚着三峡人家的生活。

三峡民间歌曲包括喊山歌、川江号子、仪式歌、梯玛神歌等形式。三峡民间盛行"喊山歌",田间劳作兴唱民歌。故明人有谓:不问男女,不问老幼良贱,人人习之,其谱不知从何而来,真可骇叹。三峡作为"无时不歌,无事不歌,无处不歌"的歌乡,民间音乐、歌舞文化尤为发达。宋玉《对楚王问》:"客有歌于郢中者,其始曰《下里》《巴人》,国中属而和者数千人;其为《阳阿》《薤露》,国中属而和者数百人;其为《阳春》《白雪》,国中属而和者不过数十人;引商刻羽,杂以流徵,国中属而和者不过数人而已。是其曲弥高,其和弥寡。"三峡民间的山歌民歌种类繁多,形式简朴,内容丰富,其咏物生动形象,抒情高亢激昂。摘茶时兴唱摘茶歌,四言八句;薅草、栽秧时兴打薅草锣鼓或栽秧锣鼓;剥苞谷季节,兴赶"五句子";每逢男婚女嫁,兴唱十姊妹(十兄弟)歌。三峡少数民族地区还流传着一些情歌,如土家情歌,是土家人在生产生活中自由恋爱的独特形式,常以歌联姻订终身,内容深沉含蓄,文学艺术价值高。还有一种特殊的歌舞形式,叫"撒尔嗬",又叫丧鼓舞,史称"巴人尚武,伐鼓踏歌,其歌必狂,其众必跳"。曲牌众多,有幺姐儿嗬、凤凰展翅、哑谜子等,曲调明快激越,舞姿刚劲洒脱,被专家誉为"东方迪斯科"。这反映了

---

① http://baike.baidu.com/view/30592.htm.

土家族人民热热闹闹陪亡人,欢欢喜喜办丧事的千古风习,显示了土家人正视死亡、乐观豪迈的民族性格。盛行于巴东长江以南的野三关、杨柳池一带。另一特殊的三峡民间音乐艺术形式就是川江号子,也叫纤夫号子。号子唱腔时而高亢嘹亮,时而旋律优美;时而节奏紧凑、急促有力,时而舒缓柔和,具有极高的艺术价值。三峡民间乐器多用"响器",有鼓、锣、牛角、土号、木叶、咚咚喹、长号、唢呐,有"薅草锣鼓"、"栽秧锣鼓"等。

三峡地区的民间舞蹈多达数十种,既有少数民族所特有的,也有多个民族所共有的。如地花鼓、地盘子、地鼓灯、滚铜钱、竹马灯、鹿子灯、挑花灯、打土地、肉连湘、万民伞、扇子舞、车车灯、猴儿鼓、花枪舞、莲花灯、短人舞等,其艺术形态、表演情貌及其服装、头饰、舞具、风格韵味等等均具有鲜明的峡区特色。土家人生性爱唱歌跳舞,有历史悠久的舞蹈文化,创造了多种优美歌舞,如跳丧舞、祭祀舞、三峡巫舞、巴渝舞、巴山舞、撒尔嗬、摆手舞、耍耍、花鼓子、丈鼓舞、扭小秧、花花灯等等,动作古朴优美,内容寓意深远。众多民舞可大概分为节日喜庆歌舞和丧葬祭祀歌舞两大类型。三峡民间舞蹈在最初产生和流传时与民俗信仰、民间宗教祭祀等活动同源共生,因此,有不少民舞伴随着祭祀活动或带有明显的宗教意味,如跳丧舞、铜铃舞、亚亚舞、耍耍、端公舞、八卦舞、跳耍神、迎紫姑、打土地、土地灯等等,从中可看到浓重的图腾崇拜、祖先崇拜、自然崇拜等宗教意识。在舞蹈与音乐关系上,这类舞蹈与音乐紧密结合,动作受音乐节奏的严格制约。《华阳国志·巴志》载:巴人曾参加"周武王伐纣……巴师勇锐,歌舞以凌殷人"。巴民族自古擅长歌舞,而且形成了独特的艺术风格与魅力。秦、汉之际,巴人歌舞再现威风,《通典》载:"《巴渝舞》,汉高帝所作也。高帝自蜀汉将定三秦,阆中范因率賨人以从帝,为前锋,号'板楯蛮'(巴人的一个分支),勇而善斗。及定秦中,封因为阆中侯,复賨人七姓,其俗善舞,高帝乐其猛锐,观其舞,后使乐人习之,阆中有渝水,因其所居,故曰《巴渝曲》……其辞既古,莫能晓其句度。魏初,使王粲改创其调。晋及江左皆制其辞。"

三峡民间戏剧有堂戏、南剧、傩戏、灯戏、柳子戏、还坛神、堂戏、毛古斯、阳戏与还阴戏、道戏等形式。各个戏种还有特殊的道具,如傩戏有傩面(脸子壳)、戏衣等,民间"花会"之类有皮影、堂戏及踩莲船等典型用具,口传文学及歌谣俚语等方面的早期抄本(或印刷珍孤本),民间特艺典型器。堂戏,又称踩堂戏、花鼓戏,起源于还愿敬神和吉庆贺喜的"跳花鼓子",有200多年历史,属全国300多个地方戏曲之一,是国家重点保护的曲种,被誉为恩施州地方戏曲"五朵金花"。常年上演的剧目有300多个,其代表剧目有《王麻子打妆》《送寒衣》《花好月圆》等,主要流行于巴东江北一带。皮影戏,流行于长江以北的官渡、溪丘、沿渡一带,唱腔为堂戏的"小筒子",曲牌有"一字、二流、倒板、迴龙"等,唱词多为七字、十字句式,其代表剧目有《仁贵征西》《三下南唐》等。

③ 美术类:绘画(年画、印染、刺绣)、雕刻(石刻、木雕、竹编)

三峡民间美术与民间现实生活是紧密相连,息息相关的。它是从衣、食、住、行这些最基本的物质需求和生产活动中发生和发展起来的。三峡劳动人民生活在社会的最底层,由于经济条件的制约,就地取材、因地制宜、因陋就简是三峡民间美术创作的一个重要原则,实用功能和审美功能、物质材料与精神需求的和谐统一是三峡民间美术源远流长的基本特征。三峡民间美术经历了漫长的历史,演绎出许多美好的造型与醇厚深挚的艺术精神。三峡腹地民间美术的地理分布格局有:梁平——年画、蓝印花布、竹帘画;忠县——石刻、烂木雕、古

建筑；万州——石雕、三峡石；开县——竹编、灯影；云阳——陶器；奉节——根雕；巫山——峡石、手工艺品（乌木梳）；巫溪、城口——桃花刺绣等。

岩画是三峡区域史前美术遗迹，如巴东天子岩手印岩绘、湖北省宜昌市夷陵区岩画遗址。岩画遗址位于三峡库区夷陵区香炉山龙洞湾附近，画面宽 50 cm，总长 3.5 m，图形保存完好，画面为多个叠加的同心圆，其右半部分还有三个明显的太阳图案。三峡大学长江发展研究院岩画专家杨超介绍说，该岩画明显是用金属器具刻制而成，边缘工整，制作精美，令人赞叹。杨超初步判断，该岩画是农耕时期的作品，表现的是远古先民对太阳的崇拜。

以梁平年画为代表的三峡民间绘画艺术，其特点是色彩厚重而不褪色。例如门画中的武将用色时（图 2.59），一个门神块面最大的袍服用粗褚红，另一边门神的袍服则用佛青，这就基本上确定了画面的主调，其他部分则以小块面分割，色彩冷暖相间，错落变化有致，这样，既有大块面对比，又有小色块对比，颜色用得不多，但通过色彩的借用等手段，使画面色调既统一又富有变化，既有整体感，又丰富多彩，火爆而不刺眼，强烈而又和谐，达到以少胜多、以简喻繁的色彩效果。

新中国成立前，仅屏锦就有数十家年画作坊，每个工人每天生产 500 多张。除满足三峡地区需求外，还有直销湖北、陕西、贵州、云南、广东和东南亚等地。新中国成立后，年画继承者运用传统年画的艺术特点，创作出新年画，参加全国美术展，并获奖。

图 2.59 梁平年画：门神
图片来源：自摄.

节日和喜庆的日子里，大红大绿始终是用得最多最广的象征色，无论现代流行色如何冲击，也改变不了三峡人对喜庆吉祥的象征色——大红大绿色的偏爱。在日常生活中，三峡劳动群众却又喜欢典雅、朴素的色彩，蓝印花布、挑花、根木艺术是典型的代表。三峡民间美术较多地保留了原始艺术的色彩本能，它不追求物体表面自然色彩的真实，不表现物体的环景色、光源色，也不追求"随类赋彩"，具有内涵丰富的象征性、响亮强烈的装饰风格、奇特美妙的色彩语言、浓重与典雅并重发展的艺术特征[61]。

民间雕刻主要为石雕木刻。三峡的雕刻艺术，无论石雕、木雕或者砖雕、竹雕，它们的一个共同特点就是突出天然材质自身的色彩美，使它保持一种天然、单纯、典雅、朴素的审美特征。这是由于石雕长期安放在室外露天环境中，当时还没有条件生产可以敷在石材上的颜料经日晒雨淋而不褪色；另外，在三峡人看来也没有必要画上复杂的色彩，石材自身的朴素色彩已能较好地满足人们对石雕审美的要求。三峡根雕的材质，无论选用哪种树的根材，它本身的颜色都是协调、自然，没有华丽感，也没有胭脂气，素雅的色调正好突出三峡天然原始的材料美，以及质朴、自然、大方的自然美。三峡石雕多见于古建筑、廊坊、墓碑、庙宇、宝塔之装饰，有浮雕、深浮雕、圆雕、丰圆雕，一般以红砂石、青石作材料，其内容无非龙、虎、鹿、狮、白鹤、麒麟、花鸟草虫以及历史故事、戏剧人物等。传统石雕造型古朴，构图洗练，线条流畅，刀法娴熟，刻工精湛。丛林古刹双桂堂有较为集中的石雕艺术，所刻石兽、石狮、龙、虎、草虫造型古朴生动，风格粗犷，是保存较好的古代石刻珍品。奉节白帝城博物馆内现存两帧石刻艺术碑：一为"竹叶碑"，一为"凤凰碑"。凤凰碑刻梧桐、牡丹，双凤立于石上，二凤相对欲语，神态逼真，线条细劲，流畅，疏密有致。竹叶碑全以阴刻法为之，刀法刚健，刻工粗

细,作者巧妙地运用竹叶的排列组合成一首五言古诗:"不谢东君意,丹青独立名;莫嫌孤叶淡,终久不凋零。"二碑皆取夔门峡石刻成,具有很高的艺术价值与学术价值。另外,20世纪80年代万县市飞亚企业公司园内有大型石刻"九龙壁"一座,高约4 m,长约5 m,九龙翻腾,气势磅礴,蔚为壮观,是不可多得的现代石刻艺术珍品,作者为民间艺人马本银。三峡传统木刻艺术在残存的古建筑上,如祠堂、民居、庙宇已不多见,然散存于民间的明清家具如雕花古床、雕花桌椅、屏风、神佛菩萨却不难发现,其中梁平、开县、万县等处的雕花彩绘古床独具特色,有的保存相当完好,其工艺手法或为浮雕、半圆雕,或镂空而成。或历史故事,或戏剧人物,或花鸟草虫,多以红、黑、绿、金为主色,色调古朴凝重,调和统一刻工,涂漆与彩绘工艺相结合,重重叠叠,错彩镂金,雕缋满眼。虽逾百年而色彩鲜艳,富丽堂皇,璀璨夺目。可以想象我们的民间艺术家们高度负责、高度严谨的工作精神和对艺术倾注的满腔热情、执著的追求以及呕心沥血,巧夺天工的精湛技艺,为当代艺术家所称道,为当代工匠们不可企及。1992年在云阳县发现一块保存相当完好的巨型木雕,高60多厘米,长5 m许,厚约6 cm,为一古祠堂大梁上之物。木雕分三段:正中为20位古装人物,半圆雕,人特粗短,造型古朴,衣纹组织规范,程式化味极浓,线条流畅,神态生动,其大意为劝诫家族读书升官上进之意,这部分约占三分之一。其余两旁花鸟卷草图案各占三分之一,整体作品气势宏大,保存完整,是少见的艺术珍品。80年代以来有美术工作者采用长江中"阴沉木"作雕刻材料,融根艺与雕刻,融传统技法于现代审美意识之中,为三峡石木雕刻艺术开拓了新的表现领域。

(5)民间艺人、名人过客与三峡文学

古往今来,三峡这一神奇的土地,激发了多少仁人志士的奇思妙想,它不仅受到文人墨客、军事战略家的青睐,也日益进入政治家治国兴邦的视野[62]。

三峡民间的艺人、诗人,古代中国的名人、过客,为三峡文化的形成与积累作出了不小的贡献。有土生土长的历史文化名人:屈原、王昭君等;有三国传奇英雄:刘备、诸葛亮、张飞、关羽等;有文人骚客:宋玉、李白、杜甫、白居易、苏轼、欧阳修、陆游、刘禹锡、王安石、李商隐、黄庭坚等;还有军事政治家孙中山、毛泽东等。

自先秦至清,先后有460位诗人涉足此地,留下咏叹三峡的诗2 300余首。唐宋两代几乎所有的文坛巨星都曾涉足三峡,形成"宣传自唐宋"的文化土壤。三峡地区是名副其实的"以诗证史、以诗解史、以诗补史、以诗续史"的特殊地区。如宋玉的《高唐赋》《神女赋》,李白的三峡诗,杜甫的夔州诗,白居易的忠州诗,刘禹锡的《竹枝词》,李商隐的巴山诗,陆游的《昭君辞》《屈子赋》。

2)行为文化

人类的行为受思想、观念、精神因素的支配。人类行为文化实际又是一种群体的、社会的共同行为习惯、方式等。三峡地区人民的行为方式、处事方式与处世方式的哲学思想都来自文化传统。

(1)交通行为

交通行为常有发生,是人们出行、劳动、生活必不可少的行为文化,并随着生产力的发展而不断地发生变迁。一般来说交通行为可分为长途交通与短途交通,水、陆、空交通,客运交通与货运交通等类型。三峡地区的传统交通行为主要有两种方式,那就是使用舟楫的水上交通,与陡崖栈道的陆路交通。由交通行为衍生出的交通文化则包括航运文化(号子文化等)、栈道文化等。而三峡地区的现代交通方式则有公路、铁路、航空、航运等多种方式。三峡地区交通行为文化的变迁将在第4章阐述。

（2）社交行为

社交行为及人们在社会交往中的行为，分为工作社交与社会社交，亦可分为私密社交与公共社交，还可分为个人社交与集体社交。鉴于工作社交的专门性与个人私密社交的私密性，在此仅讨论三峡地区人们的具有地域特色的集体公共社交行为。三峡地区具有代表性的集体公共社交行为文化，主要包括商贸文化、祭祀文化、节庆文化等。

三峡的商贸文化主要在集市、码头、场镇中，呈现出一派繁荣的景象。祭祀文化是对已故人的祭祀（包括已故的亲人和已故的名人），对图腾的祭祀，对神的祭祀，如端午节的招魂祭祀是对大诗人屈原的祭祀。节庆文化则是三峡人民在传统节日时的特殊文化习俗，包括节庆服饰、节庆饮食、节庆活动等。

（3）娱乐行为

娱乐行为是人类为了追求物质与精神的平衡而进行的特有的行为文化。三峡地区的传统娱乐行为有民间活动、民间歌舞等。往往与行为文化中的社交行为、精神文化中的民间文艺有交叉，因此在此不再赘述。

（4）通讯行为

人类的通讯行为是指人与人之间的信息传递与交流的行为，而人们通讯的方式等内容构成了通讯行为文化的主要内容。三峡地区古代通讯方式主要靠口传，然后是书信，再到现代的电讯通信。

在原始时代没有文字的时候，有：人体通讯、烟火通讯、声响通讯、符号通讯等。其中，人体通讯包括：叫喊、吼声、肢体动作；烟火通讯包括：狼烟（白天）、烽火（晚上）；声响通讯包括：锣鼓号角，其特点是都要提前约定具体的意义，能够传递的信息有限；符号通讯包括：路标、记号、旗帜、绘画、结绳等等，能够保留较长时间。出现文字以后：人们除了上述的通讯方式外，还有尺牍、书信、口信，需要通过人来传递，其特点是慢；漂流瓶（一般没有具体的收信对象）；驿站，需要马匹，如五百、八百里加急；飞鸽、飞鹰传书，其特点是速度快，成本高。后来，还出现过天灯、礼花、鱼雁锦书等方式。而现代通讯方式有：信函、快递、邮件、电报、电话、传真、手机、因特网、卫星通讯等。

（5）劳动行为

劳动行为是人们创造物质产品或提供劳务的社会活动或行动，一般都是生产活动中的行为。劳动分工、劳动工具以及工艺流程都是劳动行为文化的体现，劳动方式有体力、脑力、生理力之分。三峡地区传统的劳动行为有农业劳动、手工业劳动等，如三峡地区的拉纤劳动，就是峡江地区特有的劳动行为方式，由此而衍生的纤夫、号子、码头等文化就应运而生。

（6）饮食行为

饮食行为是指人类吃、喝的行为，如饮食频次、饮食时间、饮食器具、饮食种类、饮食方式等。三峡地区的饮食行为有其独特之处，如吃麻辣、吸咂酒、涮火锅等土法饮食；也有与周边地区相似之处，如以大米饭为主食，炒、蒸、煮、焖等。

（7）教育行为

三峡地区的民间教育行为有几种：一是家庭式的言传身教，主要是基本礼仪、公共道德、行为规范的教育，多发生在长辈对晚辈的教育上；二是师徒式的传统技艺传承，主要是手工艺、巫术、医术等专业性较强技艺的教育;三是课堂式的集中教育,主要是现代知识、科学技术的普及与教育。

3) 制度文化

制度文化是人类为了自身生存、社会发展的需要而主动创制出来的有组织的规范体系。制度文化是人类在物质生产过程中所结成的各种社会关系的总和。社会的法律制度、政治制度、经济制度以及人与人之间的各种关系准则等,都是制度文化的反映。

制度文化具有五大特点:第一,制度文化的内涵包括各种成文的和习惯的行为模式与行为规范。第二,制度文化凝聚了社会主体的政治智慧,并通过社会实践的延续而世代相传,从而成为人类群体的政治成就。第三,制度文化的基本核心,是由历史演化产生或选择而形成的一套传统观念,尤其是系统的价值观念。第四,制度文化作为一种系统或体系具有二重性。一方面它是人类活动的产物;另一方面,它又必然成为限制人类不规范活动的因素。第五,制度文化以物质条件为基础,受人类的经济活动制约。因此,人类在社会实践中逐步形成的制度文化,因地域、民族、历史、风俗的不同而异彩纷呈,表现为多样性。制度文化的特点表明,制度文化是一个不断运动、变化着的活的过程。制度文化与物质文化的关系是相辅相成的关系。一方面,物质文化的发展推动着制度文化的发展;另一方面,制度文化对物质文化又具有强大的反作用,它可以推动也可以阻碍物质文化的发展[63]。三峡地区的制度文化不算独特,但也客观存在,并维系着人们的社会关系。三峡地区人们为适应环境而产生生活方式,而制度文化就是维持这种生活方式的组织制度与社会结构。

(1) 人口与民族

三峡地区由于历史、地理、交通、经济等方面的因素,使得城镇几乎都分布在航运较方便的长江沿岸,形成了长江两岸城镇密集、人口稠密的格局。

三峡库区地处我国西南,总体上经济还比较落后、工业不发达、人口稠密、城镇化程度较低、生态环境脆弱。三峡工程的兴建为库区发展注入了一源活水,与此同时,水库淹没在一定程度上改变了库区原有的生态格局,缩小了人们的生存空间,再加上社区重建,更是加剧了人地之间的矛盾[64]。

三峡地区在历史上有巴、蜀、楚、秦等多个民族在此生息繁衍,现今有汉、土家、回、侗、苗、畲、壮、蒙古、白等30多个民族在这里生活,少数民族中,以土家族、苗族居多。各民族长期世代混居,使各民族文化及民间习俗相互交融,形成了一种新型民族关系,并形成了一定的民族聚居之地。三峡地区少数民族主要集中在渝东南黔江、石柱、彭水、酉阳、秀山一区四县,还有渝东南的8个民族乡。

(2) 政治、经济、法律制度

政治是上层建筑领域中各种权力主体维护自身利益的特定行为和由此结成的特定关系,以及主要由政府推行的、涉及各个生活领域的、在各种社会活动中占主要地位的活动。经济是指社会物质生产、流通、交换等活动。而法律是社会规则的一种,通常指:由国家制定或认可,并由国家强制力保证实施的,以规定当事人权利和义务为内容的,具有普遍约束力的社会规范。三峡地区在不同的历史时期,有着不同的政治、经济以及法律的制度文化。

1992年,湖北省教委批准成立"三峡文化研究所";2000年,三峡大学整合研究力量,重组"三峡文化研究中心";2001年改为现"三峡文化与经济社会发展研究中心"。

2009年12月12日上午,三峡库区昭君镇移民新村——昭君村举行了一场别开生面的

"文化法律讲座暨文化法律进村专场演出"，吸引来了上百名村民驻足观看(图2.60)。

图2.60 "文化法律进村"演出

图片来源：自摄.

2010年12月17日，由湖北省三峡文化研究会、三峡大学主办，由三峡大学长江三峡发展研究院、三峡文化与经济社会发展研究中心、水库移民研究中心、湖北省非物质文化遗产三峡大学研究基地等联合承办的"2010年湖北省三峡文化研究会代表大会暨文化遗产与文化产业学术研讨会"，在三峡大学图书馆学术交流中心举行。

2.4 本章小结

本章解析了人居环境语义下文化与文化地理，初步构建了人居环境建设体系下的文化地理研究理论体系，并用类型学解析了人居环境建设体系下三峡地区文化的构成。

（1）解析人居环境语义下文化与文化地理。笔者认为，在人居环境建设体系下，"文化"渗透于人居环境体系的各个学科之中，是一条贯穿于各个方面的无形线索，反映为人们的各种思想、行为方式以及人类活动所创造的一切物质与精神财富的总和，如同空气一般充斥在我们周围，融入我们的生活。它包括与人类聚居相关的物质文化、精神文化、行为文化和制度文化。在人居环境科学体系下，研究文化地理具有重大的意义。

（2）研究认为人居环境除了有它的科学内容以外，还有其深厚的人文内涵。我们所感知的人居环境不仅是一个物质存在，而且是一个各种物质与非物质文化交织缠绕的网络。文化在人居环境体系中具有"融贯的地位，纽带的作用"。在人居环境建设体系下，文化地理的研究对象为一定区域范围内文化现象的组成、文化的变迁过程、文化与地理环境之间的关系、文化地理的时空扩展过程、影响文化地理变迁的因素和动力机制以及文化地理变迁模式等。

（3）三峡地区从古到今文化内容极其丰富，文化地理变迁过程也纷繁复杂。研究试图在混乱中寻找秩序，在繁复中探究规律。研究选取文化学中的经典分类方式，即按照文化属性的不同层次将人居环境建设的文化分为物质文化与非物质文化（包括精神文化、行为文化与制度文化等），并针对三峡地区将各种文化层次进行归类，以分析人居环境建设体系下的文化组成，为后几章的研究提供基础。

3 三峡地区文化的兴起与发展研究

文化人类学认为:原始文化是人类文化的起点[40]。在过去的 250 万年里,人类文化发生了深刻变化[65]。20 世纪后期,世界文化变迁非常显著[66]。

"现在"是立足点,也是问题集中、亟待解决的时代。然而,文化并非无源之水,要研究当代三峡地区文化的地理格局以及存在的问题并解决之,就要追根溯源,才能摸清区域文化变迁轨迹,才可以史鉴今。"文化史是描绘过去的一条合理可靠的路径。"[67]历史文化地理学是研究不同历史阶段各种文化现象的地域系统及其形成和发展规律的一门科学,其研究的主要内容有历史时期地理环境与文化发展的相互关系、历史时期的文化区域、文化传播、文化景观以及历史时期各文化要素的空间组合及其规律等[68]。因此,本章借用历史地理学的方法与历史地理学对三峡的研究成果,来还原三峡地区文化变迁的轨迹。

3.1 三峡文化的缘起

长期的历史发展过程中,独特的自然环境培育和塑造了具有自身特色的地域文化。本土文化都经历了一个"孕育、滋养、生长"的过程。文化地理学家认为,一个地域文化的形成主要因素有二:一是自然环境,二是社会结构。因此,谈三峡文化之缘起势必要先谈缘起的地理区位与自然环境。

3.1.1 长江三峡的形成:地理变迁,沧海桑田

长江三峡是经过多次强烈的造山运动引起的海陆变迁与江河发育过程而形成的。

1)古海时期(距今二亿三千万年—一亿九千五百万年前)

据地质学家考证,在距今二亿三千万年至一亿九千五百万年前的三叠纪,我国地势东高西低;今长江上游地区是一片汪洋大海,与古地中海相通。

2)东西古长江雏形期(距今一亿九千五百万年—七千万年前)

在距今一亿九千五百万年的三叠纪末,印支造山运动引起我国西部地壳上升。今长江上游的海水随古地中海向西退去,留下秭归湖(今香溪宽谷)、巴蜀湖(今四川盆地)、西昌湖(今西昌一带)与滇池(今云南滇池一带)等几大水域。与此同时,秦岭升高,黄陵背斜露出海平面。除秭归湖外,其他几个湖由一条水系串连,从东到西由南涧海峡流入地中海。这些构成西古长江的雏形。

而东古长江雏形则是由当阳湖(今湖北当阳一带)、鄂湘湖(今湖北江汉平原与湖南洞庭湖一带)、鄱阳平原(今江西鄱阳湖一带)与其他湖泊及其相连的水系组成。

3) 三峡背斜形成期(距今七千万年—四千万年前)

距今约七千万年前,燕山运动发生。在此次造山运动中,四川盆地与三峡地区隆起,秭归湖消失,洞庭云梦盆地下降。七曜、巫山、黄陵三段山地背斜在燕山运动中形成。在这三段背斜的东西两坡上,顺坡面发育的河流各自形成东西相反的流向,背斜即为东、西长江的源头。长江尚未形成统一的水系。在千万年的漫长岁月中,背斜两侧的河流不断在"溯源侵蚀"中下切、相互靠近。

4) 三峡形成期(距今四千万年—三千万年前)

喜马拉雅造山运动发生,长江上游地区上升剧烈,形成高山峡谷;中游地区也有上升,只是较为缓慢,形成一系列的低山山脉、丘陵、平原与湖沼低地;下游地区继续沉降,形成低山、平原与湖沼。至此,我国西高东低的三级阶梯地形基本形成。由于西高东低的总体地势,三峡背斜东坡河流较西坡河流陡,溯源侵蚀能力强,最终三峡的三个背斜被切穿,东、西长江贯通,自西向东流向东海,至此,三峡形成。三峡一经形成,江水奔腾向东,冲刷河床与河谷两岸,河床加深、河谷扩大,形成今天的长江。

3.1.2 三峡文化缘起的地理区位与自然环境

地理区位反映的是一种空间关系。要谈论某个地理实体的地理区位,往往会将其放置于更高一个空间层次进行这种空间关系的探讨。三峡地区之于全国来说,位于几何中心位置,是一二级阶梯的分界线,起着东、西、南、北的枢纽作用。三峡地处长江中游与上游的结合部,是黄金水道的咽喉地。往西溯江而上,可至天府之国;往东顺流而下可至富庶江南;北有巫、巴山脉,间以栈道能通中原进关中;南连武陵山区,有奇珍异草。南北有高山阻挡,东西有水道联通,这种区位决定了三峡地区是一个东西文化交融的黄金通道。

"一方水土养一方人",人类文明的发展需要有自然环境作为依托,离开了赖以生存的自然环境,就没有人类,更没有文化。自然环境对地域文化的影响很大,对地域性格的塑造、行为习惯的约束等,都有莫大的作用。越是在人类社会的早期,文化受环境的制约越大。

三峡地区属亚热带湿润季风气候,四季变化明显。受地形影响,年平均气温 16 ℃～20 ℃,年平均相对湿度 65%～75%。气温较同纬度的长江中下游偏高约 2 ℃～4 ℃。其气候特点是:冬暖、春旱、夏热、秋雨,湿度大,云雾多,日照少,风力小。三峡的地形环境则由丘陵、中低山和峡谷组成,东段为深嵌于巫山山脉中的三峡峡谷,长约 160 km。西段为四川盆地东部的低山丘陵区,长约 450 km。巫山山脉位于我国地势第二级阶梯的东缘,平均海拔700～800 m,长江由西至东又折向东南,切穿巫山,形成著名的三峡自然景观,亦构成川鄂间的天然通道。长江较大的支流亦分布于此段,梅溪河、大宁河、香溪河、神农溪等地区是史前巴、楚先民休养生息的主要地段。此库段内分布有 7 市、县,即湖北宜昌市、秭归、兴山和巴东县,重庆的巫山、巫溪和奉节县。自奉节县上溯至库尾地段的低山丘陵区,平均海拔 300～700 m,在该段内,长江位于盆地底部,河谷形态以宽谷为主,辅以小型峡谷段。此库段内长江最大的支流为乌江,其他较大的支流有御临河、龙溪河、澎溪河、磨刀溪、长滩河,它们呈树枝状分布于干流两侧。由于两岸河谷地带地理条件优越,史前即为巴人祖先的重要聚居地。该库段内分布有重庆、涪陵、云阳、万县、忠县、开县、丰都、长寿、武隆、石柱、巴县、江津、江北、合川等市、县[69]。

三峡地区的地质环境,出露的地层岩性以沉积岩为主、西陵峡段主要为震旦系(Z)、下古生界(Pz1)及上古生界(Pz2)的浅海相厚—中厚层状碳酸盐岩组;奉节至香溪库段,主要为中生界下、中三叠统(T1+2)浅海的泻湖相碳酸盐岩组,奉节—库尾段主要为上中生界、上三叠系及侏罗系、陆相碎屑岩组,该段出露的侏罗系砂岩中,含鱼类及爬行动物化石。新生界在库段分布者为第四系冲积、洪积、坡积和重力堆积物。冲积物分布于长江及其支流两岸,组成漫滩和多级阶地,成分以亚黏土、亚砂土及砂砾层为主,含脊椎动物化石,常伴有石制品出现。

3.1.3 三峡文化缘起的早期人类活动

文化的缘起与人类活动密不可分,没有人类活动也不存在文化一说。三峡地区早期人类活动是三峡文化的源泉,而三峡文化则是人类活动的智慧结晶。考古学为重构三峡地区早期历史和为证明三峡地区早期人类活动提供了证据。早期人类活动可从史料中的只言片语与现代的考古发掘中找到痕迹。因此,我们从考古学家发现的文化遗存与历史记载中,探寻考古学意义下的三峡文化。

三峡库区中段过去没有发现早期人类活动遗迹,曾出现了长江人类文明断层,直至2006年,考古学家在库区腹地的重庆云阳县长江南岸的盘石镇龙安村与九龙乡活龙村发现了大地坪遗址,证实了三峡中段亦有早期人类聚集活动场所。经考古学家证实,这里为新石器时期至夏商时期的遗址,距今大约4 500年至5 000年,是目前在三峡库区上至重庆、下至巫山,300多千米狭长河道岸边找到的唯一一处远古人类遗迹。这一遗址呈三级地阶状,范围约3万 m²。考古人员发掘出相关文物600余件,出土了打制石器、骨器、陶器以及窑、墓葬等大量有代表性的上古文化遗存。

3.2 三峡地区不同历史时期的文化地理形成与发展过程

三峡地区在地形、气候、生态上与东非大裂谷十分相像,猿人化石非常丰富,重要的有巫山猿人、建始猿人、郧县猿人、梅铺猿人、郧西猿人,而且有大量的巨猿化石以及南猿化石,此地极有可能是人类的起源地之一。"三峡地区历代文化遗存丰富而集中,衍生系列完整,历史文化积淀十分丰厚,这在国内其他地区颇为罕见。"[62]。三峡地区古文化遗址多达上千处,演绎了一个古人类文化衍生系列。

研究三峡文化的兴起要追溯到石器时代的早期人类活动。但三峡地区在秦汉以前的文化地理文献资料甚少,历史地理学家通常借鉴现代考古学的研究成果对往古时期的文化起源进行研究。然而,三峡地区的考古工作大多是在三峡工程建设这一特殊的时空背景下开展的,多以抢救性挖掘为主,因此,我们必须认识到,考古资料所反映的文化地理现象是相对有限的。尽管如此,考古工作仍然对还原三峡地区早期文化地理有很大的帮助。一件件考古发掘的文化遗存相互辉映、交流融合,显示着中华文明的灿烂内涵和顽强生命力(表3.1)。

表 3.1　三峡地区各历史文化时期的认知方式与文化特征

历史文化时期	认知方式	文化特征
史前文化	考古资料	人类文明发源地之一,巫山人、长阳人、奉节人;旧石器遗存;城背溪文化、大溪文化、老官庙文化、屈家岭文化等史前文化遗存
先秦文化 (尧舜禹、夏商周、春秋战国)	诗词、古籍	治水神话、"夔子国"、"诸巫"部落
秦汉文化	古籍、书史	灭巴楚、推郡县、通道路、移民众
魏晋南北朝文化	古籍、书史	战火不断、移民众多、物产丰富
隋唐宋文化	书史、民间、诗词	统一全国,实行三省六部制,分道管辖;开放盐禁,实行无税取盐制;东西交通要道;大量移民迁入,人口持续增长;名人过峡留诗;农业、手工业、商业有所发展
元明清文化	书史、民间	战事不断、"湖广填四川"
近现代文化	书史、民间	"陪都",文化主力过三峡西迁
当代文化	亲历	三峡工程、百万移民、新城建设

资料来源:笔者根据相关资料整理.

3.2.1　史前文化:考古学的发现——人类始祖

三峡地区史前文化的印迹只能从考古资料中寻找。从旧石器时代到新石器时代人类文化的足迹始终未断。

1) 旧石器时代

(1) 距今 200 万年前:巫山人

距今 200 万年前,三峡地区出现人类。在巫山县大溪镇出现巫山直立人也称巫山猿人,是目前所知中华民族最早的始祖。他们创造了"龙骨坡文化",这种"代表 200 万年前的一种混沌初开的石器工业"的存在,动摇了"人类起源于非洲"的学说,说明三峡地区是古人类的重要发祥地之一。

① 发掘过程

龙骨坡的巫山猿人的发现过程充满神奇色彩。早在 1984 年,根据当地农民提供的消息:一名中医曾在龙骨坡发现"龙骨"[①],中国科学院古脊椎动物与古人类研究所的一支考察队赴峡深入考察。

1985 年中国科学院古脊椎动物研究所、重庆自然博物馆、安徽省博物馆及万县市博物馆在巫山县龙骨坡发掘出巨猿牙齿;古人类学家黄万波研究员在巫山县龙骨坡发现了距今 204 万年前[②]的"巫山人"化石。这是我国发现的最早的猿人化石,属旧石器时代,比云南"元谋人"活动的时期早 30 万年[③]。1986 年发掘出 2 个乳门齿、1 个刚萌出的恒门齿和一段带有 2 个牙齿的下牙床等巫山猿人化石,同时还发现大批古哺乳动物化石,如河狸、毛猬、竹鼠、前中国熊、剑齿虎、前中国爪兽、中华古野牛等 116 种。这些动物化石表明,巫山猿人生活时期,长江尚未形成,峡江地区气候较现在湿热,森林茂密,蕨类植物生长茂盛。1988 年岁末,

---

① "龙骨":即哺乳动物化石。
② 据中国科学院地质研究所测定,其年代距今约 201 万～204 万年。
③ 云南"元谋人"距今 170 万年,"蓝田人"(陕西)生存于 60 万年以前,"北京人"(周口店)大约生活在 50 万年前。

考古专家又在这里采集到脊椎动物化石 120 种,成为目前中国第四纪化石地点中化石种类最多的地点。1996 年 11 月 20 日国务院公布第四批全国重点文物保护单位[1],龙骨坡遗址榜上有名。1997 年对龙骨坡遗址进行了第二次发掘,发现了一批距今 200 万年"有清楚的人工打击痕迹"的石器。此后,地质人员根据稀有金属矿种分析,这个地区曾经历了地球上最长连续 2 000 年的火山爆发,在这个被称为"地球伤痕"的地区周边发现了 140 万~200 万年的蝴蝶猿人及智人化石,由此推论,非洲古猿或智人从黑暗寒冷的非洲迁徙到当时地球上最热、最湿润的三峡地区。2003 年中国科学院对巫山龙骨坡遗址开始了第三次发掘,并邀请法国专家指导发掘。经过 20 年的发掘证实,龙骨坡是一处远古文化遗址,有人的活动痕迹,为人类起源多元论提供了重要依据。

② 遗址近况

龙骨坡古猿人遗址位于重庆城东北 490 km 处巫山县庙宇镇龙坪村龙骨坡,又称巫山龙骨坡遗址,占地约 700 m²。1989 年、1998 年龙骨坡遗址重新修建围墙、堡坎等,有效地保护了龙骨坡遗址的安全。三峡库区巫山龙骨坡古遗址保护规划 2008 年通过了专家评审。2008 年,重庆市成立龙骨坡文化建设领导小组,组建龙骨坡文化考察队,对龙骨坡进行实地考察,推进申报"龙骨坡遗址"为世界文化遗产和建立"龙骨坡生态保护区"前期工作。同时举办龙骨坡文化学术研讨会,邀请中科院古脊椎动物和古人类研究所黄万波教授在重庆主城区举办历史与文化讲座。另外,加紧修建亚洲古人类博物馆,展出龙骨坡和长江三峡古人类活动考古发掘成果,推出大型电视纪录片《远祖之谜》在中央电视台、重庆电视台播出,提升了龙骨坡文化在全球的影响力。与此同时,在巫山旅游中开辟远古生活体验游、民俗风情体验游、科考修学游,打造探索之旅、浪漫之旅、美食之旅等。依托世界瞩目的古人类文化遗址,欲将龙骨坡古人类遗址打造成充满科学探奇色彩的远古科考旅游新线——龙骨坡人类繁衍进化生态圈,建成"巫山人"古人类遗址国家 4A 景区。

(2) 距今 10 万~20 万年前:长阳人、奉节人

考古学家在西陵峡南岸发现了距今 20 万年前长阳古人化石;在长阳土家族自治区钟家湾,发现了晚更新世早期或稍晚迄今 10 万年前的长阳人化石。这就说明距今 20 万年前,西陵峡南岸生活着长阳古人;迄今 10 万年前,长阳土家族自治区钟家湾也生活着长阳人。长阳人,属早期智人。1956 年发现于湖北省长阳县[2]西南下钟家湾村一个称为"龙洞"的石灰岩洞穴中,1957 年由贾兰坡主持进行发掘。共存的动物化石均属华南洞穴中常见的大熊猫—剑齿象动物群成员,如豪猪、竹鼠、古豺、大熊猫、最后斑鬣狗、东方剑齿象、巨貘、中国犀等。其地质时代为更新世中期之末或晚期之初。"长阳人"的发现,证明在远古时期,长阳境内就已有人类生存活动;同时也说明了长江流域以南的广阔地带同黄河流域一样,也是我国古文化发祥地,是中华民族诞生的摇篮。

"兴隆洞古奉节人遗址"中发现的"奉节人"化石,可推断奉节人的生存年代是 13 万年左右,属于旧石器时代晚期。

---

① 第四批全国重点文物保护单位名单共 250 处,其中古遗址 56 处,龙骨坡遗址为古遗址之首。

② 今长阳土家族自治县。

（3）距今 1 万～5 万年前：旧石器遗存

距今 1 万～5 万年前，三峡古人已开始使用石器作为生产工具，奉节境内发现的旧石器遗存可为证。

2）新石器时代

距今 8 000 多年前的城背溪文化，距今 6 000 多年前的大溪文化，距今 5 000 多年前的屈家岭文化等文化序列，组成了新石器时代的三峡文化乐章。

（1）距今 8 000 多年前：城背溪文化

20 世纪 80 年代初，在湖北秭归柳林溪和宜都城背溪发现了"城背溪文化"。这种文化分布在长江岸边或临近长江的山头上。除了石器以外，城背溪文化遗址还发现了以夹砂红陶为主的陶器，夹砂灰陶、泥质红陶、掺炭或掺骨末的红陶以及磨光黑陶等。陶器上的纹饰以浅细绳纹为主，此外有线纹、戳印纹、锥刺纹、刻划纹等，也还有少量彩陶。器物形制比较简单。城背溪文化是作为长江流域新石器时代中期区域文化代表之一的大溪文化的先导，所以有人又把它称为"前大溪文化"。这种文化在湖南石门县皂市遗址的下层也有发现，其年代距今 7 000 年左右。皂市遗址的文化可能与彭头山文化有先后承继的关系。在鄱阳湖一带属于新石器时代早朝的有江西万年县仙人洞遗址，60 年代前期在这里发现了打制和磨制的石器、骨角器以及因火候低而陶色不纯的夹粗砂红陶。

在距今 7 000 年左右的时间，长江流域的宁绍平原上河姆渡文化已经出现，太湖流域的马家浜文化也进入了它的早期阶段，但这两个文化的繁荣已经是新石器时代中期的事情了[70]。因此，三峡地区城背溪文化早于同时期其他的地方文化。

（2）距今 6 000 多年前：大溪文化

大溪文化是中国长江中游地区的新石器时代文化，它东起鄂中南，西至川东，南抵洞庭湖北岸，北达汉水中游沿岸，其分布主要集中在川东、湖北的长江中游西段的两岸地区以及湘北的洞庭湖周围，因三峡地区巫山县大溪遗址而得名。大溪遗址位于长江瞿塘峡南侧，1959 和 1975 年曾 3 次发掘。其间，在西陵峡又发现几处同类遗址。约在 70 年代初期，这一类遗存被普遍地称为大溪文化。迄今发掘的主要遗址还有，湖北宜都红花套、枝江关庙山、江陵毛家山、松滋桂花树、公安王家岗、湖南澧县三元宫和丁家岗、安乡汤家岗和划城岗等 10 多处。大溪文化的发现，揭示了长江中游的一种以红陶为主并含彩陶的地区性文化遗存，文化遗址显示了新石器时代三峡古人的文明，大量的出土文物再现了当时的生活情景。

大溪文化的文化特征以红陶、土房、屈葬等为主。大溪文化早期以红陶最多，以后黑陶、灰陶、彩陶等不断增加。陶器以手制为主，少量轮制，烧成温度 900 ℃左右，大部分素面，少量饰以弦纹、浅篮纹、刻划纹、镂孔等。红陶，普遍涂红衣，有些因扣烧而外表为红色，器内为灰、黑。盛行圆形、长方形、新月形等戳印纹，一般成组印在圈足部位。彩陶，多为红陶黑彩，常见的是螺纹、横人字形纹、条带纹和漩涡纹；部分彩陶及彩绘陶，有黑、灰、褐等色彩，纹样以点、线状几何纹为主。大溪文化后期的近乎蛋壳的彩陶单耳杯等，制作精美，有较高的工艺水平。大溪文化的陶器以红陶为主，以圈足器为多。陶器的器形有釜、斜沿罐、小口直领罐、壶、盆、钵、豆、盂、簋、圈足盘、圈足碗、筒形瓶、曲腹杯、器座、器盖、角状尖底瓶、高圈足杯、三足罐、三足杯、长颈圈足壶、扁凿形足鼎、甑、缸等。工具以长条形巨型石斧和磨制精细的圭形石为典型工具，有少量肩石器。石器以两侧磨刃对称的圭形石凿为代表；有很少的穿孔石铲和斜双肩石锛;偶见长达三四十厘米的巨型石斧;同时,有相当数量的石锄和椭圆形石片切割器等打制石器;另有大量的实心陶球和空心裹放泥粒的陶响。大溪文化流行红烧土房屋,并较多使用竹材建房。大溪文化的葬式复杂多样,除直肢葬式以外,还有相当数量的屈肢葬,如跪屈式、蹲屈式、仰身屈式等,其中以仰身屈肢葬最为普遍,颇具特色。大溪文化中晚期约在距今 5 380～4 990 年之间,其后演变为屈家岭文化。

(3) 距今 5 000 多年前:屈家岭文化

屈家岭文化因 1955—1957 年发现于湖北京山屈家岭而得名。屈家岭文化与大溪文化的分布相同,分为早、晚两大时期。早期有斧、锛、凿和穿孔石耜等器,磨制一般比较粗糙。黑陶多,灰陶次之,黄陶和红陶较少。陶器表面多数为素面磨光。晚期磨光石器增加,双肩石锄是屈家岭文化常用农具之一。以种植水稻为主,家畜以猪和狗为主。出现了彩陶丝轮。陶器以手制为主,少量轮制,烧成温度 900 ℃左右。器型有高圈足杯、三足杯、圈足碗、长颈圈足壶、折盘豆、盂、扁凿形足鼎、甑、釜、缸等,蛋壳彩陶杯、碗最富代表性。陶器大部分素面,少量饰以弦纹、浅篮纹、刻划纹、镂孔等。有部分彩陶及彩绘陶,有黑、灰、褐等色彩,纹样以点、线状几何纹为主。屈家岭文化出现了大型分间房屋建筑。这种建筑一般呈长方形,里面隔成几间,有的呈里外套间式,有的各间分别开门通向户外。地面用红烧土或黄砂土铺垫,以便隔潮,表面再涂白灰面或细泥,并用火加以烘烤使之坚硬。大者长 14 m,宽 5 m 余,室内面积约达 70 m²。其后期的时代在距今 4 800～4 600 年之间,出土的陶器主要有薄胎近乎蛋壳的彩陶碗和圈足壶,多施橙黄色陶衣的彩陶纺轮、具有晕染作风的彩绘色衣和纹饰等是屈家岭文化的典型器物。

(4) 其他文化

其他文化还有老关庙文化、朝天嘴文化以及巴文化的雏形等。

老关庙遗址文化约处在距今 5 000～7 000 年间。老关庙遗址被列为 1994 年全国十大考古新发现。它是三峡地区的一种新的文化遗存。1992 年经由抢救保护三峡库区文物的专家在瞿塘峡口发掘出土。研究表明,该类遗存主要分布在东起奉节、西至丰都的长江沿岸,是我国考古工作者继巫山大溪文化之后,在渝东地区发现的又一种新的考古学文化,也是近年来三峡地区库区考古取得的一项令人瞩目的科研成果。

朝天嘴遗址位于湖北省秭归县长江西陵峡中段,遗址东临长江,西靠小山,地处长江右岸的第一级台地上,面积约 1 000 m²。朝天嘴遗址发现了新石器时代和夏商时期遗存。1985 年分 A、B 两区进行发掘。A 区主要以新石器时代文化遗存为主;B 区主要是以夏商时期的文化遗存为主,共分为 8 层,文化层平均厚度约 2 m,根据地层叠压关系及出土遗物分析,第 6 层为夏商时期文化层,出土遗物较多,器形有釜,有肩罐、豆、盆、灯形器、鬶、盂、缸等[71]。

三峡原始洪荒环境就孕育出了独具特色的巴文化,三峡确证为巴文化的发祥地。巴地文化包括川东、长江三峡和鄂西南的土著新石器文化,考古学上称之为早期巴文化。从新石器时代到春秋末叶,这些文化在当地发展演变,盛衰兴替已达一二千年之久。

3.2.2　先秦文化:治水神话、"夔子国"、"诸巫"部落出现

先秦时期,三峡地区已有文化交流,水路交通比陆路交通意义更重大。三峡地区形成了

一条以泉盐、丹砂、铜矿为特色的三峡经济带。

1）尧舜禹时期

在三峡地区,流传着许多大禹治水的传说。相传四川盆地洪水泛滥,三峡便是大禹开辟的疏导水流之通道,使得大水冲出夔门,流向坦荡的中原。大禹治水的神话故事为川江的旖旎增添了不少人文色彩,同时也映射出三峡地区人民为了生存与自然进行原始抗争的历史事实和风调雨顺的美好愿望。

2）夏商周时期

我国的青铜器时代的开始相当于史籍所载夏王朝的时代,是为奴隶制国家建立时期。经夏、商、西周、春秋、战国,大约发展了15个世纪。从使用石器到铸造青铜器是人类技术发展史上的飞跃,是社会变革和进步的巨大动力。"夏耕之师"的中原农耕部族逃逸到三峡定居。从此三峡地区进入青铜器时代,"夔子国"、"诸巫"部落出现。此时由于自然地理的影响,三峡地区上中下游地区生产力水平不平衡,分别建立了各具特色的巴、楚等诸侯国,经济文化发展差异较大。

这一时期的文化遗存可从各个考古遗址中得到印证。

中堡岛遗址:位于湖北省宜昌县长江西陵峡中段中堡岛上,面积5万多平方米,是长江三峡湖北段面积较大的一个遗址,多次进行发掘。遗址分东、中、西三个大的区域,夏商时期的遗存主要分布在东、中区。1993年下半年的发掘揭示了夏商时期的文化堆积厚达3 m多,出土大量釜、罐、豆、灯形器等遗物。

石门嘴遗址:位于湖北省秭归县西陵峡以西的长江南岸,分布面积近10 000 m²。从1999年的发掘了解到,该遗址存在商、周、六朝等时期的文化遗存,其中以商时期的遗存最为丰富,发现该时期的灰坑10座,出土大量陶器,器形有釜、罐、豆、尖底杯等。

杨家嘴遗址:位于湖北省宜昌县西陵峡中段长江北岸,面积约500 m²。1985年进行发掘,主要为夏商时期的遗存。出土有釜、鼓肩罐、豆、灯形器、尖底杯等。发现该时期的墓葬10座。

香炉石遗址:位于湖北省长阳县的长江支流清江中游北岸,遗址下距清江河面30余米,处在崖阴沟槽内,地理环境独特,面积约700 m²。1988年和1989年两次发掘,共分7个文化层,其中5、6层为商时期的遗存,出土遗物丰富,器类有釜、鼓肩罐、尖底杯、缸等。

红花套遗址:位于湖北省枝江县,长江三峡以东,长江南岸。面积约3 000 m²,1985年发掘发现商时期灰坑和文化层,出土陶器有鼓肩罐、灯形器等。

相关的遗址还有巫山双堰塘遗址、忠县㽏井沟遗址群、云阳李家坝战国墓地、涪陵小田溪战国墓地等。

三峡地区青铜器时代的葬式以崖葬船棺为主,也有土葬船棺。铜器中多虎钮錞于、编钟,剑扁平而长,铜器轻薄,青铜图语多虎纹。

3）春秋战国时期

春秋五霸,战国七雄。长江三峡地区在春秋时期以前为夔族部落。周王朝建立后封为夔子国,根据民国二十五年《宜昌县志初稿》和民国三十六年《宜昌县志》记载,襄王十八年

（楚成王三十八年）秋，楚灭夔尽有夷陵邻属地[①]，此段史料足以证明宜昌府是夔、楚交界之地。宜昌府管辖的东部当阳、枝江、宜都为楚国，宜昌以西所属的三峡地区为夔国。巴、楚两国经过互相和亲、征伐，在三峡地区形成巴、楚并存的局面。

三峡地区有一些春秋战国时期的铁器出土，说明铁器的使用不仅推动了当时三峡地区农业社会经济的发展，使生产率大大提高，而且为我们研究中国南方冶铁业史以及楚国、巴国冶铁业史等提供了重要的实物资料[72]。

3.2.3 秦汉文化：灭巴楚、置郡县、开道路、移民众

秦统一六国，建立中央集权的封建帝国，统一管理，使得三峡地区发展加速。三峡是秦汉时期东西交通的重要干道，连接巴蜀与荆楚吴。秦汉时期三峡地区的文化发展受地形条件与交通条件限制较大，人类活动主要集中分布在沿江的一些地理环境较好的平坝与台地地区。商业集市也出现在沿江一带，如平都市肆、朐忍民市、鱼复市和新市等[②]。

三峡地区山川险峻，相对隔绝，使得原本就人烟稀少，当北方移民至此，给当地带来了大量劳动力与中原耕作技术，使得三峡地区得到迅速开发。而在此期间，三峡地区少战乱，而同时期，北方地区有过三次大的动乱[③]，使得北方人民纷纷迁至三峡地区躲避战乱。农业是古代社会的支撑产业，自给自足的小农经济由于生产力水平的限制，极易受自然条件的影响，一旦发生灾害侵袭，则可导致生产过程的中断。秦汉至三国的四五百年间，三峡地区基本上未发生重大自然灾害。因此，该时期三峡地区经济得到持续发展。这个时期，农业产业主要是沿江种植柑橘、荔枝，山地狩猎与江河渔猎，这时，沿江出现了一些商业移民。

1) 秦：灭巴楚、置郡县、移民众

（1）灭巴楚

巴、楚先后被秦所灭。秦于公元前 316 年灭巴国，公元前 277 年灭楚国。据《华阳国志》记载，秦惠文王后元九年（公元前 316 年），"秦惠文王遣张仪灭巴，城江州"，"仪贪巴、苴之富，因取巴，执王以归。"秦灭巴后，对巴地劳动人民的课税是"以布代赋"，《后汉书·南蛮西南夷列传》载："及秦惠王并巴中，以巴氏为蛮夷君长……其民户出布八丈二尺。"

（2）置郡县

秦灭巴蜀后，将其地划分为巴、蜀二郡，是对当地两种不同的文化区类型的认识和区分。秦建立统一的中央集权制国家，在三峡地区建立郡县，加强三峡地区与中原的联系，纳入中原的建置。"而置巴郡焉，治江州。"秦设立巴郡，派官员、士卒驻守郡县，行使地方职权，按秦国的方式进行管理。一方面向巴蜀索取物资，一方面将秦的生活生产方式向巴蜀地区输入，加速了这一地区的文明进程。秦在巴蜀地区推行田律，先进的土地制度与耕作方式使得巴郡地区的农业生产快速发展。封建农业经济成为当时三峡地区经济发展的代表。

---

① 按宣统通志：据《通典》诸书云，宜昌府禹贡荆州之域，周为楚国及夔国地，春秋时，楚灭夔地遂尽入楚。
② 《水经注》卷三十三，《华阳国志》卷一。
③ 秦汉之交的农民起义；西汉末年的刘秀起义；东汉末年的黄巾起义。

（3）关中移民与山东六国移民

三峡地区属于亚热带地区，资源丰富，雨量充沛，多鱼盐舟楫之利，气候暖湿，吸引北方人南迁至此定居。秦建立统一王朝后，形成了以关中和中州为核心的政治中心，并向四川以及三峡地区大规模移民。《华阳国志·蜀志》记载"移秦民万家以实之"。移民在三峡地区屯田、修路、经商，带来了新的技术与方法，在一定程度上促进了三峡地区的发展。

秦有组织地向巴蜀移民的目的之一就是"皆使其能言秦言"①、"染秦化"，实际上就是一种对巴蜀地区的文化入侵，在文化上占领当地人们的思想领域，使之臣服于秦命。秦文化的入侵从另一个层面上促进了地域文化的融合与发展。

三峡人居环境的主体格局仍然是沿江农业开发。边远地区一些少数民族以射猎为主，如巴郡的"板楯蛮"以山猎与渔猎为主。秦灭巴后，板楯蛮成为这一地区巴人的主要代表，而板楯蛮起于巴之东南，史称胸忍（今万州地区）。《华阳国志·巴志》记载秦昭襄王时，白虎为害，秦王许重金募杀虎英雄。夷胸忍廖仲药、何射虎、秦精等杀虎受封。后来他们所在的势力就演变成为板楯蛮，在汉初板楯蛮曾从刘邦平乱，于是在秦汉之际成为今渝东众多巴裔蛮夷的统帅。又根据《后汉书·南蛮西南夷列传》记板楯蛮云："至高祖为汉王，发夷人还伐三秦。间中有渝水，其人多居水左右。天性劲勇，初为汉前锋，数陷阵。俗喜歌舞。"高祖观之曰："此武王伐纣之歌也，乃命乐人习之，所谓《巴渝舞》也。"于是，"武王伐纣，前歌后舞"的《巴渝舞》在此得到板楯蛮的继承和发扬。

2）汉：设置郡县、开通道路、迁入移民

西汉承秦制，置巴郡②，后置永宁郡。汉武帝（公元前140年）后，除了郡、县两级行政区外，增设州，作为郡的督察区。同时组织人力开通道路，利于地区经济的发展。汉高祖时期，关中大饥，令民"就食蜀汉"③。三峡地区迎来又一次汉族移民高潮。

东汉末年，战乱不已。三峡地区远离中原，受战争影响小，是避战乱之佳地。"南阳、三辅流民数万家避乱入蜀"④。刘备、诸葛亮率荆兵数万，经三峡入蜀⑤。蜀汉灭亡后，蜀民外迁，也经三峡而往东下。"后主既东迁，内移蜀大臣宗预、廖化及诸葛显等并三万家于河东及关中，复二十年田租。"

2011年1月，重庆市文物考古所在巫山古城遗址发现了5座汉代墓葬，出土遗物54件，并有大量的筒瓦等建筑构件残片。汉墓中挖掘出的大量汉代器物，印证了汉代崇尚厚葬的风俗。巫山张家湾遗址考古发掘结果表明：三峡地区汉代曾有较发达的农业及手工业活动。陶窑和废铁渣、废陶坯及大量陶片、汉代砖瓦的发现充分表明当时的手工业活动已具相当的规模。铁锸等铁制农具及猪、马等家畜骨头的发现表明农业已相当发达。孢粉分析表明当时植被主要以草本植物为主，木本植物较少，地面植被呈退化趋势，生态环境恶化。地面植被的减少导致地表侵蚀的增强，大量碎屑物质从赵家坡山上冲刷下来，破坏了当时人类赖以

① 唐·卢求《成都记》。

② 汉代，在西南地区设置十郡，有蜀郡、巴郡、犍为郡、广汉郡、牂牁郡、越巂郡、益州郡、汉中郡等，其中蜀郡、犍为郡、广汉郡号称"三蜀"，此三郡辖区基本上属蜀文化区，巴郡属于巴文化区。

③ 《汉书》卷24《食货志》。

④ 《三国志》卷31《刘二牧传》。

⑤ 《三国志》卷33。

生存的环境,人们被迫迁徙。

由于涪陵长江北岸移民安置区及其配套工程的建设,2010年考古学家进驻施工现场,开展抢救性文物保护发掘工作。考古专家在当地发掘地下文物点11处,其中发掘古墓38处,有24处为汉代至六朝年间墓葬;发掘古窑炉13座,9座为汉代窑炉。该窑炉群是重庆发掘的首个汉代窑炉群,其发掘表明汉代窑炉分工已十分细化,不同的窑炉分别用于烧制砖瓦、生活器皿、明器等[73]。

3.2.4 魏晋南北朝文化:战火不断、移民众多、物产丰富

1)战火不断

三峡地区"上控巴蜀,下引荆襄",区位独特,地理位置十分重要,为历代兵家必争之地,古战场等军事遗迹众多,三国等历史时代的军事文化积淀深厚。三峡地区为蜀汉东吴之争战地。

公元214年刘备率军进攻益州(今成都),公元221年称帝,定都成都,国号蜀,改元章武。公元219年留守荆州的关羽被吴将擒杀。荆州丢失,刘备十分震怒。并于公元221年不顾赵云等人的反对,率军讨伐东吴,临行前又闻张飞被害的噩耗,刘备越加执意伐吴。虽然出师顺利,迅速攻克夷陵(今宜昌),然被阻于猇亭一线,并在222年遭吴火攻,蜀军大败,全军覆没。刘备败退永安白帝城,很快生病不起,并于223年病逝。临终托付诸葛亮辅佐太子刘禅,这就是有名的白帝城托孤。刘禅继位后,让都护李严驻守巴郡江州,李严以为蜀汉政权主少臣疑,江山不稳,遂野心膨胀,妄图割据蜀国东部,为此大修江州城。《华阳国志·巴志》记载:"都护李严更城大城,周回十六里。欲穿城后山,自汶江(今长江)通入巴江(今嘉陵江),使城为州(洲)。"李严所筑江州城与明清重庆城相差无几了。当时城已筑好,计划的四道城门中已修好东西城门,即苍龙门与白虎门,后因调离江州而未能最终完成。同时,李严还准备在今两江之间最窄的鹅岭处将其挖断,让嘉江水入于长江,使今渝中半岛成一孤岛,以便更加易守难攻。公元263年曹魏灭蜀,265年司马炎代魏建立西晋,随着司马氏统治的巩固,灭吴而统一天下便提上了日程。司马炎让羊祜做伐吴的准备,羊祜升其参军王濬为龙骧将军,组建水军。王濬利用巴蜀丰富的林木资源和能工巧匠,"作大船连舫,方百二十步,受二千余人,以木为城,起楼橹,开四出门,其上皆得驰马往来。……舟楫之盛,古之未有"[74]。王濬在巴郡东部诸县征召了一大批青年做水军骨干。公元271年五路大军伐吴,王濬水军冲进夔门,进入三峡,首克丹阳(在今秭归),并在西陵峡内破吴军的横江铁锁,冲出三峡东口南津关,再克峡口重镇夷陵(今宜昌市)。王濬水军所向无敌,连克夷道、夏口、武昌,直抵吴都建业,迫降吴主孙皓,九州山河重归一统,巴地水军厥功至伟,诗人刘禹锡赞曰:"王濬楼船下益州,金陵王气黯然收。千寻铁锁沉江底,一片降幡出石头……"①公元551年,南齐以巴郡建巴州;公元553年,西魏尉迟迥攻占巴蜀;公元557年,宇文泰代西魏建北周,调整州郡建置,改巴州为楚州。

---

① 刘禹锡《刘梦得集·西塞山怀古》。

2）移民众多

魏晋南北朝时期是我国历史上北方民族大融合的时期,也是北方移民从北向南迁徙的一个重要时期[75]。文化呈现交融与融合的潮流。魏晋南北朝时期,政区划分越来越细,州成为一级行政区,并沿用 1 800 余年。三峡地区融合为三大文化区,以蜀郡为核心的蜀文化区,以巴郡为核心的三巴文化区和犍为文化区。

西晋以后,北方战乱,大量北方流民南迁,经由三峡入川;而同时川西也战乱不止,四川人口又东移,三峡地区呈现东西汇入的情形,使得三峡地区人口增多。"三蜀民流进,南入东下"[76],"益州流民十万户入荆州"。西部人口在往东迁移的过程中,有许多滞留在三峡地区。成汉时,四川地区战乱不已,郡邑空虚,大量关中地区的汉、氐、叟流民十余万人从汉中入川。三峡地区也以北方汉族移民为主。大量北方移民入蜀后,设置了侨置郡县,对当地的文化氛围影响很大。

持续数百年的移民,使得大量北方人口分布在三峡地区,长江流域与黄河流域之间的经济差异逐步缩小,三峡的上中下游逐渐融为整体。但三峡地区仍然落后于荆吴地区。

3）物产丰富

《文选·魏都赋》注引《风俗通》:"盘瓠之后,输布一匹二丈,是谓賨布。廪君之巴氏,出幏布八丈。"[77]。晋有"巴郡葛,天下美",说明当时三峡地区的藤麻纺织已经闻名[78]。

六朝时期,三峡地区政治局面较为稳定,经济有所发展,上中下游交流日趋频繁。三峡物产丰富,《华阳国志》记载:"土植五谷,牲具六畜。桑、蚕、麻、纻、鱼、盐、铜、铁、丹、漆、茶、蜜、灵龟、巨犀、山鸡、白雉、黄润、鲜粉皆纳贡之。"这一时期,三峡地区是柑橘、甘蔗、荔枝、桂圆的种植中心,对地方经济文化的发展起了很大的支撑作用。许多热带、亚热带水果在此生长良好,可知当时气候水热条件较好。《蜀都赋》载[79]:"随江东至巴郡江州县,往往有荔枝树,高五六丈,常以夏生,其变赤可食。龙眼似荔枝,其实亦可食。邛竹、菌桂、龙眼、荔枝,皆冬生不枯,郁茂于山林。"这一时期,受中原影响,三峡地区的手工业较为发达,门类繁多。青铜器的铸造技术与装饰技法都很高超。宜昌前坪汉墓出土的一件铜矛,制作精致,刻有"枳"字,故推断为今涪陵所造。制漆也是三峡地区的传统工艺。漆器有一般用品,也有高级用品,如漆盒、漆盘、漆梳、漆扣、漆奁等。三峡人民利用山林中的竹木与生漆制作漆器,并同少数民族地区进行贸易。从漆器铭文中可看出,三峡地区的漆器作坊内部有精细的分工与严密的组织,各个工序由不同的工匠分工负责。

3.2.5　隋唐宋文化:分区分级行政管理、移民带来人口增长、文化经济迅速发展

1）隋

（1）统一全国,实行三省六部制

隋朝(581—618),是中国历史上经历了魏晋南北朝三百多年分裂之后的大一统王朝。史载杨素率水军从巴东顺长江东下,与荆州刘仁恩军联合占领延州①等上游陈军防御。这可说明三峡在隋朝统一全国的历史上发挥过重要的战争通道的作用。

---

①　今长江西陵峡口、湖北枝江附近江中。

隋代地方上分为道、州、(郡)县三级,后于开皇三年废除郡的行政设置,以州直接统县。隋代州的长官每年年底都要进京述职,称为朝集使。朝廷则派司隶台官员或别使巡省地方,三省六部制运行顺畅。三峡地区在隋朝跨古梁州地和古荆州地①,有涪陵郡、巴郡、巴东郡、夷陵郡等。

(2) 开放盐禁,实行无税取盐制

在政治大分裂的历史时期,历代各国统治者为资军国之用,在盐业生产的管理和盐税的征收等方面都控制得非常严格。战乱加上苛税,百姓自当不堪其苦。隋文帝一统天下后,励精图治,为巩固新建政权,毅然放开盐禁,"与民休息"。隋王朝开国之初,"尚依周末之弊,盐池、盐井,皆禁百姓采用"[80],煮盐业完全由官府垄断。但在隋文帝开皇三年(公元583年),则"通盐池、盐井,与百姓共之,远近大悦"。国家仅在"盐池置总监、副监、丞等员,管东西南北面等四监";四监"亦各置副监及丞",监理四面盐事,但无"征税"职责[81]。由于放开了盐池、盐井的禁令,任由百姓取卤煮盐,政府亦不征收盐税,盐资源由官府与民共享,因而盐业生产亦相应得到了一定程度的发展[82]。

2) 唐

唐朝(618—907),是中国历史上统一时间最长,国力最强盛的朝代之一。在这个时期,三峡地区的社会、文化也有大的发展。

(1) 分道管辖

唐代开创了中国政区史上道和府的建制。贞观元年(627年),太宗分天下为十道:关内、河南、河东、河北、山南、陇右、淮南、江南、剑南、岭南十道,不过这些道没实际权力,唐代城市等级主要是总管府、都督府、节度使等,府以下为州、县。贞观十四年(640年),全国共设360州(府),下辖1 557县。三峡地区分属:剑南道、山南西道、山南东道和黔中道。山南道以终南山、华山之南而得名,其辖境包括今湖北长江以北、汉水以西、陕西终南山以南、河南嵩山以南、四川剑阁以东、长江以南之地;《通典》曰:"峡州,春秋战国时,并楚地,秦将白起攻楚,烧夷陵,即其地也。秦、二汉并为南郡地。魏武平荆州,置临江郡。后刘备改为宜都郡,吴改夷陵为西陵……梁改置宜州。西魏改曰拓州,后周改为峡州……大唐为峡州,或为夷陵郡,扼三峡之口,故为峡州。"

(2) 玄宗、僖宗入蜀,带来中原移民潮

唐中叶,唐玄宗逃蜀;唐末唐僖宗逃蜀,形成两次移民高潮。安史之乱后,唐玄宗率百官大臣与后宫子女逃往蜀地:"千骑万骑西南行","万国烟花随玉辇,西来添作锦江春"。黄巢起义,唐僖宗又率百官大臣逃蜀,关中大族与贵族随其逃往蜀地。《资治通鉴》[83]有记载:"是时,唐衣冠之族多避乱在蜀。"外来移民以北方秦陇鲁豫地区移民为主体,有部分南方移民。同时三峡地区出现"多人埋葬墓"②,即指同一墓葬中埋葬有三具以上人骨的墓葬。

---

① 古梁州地:汉川、西城、房陵、清化、通川、宕渠、汉阳、临洮、宕昌、武都、同昌、河池、顺政、义城、平武、汶山、普安、金山、新城、巴西、遂宁、涪陵、巴郡、巴东、蜀郡、临邛、眉山、降山、资阳、泸川、犍为、越巂、牂柯、黔安;古荆州地:南郡、夷陵、竟陵、沔阳、沅陵、武陵、清江、襄阳、春陵、汉东、安陆、永安、义阳、九江、江夏、澧阳、巴陵、长沙、衡山、桂阳、零陵、熙平。

② 三峡地区发现了数百座多人埋葬墓,这些墓葬多采用单室墓或石室墓,平面呈"凸"、"刀"或"中"字形,从东汉或六朝开始,这种墓被陆续分层分批葬入六朝、唐、宋甚至明清时期的骨架和随葬品,这种不同时代的多人葬于一室的葬俗在中国丧葬历史上极为罕见。

（3）文豪诗人过三峡，留名作

唐代几乎所有著名诗人都经三峡入川过。李白、杜甫、白居易、王维、李商隐、刘禹锡等大诗人，对三峡地区的文化产生了很大的影响。唐代三峡诗歌宏富，不仅有极高的文学艺术价值，也是历代政治、历史、风土人情的实录，还有许多古动植物、气候、水文等资料的记述，反映了唐代三峡地区的自然地貌、物候生态、交通位置和经济贸易等情况，具有珍贵的史料价值。

同时，三峡也吸引了艺术家。薛易简，唐代琴家，天宝年间（742—756 年）以琴侍诏翰林，代表作有《三峡流泉》《南风》《游弦》三弄。他"周游四方，闻有解者，必往求之"。强调"声韵皆有所主"，即艺术手法必须服从于内容表现。演奏时要"定神绝虑，情意专注"，演奏效果要使"正直勇敢者听之，则壮气益增；孝行节操者听之，则中情感伤；贫乏孤苦者听之，则流涕纵横；便佞浮嚣者听之，则敛容庄谨"。

（4）重要交通通道，农业经济发展

唐以来，长江三峡地区成为唐王朝的重要交通要道，既是移民通道、商贸通道，又是战火通廊。峡路成为转输川米、蜀布、马匹、蜀麻、吴盐的重要交通线，过境贸易发达。

初唐时期，在国家盐政上，即沿袭隋代放开盐禁，"盐池、盐井与百姓共之"的盐业政策。据《新唐书·食货志》记载："天宝、至德间，盐每斗十钱。"[81]，看来唐代实行征税制。刘晏所推行的就场专卖制，客观上非常有效地刺激了三峡地区盐业生产的大发展，给三峡地区社会经济注入了很大的活力。

唐宋之际，四川的发展重心逐渐转向以重庆为中心的川东地区，这为三峡地区的发展也带来了契机。随着三峡地区经济开发的强度增大，沿江过境贸易发达，沿江城市地位较高，近江的山地兴起了"畲田运动"。而云阳李家坝唐代遗址找到了大面积唐代水田和炭化水稻颗粒、植株，说明三峡地区唐代居民主食水稻。尽管如此，唐代三峡地区的人地比率还十分低，唐代垦殖指数仅 3.43％，人口密度每平方千米仅为 5.09 人；三峡地区仍呈现为一种开发不足的贫困。

3）宋

宋代是我国封建社会经济高度发展的重要时期。著名史学家陈寅恪言："华夏民族之文化，历数千载之演进，造极于赵宋之世。"随着全国政治经济重心的南移，以长江流域为中心的南方经济得到了长足的进步，三峡地区的经济地位逐渐上升，经济开发明显加快。

（1）实行三级政区建制

宋朝在三峡地区实行路——府、州、军、监——县、监三级政区建制。对于施州、黔州、南平军等州军的土家族等少数民族地区，宋代沿袭唐朝实行的羁縻州制。宋将巴蜀地区分为益、夔、利、梓四路，文化区的划分界线模糊。三峡地区的政区设置具有相对的稳定性。按地理位置和经济状况划分，三峡地区各州的等级地位除峡州为中等外，其余十三州（府或军）全部为下等。由于帝王潜邸等原因，南宋后期将恭州、黔州、忠州相继升府。州县治所的地理位置也曾发生过一些变化。三峡地区地理环境复杂，中央政权对有些州县的设置和管理也是颇费周折、逐步实现的。与唐代相比较，宋代三峡地区的行政区划更细，所设州县乡等更加整齐划一，从而说明三峡地区经济开发的组织与管理在宋代得到了重视和加强。①

---

① 张歼.宋代长江三峡地区经济开发的整体研究[D].上海:华东师范大学,2003.

（2）三峡地区人口持续增长

由于特殊的地理位置,加上经济重心的南移和移民的发生,整个宋代三峡地区包括土家族等峡区少数民族在内,人口基本上是一直呈增长趋势的,且有时增长幅度较大,但绝对数量并不多,仍属于地广人稀的地区。快速增长的人口,特别是移民人口为两宋时期三峡地区的经济开发注入了新的活力。人口的迁入移出带动了先进生产技术的交流,促进了落后地区的开发。蓝勇通过对《蜀中广记》中四川官员的籍贯统计中得出,北方籍官员唐代占了80％,而宋代下降到64％。可看出,宋代任用南方官员、本地人才的比重在加大。

唐宋时期的许多文化名人都游历或留居过三峡,为三峡经济文化的发展作出过贡献。在南宋末年蒙古军两次攻破四川,以致大量移民"谋出峡以逃生",可能也有一些移民滞留在三峡地区。北宋以河洛为核心的中原文化是辐射三峡地区的主要文化,而南宋随着政治经济格局的变化,北方的金、蒙不断向南进攻,南宋王朝偏安东南一隅,北方居民为避战乱,纷纷南下,"蜀土富实,无兵革之扰,居官者以为乐土"[①];同时,南宋王朝与四川的经济联系也有增多,形成南北移民混杂局面。

（3）农业生产得到发展

宋代三峡地区的经济开发仍以农业生产为基础。由于自然地理环境的限制,三峡地区在宋代基本还是处于刀耕火种的粗放型农业阶段,以种植业为主。由于人口的发展和官府的一些积极措施,当地的农业生产也取得了较大的发展。梯田的出现、畲耕的继续发展和牛犁等先进生产工具的引入使用以及水稻的种植、农田水利建设的加强,使广大三峡山区得到了进一步垦殖,经济开发步伐加快。以麦、粟、豆、稻为主的粮食作物的推广种植,以桑麻、茶叶为主的经济作物的合理栽培,使宋代三峡地区的农业种植业得到了比较全面的发展。宋代垦殖指数为7.82％,人口密度每平方千米为21.65人。然而,三峡地区山高谷深、峭壁林立,大部分土地并不适合农业种植,因此林、副业生产的开发对三峡人民的生活来说就显得非常重要。"靠山吃山,靠水吃水",果树的种植,中药材的采集,林木的砍伐加工以及狩猎、捕鱼、畜牧等经济活动,便成为峡区村民们林、副业生产的主要组成部分。

（4）手工业、商业发展

随着人口的增长和人地矛盾的相对凸显以及农业生产向山区的进一步扩展,加之本身并不适宜农业种植的地理环境,三峡地区原有的自然经济格局慢慢地被改变,手工业和商业在该地区也逐渐占据重要地位。宋代三峡地区的手工业相对而言是比较薄弱的,特别是与同时期其他地区相比,不过在长期的经济开发中也形成了自己的特色。出产于三峡西部地区的"女布"也小有名气。女布是一种细布。汉王符《潜夫论·浮侈》:"今京师贵戚,……从奴仆妾,皆服葛子升越,筒中女布。"汪继培笺引《荆州记》曰:"秭归县室多幽闲,其女尽织布至数十升,今永州俗犹呼贡布为女子布也。"三峡地区的盐业开发很早就已开始,到宋代则有了更大的发展,并成为宋王朝治理三峡地区的重要物质基础。酿酒、纺织等其他行业作为宋代三峡地区手工业生产的重要补充,推动着区域经济向前发展。在传统的自然经济条件下,商业的发展是宋代三峡地区的新气象。由于特殊的地理位置,三峡地区较其他山区有着特殊的交通优势,以水路为主、陆路为辅,较密切地连接着东南部发达的扬州等地和西部的川

---

① 《十驾斋养心录》卷8。

蜀平原。随着水陆交通的逐渐发展,三峡地区自唐以来兴起的商业转输贸易在宋代开始繁荣起来。随着商品经济的发展,宋代三峡地区出现了大量草市镇,但拥有草市镇较多的州军一般还是分布在沿江地区。交通航运业也因商业经济的开发得到了更大的发展。

在整个宋代三峡地区的经济开发中,仍然以农业为主,但手工业和商业也占有一定的地位,特别是沿江地区凭借其相对便利的水路交通,更是以商业经济为重。以畲田、梯田种植为核心的农业,以盐业开发为代表的手工业,以沿江转输贸易为主体的商业,构成了宋代三峡地区经济开发的主要内容[84]。

3.2.6 元明清文化:战乱不断、"湖广填四川"

元明清时期三峡人口变动很大,文化随之发生改变。

1) 元明清的大一统与地方管理

元明清三朝的大一统和中央集权的加强,使得三峡地区及其周边的行政边界相对确定。

元朝(1271—1368),又称大元,是中国历史上第一个由少数民族(蒙古族)建立并统治全国的封建王朝。元朝行政区被划分为省、府、县三级,元帝国在地方设置行中书省(简称行省或省)。行省是由蒙古中央政府委派官员到各地署事,行使中书省职权的派出机构。行省下有道、路、府、州、县、社。元朝对西南地区少数民族建立土司制度,三峡地区有部分土司。

明朝(1368—1644),由明太祖朱元璋建立,历经 12 世、16 位皇帝、17 朝,276 年,是中国历史上最后一个由汉族人建立的封建王朝。明朝实行一省分置都、布、按三司的制度,据《明史·地理志》记载,终明一朝有府 140,州 193,县 1138。明还设置了介于省和府、县之间的道。道分为分守道和分巡道两种。明代改元的路为府,以税粮多寡为划分标准。粮二十万石以上为上府,二十万石以下十万以上为中府,十万以下为下府。三峡地区及其周边的省界此时基本形成,沿用至今,有 700 多年历史。

清朝是由满族建立起来的,是中国历史上继元朝之后的第二个由少数民族统治中国的时期,也是中国最后一个封建王朝。清朝继承元明以来的行省建制,以省为地方上的最大行政区域,下设府、厅、州、县,构成地方上的省、府、县三级基本行政系统组织。三峡在清朝已属于川东、鄂西了。

2) 灾害、瘟疫、虎患、战乱使得人口锐减,导致"湖广填四川"

元明清的三峡地区,长期战乱不止,加之自然灾害、瘟疫等因素,导致社会经济遭受破坏,人口自身生产的增长受阻,人口锐减。三峡地区长期受到自然灾害[①],三峡地区周边战乱不断,随后的瘟疫与饥荒导致东亚地区大量人口消失,其中又以金朝的华北和南宋的四川比较惨重。这是中国历史上最残酷惨烈的空前浩劫,也是导致"湖广填四川"移民运动发生的重大原因。

(1) 自然灾害

元明清时三峡地区的地震、山崩、滑坡、虎、蝗虫灾害时有发生,危害民众生命。当代学者如陈可畏主编的《长江三峡地区历史地理之研究》[86]、蓝勇的《长江三峡历史地理》[87]、王

---

① 水、旱、地震、山崩、冰雹、虎、蝗虫灾、瘟疫、战争屠杀等[85]。

纲的《清代四川史》[88]等都有论述。

该时期三峡地区自然灾害发生的频率和危害趋向严重化。以灾害发生年次看：13世纪10次、14世纪13次、15世纪16次、16世纪30次、17世纪28次、18世纪54次、19世纪155次[87]；各种灾害中尤以水旱造成的危害和破坏最严重。据蓝勇教授统计该区域：元朝各种灾害共14次，其中水灾5次、旱灾4次；明朝各种灾害共59次，其中水灾26次、旱灾15次；清朝各种灾害共239次，水灾72次、旱灾64次。据此可知元明清三峡各项灾害共312次，其中水灾103次、旱灾83次，水、旱灾害分别占灾害的33%、26.6%，两灾共占59.6%。从该时期三峡地区受洪水灾害的各州县分布看：范围广、次数多，宜昌受灾18次，重庆、奉节、云阳各14次，巫溪（大宁）12次，归州、巫山、涪州各8次，忠县、丰都各7次，彭水、万县各6次，石柱厅、垫江各5次[87]。

水灾对三峡地区社会经济的破坏力极强，给民众生活与生命造成严重损失，如《元史·五行志》载：1310年元月"峡州路大雨，水溢死者万余人"；1788年6月川江大水入忠州城，"漂没沿河房舍甚多，死亡人畜甚众"[89]；1803年巫溪夜雨"冲走民房田舍淹死男女417口"[90]；1870年特大洪水，三峡地区各州县均受灾。合川城受灾十余年未恢复元气，清举人丁树诚《庚午大水纪》记载："街户尽淹，只余缘山之神庙、书院与民房数十间而已。……余者皆浩浩荡荡，成泽国焉。……一失足，则不可想，至水断天路，则骑屋呼救，如是者何止数十所。……迟半月水始落，街道欹侧，房庐倾塌。……历两月之久，炊烟起，稍可居人，满城精华，一洗成空，十余年来未复元气。此城内被水之大略也。"[89]涪陵"江盛涨入城，江岸南北漂没民居无数"。忠县"沿江州民房，漂没殆尽"。万县"房屋、庙宇、木树、禾苗、人畜杂踏蔽江下。城乡漂没倾陷民屋七千六百四十二间，溺毙男女四十丁口，田地冲决淤废无水者一万二千五百五十四亩"[89]。

该时期，旱灾对三峡地区社会经济与民众生活生命的危害同样巨大。以清代有明确受灾地点和受灾危害程度的记载看，三峡各州县受灾年次，忠县最多22次，巫山12次，奉节11次，万县10次，垫江8次，梁平8次，丰都5次，重庆、宜昌、归州、开县、江北厅各4次，兴山县2次[87]。由于三峡自然地理、气候因素的独特性影响，该时期的旱灾灾情严重，常两季并旱，如宜昌1430、1431年连续出现"自元月不雨至于八月"（同治《续修东湖县志》卷二《天文志》）的大旱。1684、1811、1855、1902、1904年旱期持续时间自春夏至秋受灾区均在4县以上，给民众生活、生命造成极大危害[87]。新编《万县志》记1788年该地春夏大旱赤地千里，农作物严重受损，民众以草根、树皮、观音土充饥，灾民上万。以上自然灾害直接、间接破坏区域社会经济发展，影响人口增长。

（2）瘟疫、虎患

水旱灾害之后，往往发生瘟疫。元明清三峡区域瘟疫的记载虽不多，但危害大。彭遵泗《蜀碧》卷四记载：顺治年间，瘟疫席卷巴蜀许多城乡，綦江县也遭"大头瘟"，头发肿赤，大几如牛，"死者朽卧床榻，无人掩葬"。《铜梁县志》载：1868年，该地"瘟疫四起，染者呕吐交作，腰疼如断，两脚麻木，愈二三时之毙"。结果，"城厢四镇，棺木一空"。1841年道光《江北厅志》卷九载：大疫，民多死亡。民国《重修丰都县志》卷十三载：1883年大疫，"城中数十百人倒地即毙，医药弗及"。

明清地方志有关虎患的记载颇多，如綦江一带，群虎入城；《蜀龟鉴》记载：清代川东地区死于瘟虎者十之二三;《巴东县志》载:崇祯十五年巴东虎患,群虎四出,白昼食人。

（3）战乱,人口减少

三峡地区在元明清时期战争不断,且处于兵祸战火的主战场,百姓民舍成墟,生灵涂炭,人口耗损严重,使区域文明的序列发展受阻。据文献记载和当代学者的研究,该时期的主要战争以时间为序,主要有:宋蒙(元)44 年殊死战争(1236 年蒙古军队首攻至三峡,至 1279 年合川宋将向元安西王投降止),元顺帝至元三年(1337 年)合川、大足县韩法师"自称南朝赵王"起义,元末农民义军明玉珍入川据重庆建立大夏政权,朱元璋政权灭大夏,明朝前中期赵驿起义、弘德起义、蔡伯贯起义、杨应龙之乱与奢、安之乱,明末张献忠五次入川①以及与地主武装、清军围剿的拉锯战,继而南明军与清军的战争,三藩之乱直到康熙二十年(1681 年)平定,清代中叶爆发白莲教起义,等等。从所列战争与对区域社会文化发展产生影响的角度看,元明清三峡地区的战争大致可分为三种类型:第一种是与全国性社会大变动相联系,且主战场在三峡地区的战争,如长达 44 年的宋蒙(元)拉锯战、张献忠五次入川(其中四次与三峡地区有关)、明清白莲教大起义、明末清初清军平定三藩之乱等。嘉庆时陶澍《蜀辅日记》卷十七:"献贼屠而后,土著几尽。今则楚人半,而吴粤之人亦居其半也。"《云阳县志》载:"自明季丧乱,遭献贼屠狝,孑遗流离,土著稀简,弥山芜废,户籍沦夷。"第二种类型是区域性社会矛盾与阶级矛盾、民族矛盾导致的农民起义,以元顺帝合州、大足县韩法师起义,明前中期的三次农民起义为典型。第三种类型是割据型,巴蜀素有"天下未乱巴蜀先乱,天下已定巴蜀未定"之称,以元明清三峡地区的杨应龙之乱与屠、安之乱为典型。三种战争类型都对区域文明、人口造成影响,尤以第一、第三类型战争,直接导致人口的屠杀,对社会危害最剧烈。以宋蒙(元)为例,三峡地区是宋朝抗蒙(元)的主战场,蒙军企图从根本上削弱抗蒙势力,实施轮番剽掠与屠杀,蒙古"军将惟利剽杀,子女玉帛悉归其家"(《元史》卷三)。蒙军的屠杀,使人口耗损巨大。与战争直接屠杀人口不同,战争加剧社会动荡,百姓逃亡,使该地区人口锐减。如同治《归州志》卷四记载:归州地区"自明末诸寇出没盘踞,蹂躏数十年,百姓逃亡殆尽"。明末清初四川战乱对人口损耗十分大,估计清初四川人口仅 60 万左右。特别是在川东地区,受战乱摧残最为酷烈,所谓"尤为空旷,草蓬蓬然而立,弥山蔽谷,往往亘数十里无人烟"。

总之,与自然灾害相比,战争是三峡地区人口锐减的主要因素。但各时期战争大小、频繁程度不同,造成人口耗损的程度等不尽相同,与此相关联的移民规模和方式亦不同。宋末元初三峡地区经历 40 余年兵戈,人或死于战火,或迁徙,或逃亡,人口锐减。因此元朝在三峡地区如同四川地区裁并行政区划和实行军事屯田移民,恢复社会经济。据《元史》记载:1285 年重庆路裁璧山入巴县,废南平军入南川县,涪陵、乐温二县入涪州,夔州路大宁州并大昌县等。元朝在三峡地区实行军屯和民屯[91]。军屯是移民性质,且有一定规模。《元史》

---

① 张献忠五次入川作战:第一次崇祯六年(1633 年),涉及夔州、大宁、大昌、太平、通江、保宁、广元等地;第二次崇祯七年(1634 年),涉及大宁、大昌、巫山、夔州、开县、云阳、新宁、梁山、达州、营山、蓬州、巴州、保宁、剑州、广元等地;第三次崇祯十年(1637 年),涉及剑阁、龙安、潼川、绵州、遂宁、安岳、成都、金堂等地;第四次崇祯十三年(1640 年),涉及开县、新宁、达州、剑州、梓潼、绵州、什邡、德阳、金堂、新都、汉州、成都、简阳、资阳、安岳、射洪、蓬溪、大足、内江、永川、泸州、南溪、荣县、仁寿、德阳、巴州等地;第五次崇祯十七年(1644 年),涉及夔州、云阳、万县、忠县、涪州、长寿、重庆、江津、泸州、宜宾、南溪、富顺、成都等地。

卷一百《兵志》记载:重庆五路守镇万户府有屯军 1 200 名,夔路万户府军屯有 351 名,主要分布在奉节县。元朝三峡地区的人口数,《元史·地理志》记载:至元二十七年(1290 年)重庆路(辖巴县、涪陵、丰都等 13 县)户 22 395,口 93 535;夔州路(辖奉节、巫山、梁山等 7 县)户 20 024,口 99 598;绍庆府(辖彭水、黔江)户 3 944,口 15 189;峡州路(辖夷陵等 4 县)有户 37 391,口 93 947;归州路(辖秭归、巴东等 3 县)有户 7 492,口 10 964。这些数据表明元朝从攻陷钓鱼城的 1278 年开始统治 11 年之后的人口数,比南宋时期同地域的人口少得多。由于元代户口登记不实的原因很多,《元史·地理志》的户口数不能完全反映真实状况。如考虑户口隐漏因素,据研究表明:至元二十七年三峡地区的户口数约为 77 296 户,267 519 口,这比宋元丰时的 40 万人少了 34.4%左右[87]。周勇主编《重庆通史》的估计数则更高,该书以元代重庆路、夔州路的户口数与宋代相比,认为"减少了 80%以上"[92]。元代重庆路、夔州路的平均户口数与全国相比应是较正常的,而三峡地区的峡州路、归州路则远低于全国[87]。这些研究表明三峡地区元代户口大幅度下降,人口数偏低,未曾恢复到南宋水平[85]。

3)两次"湖广填四川"

元末明初、明末清初两次大的"湖广填四川"的移民潮,使得三峡地区接纳了大量的外来移民,成为三峡地区人口恢复和增长的主要因素。元明清三峡地区两次大规模移民以及移民增长方式是制约文化发展的重要人口因素。

元末,红巾军起义,三峡地区人口再一次经历战争的损耗,所以明初四川许多地方(包括三峡地区的川东)人烟稀少。在此背景下,形成历史上的第一次"湖广填四川"的移民迁动。胡昭曦教授研究表明:元明之际,从外省迁入四川的人户之所以湖广地区居多,主要有四种情况:元末因红巾军在湖北战乱而避乱入蜀的湖广人;随明玉珍部入川的湖广人;洪武初随明军入巴蜀而定居者;明朝洪武年间因巴蜀户口稀少而迁入者[93]。"自元季大乱,湖湘之人往往相携入蜀①",湖广籍移民"避乱入蜀"。明玉珍率湖广籍部,入川建立大夏政权及平蜀之役,以长江中下游移民为主。元明以来,进入三峡地区的移民增多,特别是大量荆襄流民深入三峡,开始了农业垦殖和烧炭樵采,不过明代三峡地区的人口密度也仅每平方千米 23.22人。元末明初尤其明清之际,湖广等外省大移民成为该时期人口增长的主要方式。大规模移民之后,随之出现经济"开发高潮和社会经济文化的发展繁荣"。所以该时期移民人口增长方式对三峡地区的经济结构和区域文化的序列发展产生了深远影响。

明末清初持续几十年的战争,加之战乱期间的瘟疫等自然灾害,再次造成巴蜀人口急剧锐减,川东鄂西的三峡地区受害尤烈,人口大量损耗。雍正《四川通志》卷五《户口》称:清初"丁户稀若辰星"。三峡地区的川东由于是明末清初系列战乱的主战场,川东人口大量死亡、逃徙。曹树基《中国移民史》第六卷研究表明:当时川东地区土著残存比全川的 10%还少,仅占 5%左右。民国《云阳县志》卷九载:云阳"自明季丧乱,遭献贼屠狝,孑遗流离,土著稀简";长寿县"当今蜀东南之孔道,自甲申之后受兵者较僻邑为更甚"(康熙《长寿县志》)。同治《涪州志》卷一"明末献忠、姚黄蹂躏后",土著千万家仅存一二;民国《重修丰都县志》卷九载:我邑城野数百里迄无居人,户口全空矣;光绪《万县乡土志》卷六载:经明季之后,万县户口几无孑遗,大半皆由楚迁入,土著全无,并无旗户,至乾隆初年始渐蓄息。光绪《巫山县乡土志》卷

---

① 虞集《道园学古录》卷 20《史式程夫人墓志铭》。

六载"流贼屠戮后,土著人甚鲜";同治《巴东县志》卷十载:明末清初战乱,人口死亡略尽,直到康熙二十年时才有人丁178人。综观三峡地方文献记载:明末清初人口大量损失,以至在战乱后很长时间内都不能恢复元气。

为了恢复经济,清政府采取了一系列鼓励滋生人丁和招抚流民垦殖的政策,使大量外省移民进入四川地区,形成了历史上最大一次"湖广填四川"运动。自清初顺治到乾隆中叶采取了一系列鼓励滋生人口、招抚流民入川垦殖的政策,从康熙时起颁布了一系列招民垦殖的法令,如康熙十年(1671年)"定各省贫民携带妻子入蜀开垦者,准其入籍"。鼓励地方官吏招民垦殖,"如该省现任文武各官招来流民三百名以上,安插得所,垦荒成熟者,不论俸满即升,其各省候选州,同州判,县丞及举、贡、监生有力招民者,授以署县职衔,系开垦起科,实授本县知县"。到雍正五年(1727年)清政府仍规定"各省入川民人,每户酌给水田三十亩或旱田五十亩,若其子弟及兄弟之子成丁者,每丁水田增十五亩或旱田增二十五亩,实在老少丁多不能养赡者,临时酌增"(嘉庆《四川通志》卷六十二)。在清政府的鼓励下,地方官员积极实施招民政策,外省人主要是湖广、江西、贵州、广东等省大规模移民,尤其以湖广移民居多,如民国《巴县志》卷十记载:"自晚明献乱而土著为之一空,外来者什九皆湖广人。"由于这次移民时间长,移民不断涌入,形成大规模的第二次"湖广填四川"的移民运动。三峡地区是外地特别是湖广等移民入川的主要途径。道光《夔州府志》卷三十四载:由三峡水路入川的楚省饥民日以千计,大量移民迁入四川、三峡地区。在这次移民中,绝大多数移民都是通过三峡地区入川的,清前期有时一天经过三峡入川的"楚省饥民"达千数。大量湖广等籍移民进入四川,三峡地区首当其冲,三峡西部滞留了大量移民。早在康熙年间,就曾在三峡边邑设招徕馆"招募客民",留下了大量移民,故康乾时期三峡地区的夔州府人口的比重在四川仅次于成都府和重庆府。乾嘉以来,外省移民进入四川高潮不断,湖广、江西、福建、浙江、陕西、广东、江西等省移民纷纷进入四川。到了嘉庆年间,三峡地区的册载人口已达160万左右,人口密度已达每平方千米38.24人,三峡地区的实际垦殖指数已经大大超过前代,沿江平坝、台地、浅丘多垦殖完毕。道光《重庆府志》所载表明:清以前迁渝十七家中,元末有八家,占47%;民国《合川县志》记载:明代迁入16户,湖广籍8家;咸丰《云阳县志》卷二《风俗》载:"邑分南北岸,南岸民皆明洪武时由湖广麻城孝感奉徙来者。"民国《涪陵县续修涪州志》说涪州"无六百年以上之土著……旧族明多,清增江西籍,世不忘其本";光绪《巫山县乡土志》卷一载:巫山县大昌城"黎、闵、王、徐、陈、潭、刘、沈、何、黄、温、吴等氏均系明时由湖广迁居"。元明之际移民是三峡地区人口快速增长的主要方式及原因。曹树基《中国人口史》第四卷研究,洪武二十四年,三峡地区的重庆府有人口36万、夔州府有人口6.5万,占巴蜀人口总数的1/3左右。周勇主编《重庆通史》认为万历年间四川人口达到310万左右,重庆府的人口仍占1/3左右。明代这种人口快速增长,仅靠人口的自然增长是不可能的,其根本原因还在于移民。至于移民与土著人口的比例,一般同意胡昭曦教授《张献忠屠蜀考辨》书中观点:巴蜀元末以前土著居民与元末明初入蜀及脱籍流、移民之比约为1:2,移民不仅改变了人口籍贯的比例,而且改变了姓氏结构;与此同时,移民开始出现向山地腹心开发经济的新格局。

清代三峡地区随着大量外省移民的迁入,人口籍贯比例发生了根本变化。同治《东湖县志》卷五载:宜昌县"流庸浮食者众,五方杂处,风俗大变";光绪《巫山县乡土志》第六《氏族》称:巫山县"经流贼屠戮后,土著人甚鲜,类皆由湖广、江西、福建、浙江、广东等省,懋迁而来";民国《云阳县志》卷三记:云阳康熙年间"今境氏族率自楚迁来,土著绝少";道光《夔州府志》卷十六载:奉节"夔郡土著之民少,荆楚迁居之众多,楚之风俗即夔之风俗"。民国《涪州志》载:涪陵"自楚迁来者十之六七"。迁入的移民以湖广为主,清代迁入合川县107户移民中,湖广80家,占75%,移入时间在康熙时为60家,占56%。移民及后裔在清代三峡地区所占人口比例至少占总人口85%以上,移民的主要通道地区如云阳所占比例更高,达92.7%[94]。可见三峡地区元明清尤其明末清初移民构成了社会的主体,也是该地区人口恢复和增长的主要方式。

4)元明清时期三峡地区的文化风俗

元明清时期三峡地区经过大规模移民,移民因不同的文化观念、生活方式、习惯等冲突而融汇,使该地区形成了"五方杂处,俗尚各从其乡"的汉族各亚文化圈的交汇状态,从而对三峡区域文化的序列发展产生重大而深远的影响。

三峡移民由于家庭的分散、家庭人口数趋小,从而推动了人们与宗法关系的疏远,促成移民对社会组织的依赖,所以同籍会馆在三峡极为发达。会馆是以原籍地缘关系为纽带的民间互助组织,具有独特的政治、文化、信仰功能。会馆遍及移民所到城镇乡野,湖广会馆、陕西会馆、江西会馆、福建会馆、广东会馆、江浙会馆等几乎遍及各府、厅、州、县,形成移民会馆文化圈。从各地移民会馆的数量上来看,以楚、粤、赣、闽等会馆居多。

明清是三峡地区的官学取得实质性发展的时期,各府、州、县普遍设立官学,科考人才迅猛增长,教育水平整体提高。大规模移民影响三峡姓氏构成,三峡各县还形成移民姓氏地名文化现象[95]。

《竹枝词》发源于三峡地区,苏辙"舟行千里不至楚,忽闻竹枝皆楚声",《竹枝词》用湖广方言咏唱。"湖广填四川"后,《竹枝词》在四川流行起来,是湖广文化扩散的一个表现。《竹枝词》多描述清代文化风俗的记载。到清末四川话在全国各地都能听懂,反过来也影响了周边的语言,如清末湖北人田泰斗《竹枝词》描写到:"逐户灯光灿玉缸,新年气象俗敦庞。一夜元宵花鼓闹,杨花柳曲四川腔。"这体现了清末整合的四川话基本定型,并对周边语言文化产生影响。语言是文化的载体或者区别其他文化的标准,而以湖广话为基础的四川话的形成,是整个四川文化整合的标准,也应当是清代"湖广填四川"在文化层面上的结束[96]。明清以来荆楚地区本来便盛行《竹枝词》,而清初四川主体移民的湖广移民是沿长江溯水而上,自然要经过盛行竹枝词的三峡地区,且多有留住,形成第二次迁移,又再次受到竹枝词的感染[75]。康熙时陈祥裔《巴渝竹枝词》记载:"川主祠前卖戏声,乱敲画鼓动荒村。"

移民间各亚文化的交流,促成了三峡新移民文化多方面的新气象,诸如语言、饮食、行为方式、风俗习惯、婚丧嫁娶、祭祀、宗教信仰、建筑、戏剧等都发生了很大程度的变化,正如《四川通志》卷首《序》对此作的总体性叙述:"其民则鲜土著,率多湖广、陕西、江西、广东等处外居之人以及四方之商贸,俗尚不同,情性各异。"随着时间推移,各种不同的民风习俗逐渐融合,改变了传统,出现新气象。如《华阳国志·巴志》载:三峡地区的川东地区风俗素朴,无造次辨丽之气,姿志敦重,其人性质直。可是自元明清外省大移民,川东经济结构就多样化了,手工业、商业发展大大改变了素朴的民风。道光《重庆府志》卷一记载:"乾隆初(重庆地区)土民不轻衣帛,后商家以奢侈相尚,人皆效尤。"住宅、器具、服饰等方面的奢化,"几与苏杭粤东相伯仲"(乾隆《巴县志》卷十)。移民文化与三峡(四川)土文化融汇而成新文化,最典型即是川戏。川戏诞生于明代,开始仅是一种单声高腔剧,被外省人视为"一声蛮了一声呔,一句高了一句低"。清代随移民相继传入江苏的昆曲、陕西的秦腔、安徽的徽调等,与四川土灯戏融合,最终在晚清才形成"昆、高、胡、弹、灯"多声腔的川剧(戏)。各移民文化习俗到清代中叶以后逐渐汇为一体。这在清代地方志中记载颇多。民国《大足县志》卷二《风俗》中说该县"清初移民实川,来者文各从其俗,举凡婚、丧、时祭诸事,卒视原籍所通行者而自为风气。厥后客居日久,婚媾互通,乃有楚人遵用粤俗、粤人遵用楚俗之变例"。三峡地区文化习俗,由于与湖广接壤,移民又以湖广籍居多,从而强化了"楚风"的影响。清代同治《巴县志》的作者,已认识到该县风俗"五月五日为天中节,家家饮雄黄酒,插蒲艾于门。日午游郊外,设角黍、闹龙舟、吊屈平,楚俗也。蜀、楚接壤,亦如之"。民国《新修合川县志》卷三十五《风俗》记载:合川灯会中的《采茶歌》"二月采茶茶叶青,茶树脚下等莺莺。三月采茶茶花开,借问情侬几何来",学者研究发现与福建潮州盛唱的《采茶歌》有源流关系[97]。

5) 元明清时期三峡的社会经济

元明清三峡移民促成经济多样化发展的新格局。随着三峡地区移民大增,明清时期的经济开发一改过去移民滞留在沿江平坝、丘陵和台地地区的格局,形成外地移民从各个方向深入三峡广大山地腹地开发[98],由汉族地区向少数民族分布区延展、推进的新格局[99];移民引入玉米、甘薯、马铃薯等性能优良的物种,促进山地开发,很大程度改变了三峡地区的粮食作物结构和百姓的主食结构,如光绪《奉节县志》卷十五记载:"数十年前,山内秋收以粟谷为大宗,粟利不及包谷,近日遍山漫谷,皆包谷矣。……今则栽种遍野,农民之食全赖此矣。"光绪《巫山县志》卷七称:巫山县所产玉米、甘薯、粱、粟等亦数倍于稻谷。同治《东湖县志》卷十一载:玉米在宜昌一带,乡村即以代饭,兼以酿酒。同治《巴东县志》卷十一载:"县山中种此者甚多。"红苕(番薯)在三峡地区像玉米一样广种。民国《丰都县志》卷九说该县"珍为半年粮",民国《云阳县志》卷十五载:云阳居民以红薯与稻并重。光绪《黔江县志》记载:"民食稻外,包为大宗,兼以酿酒。居民多种番薯、洋芋或掘蕨粉,以备食用之不足。"山地旱作物种植经济的发展取代秦汉以来三峡农耕、渔猎复合经济。移民还促进了山地农村副业、林业及山货的开发,许多移民(流民)进入深山伐木转而开发副业,其中山货开发中尤以木耳类最有特色。何炳棣在《明初以降人口及其相关问题》中指出,明清时期长江流域大规模的移民推动了玉米等新作物的种植范围,新作物"变成了使长江流域高地得到开发的主要手段",新作物的种植又有利于人口在山地滋生和消除灾变饥荒造成的人口损耗,而促成人口增长。人口增长、山地经济开发又带来一系列社会问题如水土流失、"白莲教叛乱"等相关问题[100]。

清初为缓和阶级矛盾,实行奖励垦荒、减免捐税的政策,促进了三峡农业经济的发展。清咸丰三年(1853年),随着太平天国农民运动的风暴,首开封建盐法①破岸②的"川盐济楚"出现了,促进了四川盐业发展,促进了三峡地区贸易往来。明清以后,随着长江航运水平的提高,重庆因位于四川盆地的出口,拥有更便利的对外联系和更广阔的经济腹地,逐渐超出于成都之上,成为四川的首位城市[53]。

---

① 盐法:即国家对食盐征税和专卖权禁的各种制度。

② 破岸:即破除封建盐业专商引岸制度(专商引岸制度:即根据人口,确定销额,再按预先设定的行盐路线,实行产场与销区的对口定量供应),实行食盐的自由贩卖,无限制,无定所,是一场盐业制度上的改革。

人口的迁移还增加人口内部的活力,移民大多有创业精神,与土著居民在职业上有着较大差别。土著民多力于农,移民则从事经济作物的栽种和商贾、手工业。如大宁县商贾多半客籍,巫山商贾多半客籍,城口"多外来入籍人,附近州县及湖广、陕西、江右之民始贸易"。乾隆年间重庆有商行 109 行。这些商人的原籍分布,四川籍仅占 1.8%,其他省份比例,湖广 43 行,江西 40 行,福建 11 行,陕西 6 行,江南 5 行,广东 2 行。外省移民从事行业各有特点:如棉花全由湖广籍人包营,药材全由江西籍人包营,梁料靛青行全由湖广籍人包营,江南籍商人包营糖行[101]。这些情况表明,大批经济性移民促进了三峡地区手工业商贾的发展。

6)两次移民潮带来的弊端

元明清两次大量移民及后裔人口的增加,给三峡地区带来发展的同时,也为今天该地区的贫困埋下了伏笔。

大量移民导致与土地的矛盾加剧,人均耕地少,为了生存,不得不加强单位面积土地的利用。大规模移民的山地开发导致土地资源过度开垦,如道光时的巴县已是山田层叠望如梯,崇山峻岭的万县已垦田于山顶。到清代末年三峡地区的人口密度达每平方千米 83.65 人,到 20 世纪 80 年代人口密度达每平方千米 244 人,三峡库区的垦殖指数已在 23%至 38%之间,人均耕地仅 1 亩左右,且多为贫瘠的坡耕地,人地矛盾日益突出。

当时三峡地区平坝、浅丘和沿江台地早已经开垦完毕,而其他亚热带山地,山高林密,在人口密度已经发展到一定阶段时,依靠传统的粟、燕麦、荞麦种植,产量低,适应性弱,不能满足山地开发的山民的充足口粮,这自然会抑制人口的继续增长,进而限制山地开发的深度和强度。正在这时,明代末年传入中国的美洲高产旱地农作物玉米、红薯、马铃薯传入三峡地区,为加大山地开发的强度和深度创造了条件。咸丰、同治、光绪年间,三峡地区掀起了一个高产旱地作物种植高潮。三峡地区的巫山、奉节、云阳,鄂西的巴东等地,移民大量涌入山地腹地毁林开荒,种植玉米、洋芋、番薯等美洲旱地作物,致使森林植被遭到破坏。如光绪《秀山县志》卷三记:"垦辟皆尽,无复丰草长林。"光绪《巫山县乡土志》卷三记:巫山当时是"林木多伐,少郁葱之象",水土流失日益严重,山崩滑坡等自然灾害频频发生。史书记载当时三峡一些地区"遍山漫谷,皆包谷矣",红薯则"处处有之",后来更耐高寒的马铃薯传入,使更高寒的山地成为种植区,旱地农作物在三峡地区有了举足轻重的地位。到了清末民国时期,三峡地区许多地区"秋成视包谷,以其厚薄定岁丰歉","必旱地皆登始为丰年",旱地种植业为主导的亚热带山地经济格局形成。旱地种植业成为主导,由于资源环境与产业的不协调,极大地破坏了农业生态环境,造成种植业产出的递减,而垦殖业使生物多样性受到破坏,也使产出多样性受到影响。及至今日三峡地区是汉民族最贫困的地区,而这种贫困并不完全是开发不足,而是清中叶以来外来移民开发走进误区而形成的一种结构性贫困。①

清代中期以前人们选择玉米等旱作物发展山地旱地经济。清代中后期以后,罂粟成为三峡地区重庆、涪陵、丰都、万县、宜昌等地支柱型作物,所谓"川东无处不种罂粟,自楚入蜀,沿江市集卖鸦片者,十室不啻六七"[102]。川东涪陵等地形成罂粟的专业化生产,仅"涪陵一县的鸦片产量约占全省鸦片产量 60%,是全国最大的产鸦片县"[103],从而引发经济结构的畸形发展。

3.2.7 近现代文化:"陪都"使得文化主力通过三峡西迁

1932 年底,隶属于南京国民政府参谋本部的国防设计委员会组织并资助有关专家对长江三峡进行了中国有史以来第一次比较科学、全面、系统、深入的多目标勘测调查,对长江上游水文地质资料进行了梳理和分析,对航运效益进行了初步的估计,对开发三峡的步骤作出了规划,提出了长江三峡水力发电勘测报告。

由于日本侵华,中国的文化中心大规模西迁,加之中共中央立足于陕西延安,形成了当时中国文化的三足鼎立状态,即以重庆为中心的国统区文化、以昆明西南联大为中心的学术文化以及以延安为中心的解放区文化[104]。

1937 年 11 月 20 日,中华民国政府正式发表宣言:"国民政府兹为适应战况、统筹全局、长期抗战起见,本日移驻重庆。"国民政府移驻重庆,标志着一个重要的历史转折点到来。在此前后,以周恩来为首的中共代表团、八路军办事处和《新华日报》先后移驻重庆。各民主党派、社会各阶层政治力量也随之汇集重庆,重庆成为以国共两党合作为基础的抗日民族统一战线的政治舞台①。

随着国民政府迁移重庆,全国的文化和教育的中心,也随之迁移到重庆。国民政府军委会政治部三厅和后继的文工会,在周恩来和郭沫若的领导下长驻重庆;全国高级知识分子十分之九、中级知识分子十分之五西迁,全国一级水准的 100 多个科研学术单位以及国史馆、中央图书馆、中山文化教育馆、国立编译馆、国立礼乐馆、中央广播电台、正中书局、商务印书馆和生活书店、读书书店、新知书店等转移到重庆。中国地质学会、中华自然科学社、中国统计学社、中国宪政学会、中华农学会在重庆召开全国性年会。此前此后,中央大学、国立政治大学、上海复旦大学、上海交通大学、国立药学专科学校、中央研究院、中央工业实验研究所、兵工署弹道研究所等中国著名高等学校、研究机构,商务印书馆、中华书局、生活书店、大公报、新华日报等中国著名新闻出版机构,中央图书馆、中央电影制片厂、中央广播电台等中国著名文化艺术团体相继移设重庆。成千上万名教授、学者、诗人、记者、科学家、艺术家和流亡学生筚路蓝缕,踏上了史上空前的中国文化教育重心由东向西转移的悲壮征程。35 所高校迁入重庆,占内迁高校的一半,占战前高校总数的三分之一,南开中学和多所国立中学也迁来重庆,形成了沙坪坝、夏坝、白沙坝著名的三坝文化教育区。全国文协、美协、音协、剧协,国立美专、国立音专、国立剧专,中央级的中电和中制两大电影厂以及全国著名的各大剧团迁入重庆,音乐、美术、戏剧、文学各种活动精彩纷呈,高潮迭起。《新华日报》、《中央日报》、《大公报》、《新民报》、中国青年记者协会、中央社、国际新闻社和各外国通讯社等驻重庆新闻单位,连通了全世界关注中国抗战的神经。世界反法西斯同盟美、苏、英、法、加、新、澳等 30 余国驻华使馆移驻重庆;苏联塔斯社、英国路透社、美联社、合众社等世界著名通讯社、报社也先后在渝派驻机构。中苏、中比、中意、中法等文化友好协会以及"在华日本人民反战同盟",也在重庆成立,重庆文化呈现出空前繁荣的局面,创造了一系列难以企及的文化成就,成为中国文化的一座高峰。

---

① 资料来源:重庆市三峡博物馆,http://www.3gmuseum.cn/index.asp

与此同时,来自华北、上海、济南、南京、长沙、武汉等地的钢铁、机械、军工、造船、纺织、化工等成百上千家工业企业纷纷辗转撤退,"铁血西迁"。重庆成为"战时工业之家",成为支撑中国抗战的工业"脊梁"。

至此,中国战时政治、军事、经济、文化、外交机构全部移驻重庆。重庆从战前一普通省辖市跃升为中国战时首都;从人口不足 30 万的农产品集散港埠跃升为抗日大后方政治、军事、经济文化和外交中心;从一内陆山城跃升为与华盛顿、莫斯科、伦敦并列齐名的世界反法西斯国际名城;也从大后方一片宁静的山水变成日本征服中国必欲攻克的最后城市。三峡,无疑成为抗日战争时期重要物资的转移通道。

3.2.8 当代文化:三峡工程、百万大移民、新城镇建设

当代三峡是一个文化急剧变迁的时代,这种变迁对三峡地区人民的生产生活产生很大的影响。

1) 当代三峡人居环境的文化地理格局特点

三峡工程实施带动的百万大移民的进行以及库区新城镇的建设,是当代三峡人居环境的基本面貌,是引发其文化地理格局变化的主要因素,也是当代三峡文化作用于人居环境的物质载体。

(1) 当代三峡人居环境的背景

三峡工程的实施,从而带动的百万大移民的进行以及库区新城镇的建设,是当代三峡人居环境的大背景,也是引发其文化地理格局变化的主要因素。

① 三峡工程的实施

三峡工程的实施,使得库区几千多年来变化极为缓慢的自然环境发生了巨大的变化。有直接的变化,也有间接变化;有瞬时发生的改变,亦有需要经过漫长岁月才能体现的改变。如地貌变化:高峡变平湖,天堑变通途;城镇的变化:旧城镇的淹没,新城镇的新建;地质疏松,长时间水底浸泡,滑坡增多;生物种类的减少,多样性的破坏等。在自然环境发生变化的同时,人文环境也在发生着改变。百万大移民带来的人口数量的变化,导致人口结构发生相应变化;大量文物古迹的淹没,使得许多传统文化面临绝迹;新的产业类型的出现,带来产业结构的变化等。吴良镛先生指出:"三峡工程不仅是一项水利工程,而且是一项文化工程;是三峡地区产业和经济结构的一次大调整和大发展;是一次特殊形态的城镇化过程;也是生态环境可持续发展的重大工程和库区 120 万移民的一项特大安居工程。"

② 百万大移民的进行

三峡工程移民从一开始就牵动着全国人民的心,广大三峡地区的人们短短的十几年间,就要告别祖祖辈辈生长的土地,换到一个新的地方。三峡百万大移民 1992 年开始,2010 年结束,历时 18 年,跨越两个世纪,涉及重庆、湖北两地 20 多个区县 139 万人,其中 16 万多人省外安置(山东、浙江、江苏、湖北、上海、江西等省市),其余主要为就地后靠。三峡移民工程,不是百万人口的简单重组,而是巨大的社会文化变迁。三峡地区这种社会文化变迁,绝不亚于三峡自然景观的沧海桑田变化。"舍小家,为大家"的爱国主义精神,坚忍不拔、战胜困难的乐观主义生活态度,是三峡移民精神的概括。如今,已进入"三峡后移民时期"的人民

生活如何,其文化是否延续又如何发展,文化地理格局又是怎样,是接下来将要讨论的内容。

③ 库区新城镇的建设

库区城镇大多分布在长江或其支流边上。为了安置移民,库区城镇的迁建迅速开展。库区受淹没的城市、县城中,全淹或基本全淹的县城有8座:秭归县归州镇,兴山县高阳镇,巴东县信陵镇,重庆市巫山县巫峡镇,奉节县永安镇,万州区沙河镇,开县汉丰镇,丰都县名山镇。大部分淹没的县城1座:重庆市云阳县云阳镇。部分淹没的市区和县城4座:重庆市万州区,涪陵区,忠县忠州镇,长寿区城关镇。库区城镇迁建前,职能均较单一,趋同性较强,且大多处于同一发展水平上。迁建后,库区城镇人民的人居环境得到极大改善。在迁建过程中,库区城镇的城市规划编制与实施的水平大大提高,但在规划的编制与实施过程中,也出现了许多问题。积累的经验与受到的教训对日后的规划工作起到了积极的作用。城市规划控制城市土地使用及其变化,为城市发展提供良好的物质环境基础,库区城镇要想达到健康、持续发展的目的,要建成良好的人居环境,必须从社会、经济、人文各个方面协调发展。水文环境库区属长江上游地段,较大的支流有十余条。总体流向万县以上为北东向,万县以下为东向。受气候的控制,洪、枯水期水位相差悬殊,素有"洪水阻于峡,枯季阻于滩"的特点,洪、枯水位最大变幅可达70 m左右。三峡水位正常变幅在175 m至156 m之间。

(2) 当代三峡文化的地理格局

文化的地理格局指在一定时期内,某一地区各种文化相互作用形成的一种地域分布结构及其表现形态。而三峡地区并非独立的地理单元,其文化的地理格局也有多种归类方式。在此,仅以传统物质文化遗产的地理分布格局、非物质文化遗产的现状地理分布格局为主来进行阐述。

① 物质文化遗产的地理格局

国务院三峡建委会审批的文物保护项目1 087个(重庆库区752个,湖北库区335个),其中地下发掘项目723个(重庆段506个,湖北段217个),地面文物保护项目364个(重庆246个,湖北118个)。涉及135 m淹没线下的文物保护项目共有723个(重庆435个,湖北288个),其中地下发掘项目468个(重庆276个,湖北192个);地面文物保护项目255个(重庆159个,湖北96个),搬迁保护项目32个(重庆31个,湖北1个),留取资料项目124个(重庆63个,湖北61个)[105]。这些文物按照所在的位置分为地面、地下和水下三类。

地面文物古迹包括秭归屈原祠、新滩古民居,巫山大宁河古栈道、大昌古城,奉节永安宫、白帝城和位于瞿塘峡口的粉壁堂,云阳张飞庙,忠县石宝寨和丁房阙,丰都鬼城等。此外,据统计较重要地面文物还有:古栈道5处;石刻、题刻56处;摩崖造像5处;古建筑9处;古塔3处;古庙寺院19处;桥17处。

重点水下文物有2处:云阳龙脊石与涪陵白鹤梁。前者乃历代诗文书画题刻,后者被誉为世界最古老的水文博物馆。

地下文物包括较重要遗址有58处,墓群45处。其中古文化遗址有4处,它们是:巫山大溪遗址(新石器时代);大昌西坝遗址;忠县甘井口和甘井中坝子遗址;巫山2处早已被发掘,忠县2处近年也已实施抢救性发掘。湖北库区古遗址和墓葬,包括二峡坝址中堡岛,均已发掘完毕。另外奉节草堂古人类化石,属三峡库区淹没的唯一一处化石点。

奉节、丰都两个省级历史文化名城搬迁,巫山大昌古镇、忠县洋渡古镇、石柱西沱古镇、秭归新滩古镇等 4 个古镇进行了搬迁,它们保留有真实的历史遗存,表现着历史风貌,蕴涵着丰富的文化信息资源。水库蓄水后,淹埋的重点文物古迹有(顺江而下):重庆涪陵白鹤梁、丰都鬼城东岳殿、忠县石宝寨和汉代无铭阙;云阳张飞庙、龙脊石;奉节县永安宫(刘备托孤)遗址、孟良梯、瞿塘峡口的粉壁堂;巫山境内的孔明碑、大宁河古栈道;湖北秭归屈原祠和屈原故里牌坊等。对于这些重点遗迹采取的挽救或补救措施有:秭归屈原祠已是二次搬迁,葛洲坝蓄水时搬至现址,原考虑的是三峡 150 方案,现要按 175 方案第三次搬迁至秭归新县城凤凰山;巫山县境内的大昌古城,已择址部分复建;位于瞿塘峡口的粉壁堂,已实施部分切割,在新址复原;云阳张飞庙业已拆迁,在新址实施"克隆";忠县石宝寨十二层塔楼,采用小围堰保护方案,使其在 175 米水位不受影响;位于涪陵的白鹤梁采用水下保护方案(就地采用金刚罩覆盖,罩内注水减压);其他诸如忠县丁房阙,秭归屈原故里牌坊,丰都东岳殿等随着新城的建设而重新选址搬迁[106]。

② 非物质文化遗产的现状地理格局

非物质文化遗产的地理格局与掌握此种文化的人口分布呈正相关。口传历史、表演艺术、风俗习惯以及工艺竞技等所蕴含的地域价值取向、思维方式、审美情趣和文化性格十分宝贵。三峡地区非物质文化遗产的现存数量不多了。为此,湖北省宜都市高坝洲清江明珠区域建立了"中国三峡·世界非物质文化遗产博览园",占地 5 000 亩。

(3) 当代三峡文化地理的特点

当代三峡文化地理具有变迁非自然性、新旧文化混合性、东西文化融合性、传统文化沿江性、新兴文化生长快速性等特点。

① 文化变迁的非自然生长性(被动性)

当代三峡文化的变迁是在有限的时间与空间内进行迅速的变化,受外界影响较大,不是自然的生长过程,以被动性变迁为主。

② 新旧文化交织的混合性

传统文化与新兴文化在此时空内共存,交织混合,共同影响三峡人民的生活生产方式,推动三峡地区发展。

③ 东西文化的融合性

东部的荆楚文化、西部的巴渝文化在三峡地区交汇、融合,由于这里是沟通东西的黄金水道,因此三峡的文化既有巴渝特色亦有荆楚风骨,具有较高的融合性。

④ 传统文化分布的沿江性

不论是传统物质文化还是非物质文化,大多是沿江分布的,这与人类活动的地理空间分布基本类似,具有明显的沿江性。

⑤ 新兴文化生长的快速性

因三峡工程而起的新兴移民文化、水电文化、航运文化、旅游文化、工程文化以及库区人们新的生活生产方式等在不到 20 年的时间内已经成为三峡文化的主流,具有快速的生长性,显示出了时代文化的强大生命力。

2) 当代三峡文化变迁对人们社会生活的影响

当代三峡文化变迁对人们社会生活有着重大影响,物质与非物质文化生活的改变、行为方式的改变都是文化变迁的结果。

文化变迁导致社会差别,从而引发社会分工。而不同的社会分工,由于社会资源在不同社会成员之间的不平等分配,又反过来导致社会成员之间的文化差异,而产生现实的和心理的社会分层。社会分层①现象是一种普遍存在的社会现象。一方面,社会分层导致了贫富的两极分化,低收入群体与社会保障体系的脱节;另一方面,它加强了社会的文化流动,促进了社会利益多元化的发展,增加了保障社会稳定的因素。

(1)物质文化生活的改变

当代三峡文化变迁对人们生活的影响首先体现在物质文化生活的改变上。文化的变迁使得基础设施条件有所改善,人居物质环境面貌发生改变。如各级公路的陆续修通,使得人们出行变得方便;如移民广场的建成,使得人民有了茶余饭后休闲纳凉的去处;如水电气管道的建设,使得人们生活更加便利。人们的日常生活用品与生产工具的科技含量提高。随着当代文化的变迁,各种家电逐步进入三峡地区人们的生活,电视机的普及、电话的普及、手机的普及直至现在网络的普及,都是近20年内发生的改变。与此同时,人们的生产工具的科技含量也在提高,之前的人力畜力工具,改为了电动机械工具。人们对物质生活的要求与品位在提高。当代三峡文化的变迁使得三峡人对物质生活的要求和品位发生改变,对更好、更舒适、更便捷的人居环境也提出了更高的要求。

(2)非物质文化生活的改变

由于某些独特的力量和原因,非物质文化比物质文化变迁扩散得慢。因此很多情况下都是物质变迁在先,其所引起的其他变迁在后。而当代三峡文化变迁使人们的知识结构、思想观念、行为方式与生活习惯发生相应的改变。而这些改变,既有正面影响,也有负面影响。

3)当代人居环境建设下三峡文化发展面临的困境

三峡地区现代工业较为落后,自然灾害多,交通不便,商贸不发达,是有名的"老、少、边、穷"地区。当代人居环境建设下的三峡文化发展面临着诸多困境。

(1)传统文化与新兴文化的对峙

传统文化的传承危机与断层风险,新兴文化的良莠不齐与无序扩张,使得三峡文化发展面临困境。对于传统文化,一方面专家学者和部分有识之士在不停呼吁保护优秀民族传统文化,另一方面传统文化的生存根基正在快速瓦解:物质文化或被机械保留或被野蛮拆除,而非物质文化则后继无人,很有可能随着老一辈的逐渐离去而彻底消失。对于新兴文化,一方面是全球化信息化带来的大量外来文化给三峡地区注入新的营养与活力;另一方面则是低俗文化的泛滥,价值观念的动摇,危害着新一代的三峡人。

多种文化元素的强烈碰撞引发文化冲突,而近年来文化冲突事件多有发生。文化冲突一般表现为新旧文化的冲突、地域文化的冲突。传统文化的消失,移民地区文化凝聚力的缺失愈演愈烈。如何从"文化冲突"状态转变为"文化认同"状态,帮助三峡地区摆脱文化空心化,走出文化低潮,是亟须解决的问题。

3 三峡地区文化的兴起与发展研究

---

① 社会分层是社会学中的一个重要概念,用来说明社会中人的不同等级,指的是根据财富、权力和声望在不同的社会地位的拥有者之间的不平等分配而把社会成员划分成不同等级的状况。

（2）文化发展不平衡

就局部而言，三峡地区文化发展不平衡现象严重，其中以城乡间的差距最为明显。从三峡地区的城乡发展整体情况来看，由于地理位置与交通条件的差异，城镇文化与农村文化差距日益拉大。突出表现在农村文化事业经费投入严重不足，从而导致文化设置缺失、文化传播渠道单一等诸多问题。

同时由于经济、社会发展水平的不同，各地文化状况也有很大差别，这种差别体现在设施建设队伍素质、资源问题和活动开展情况等方面。三峡地区内部经济稍发达地区和较落后地区的文化建设也存在明显的不平衡。

（3）文化重视程度不高、投入不足、队伍不全

就三峡地区的整体而言，文化经费投入严重不足、文化设施落后、基层文化队伍素质偏低都是摆在面前的现实困境。

究其原因，是人们对文化不重视，"重经济、轻文化"的现象普遍存在。由于对文化的重视程度不高，就会导致诸如投入不足、队伍不全等现象，使得文化创造、文化发展无保障，文化落后。而一旦文化落后，经济发展则失去依托，经济必然落后。因此，这是一个恶性循环。要摆脱这种恶性循环，就要对文化建设引起高度重视，构建文化建设体系，加强文化经费投入，改善文化设施，培养基层文化队伍。

3.3　人居环境空间语境下三峡文化历史发展的特点

在人居环境空间语境下，三峡文化的历史发展有着显著的特点。有学者总结三峡地域文化特点为：历史的悠久性与文化积淀的丰厚性，文化内容的丰富性与文化内涵的深邃性，文化发展的多元性与文化风格的和谐性，文化气质上的内向超越与文化精神上的开拓奋进并存[62]。同时在三峡文化的地域扩展中也出现一些问题，可引发一系列思考。

3.3.1　三峡文化历史的悠久性

三峡地区人类文化的时间跨度大，影响深远，历史悠久。上溯可至人类的起源，下究可达时空压缩下的人居环境重构。从史前文明到古代的重要移民通道、商贸通道以及战争通道，再到现在的高峡平湖的旅游胜地，三峡地区的文化在不同的历史时期以不同的方式影响着人类社会，并逐渐被世界所认知。

3.3.2　三峡文化积淀的多样性

经过漫长的历史岁月，三峡文化积淀丰厚，呈现出显著的多样性。尤其是几次大移民而带来各地的文化再次交融，从而丰富了文化多样性。平民文化与精英文化、乡土文化与外来文化、传统文化与新兴文化等各个类型的文化在此交融。文化变迁使得文化积淀累积，文化多样性增强。在各个不同的历史阶段，三峡文化变迁的速度不一，战争、商贸、移民、重大工程等是加快文化变迁速度的导火索。

3.3.3 文化空间扩展的复杂性

文化空间的存在是伴随着人类活动空间的存在而存在的,也是随着人类活动空间的扩展而扩展的。从某种意义上来说,人居环境就是文化空间,与人类活动密切相关。人类活动的足迹往往是文化扩展的路径,与交通线路的延伸吻合。从最初的水路交通到陆路交通,都可以看到文化扩展的痕迹。总体来说,三峡地区文化空间的扩展具有显著的线性状态,这是山水关系使然。

3.4 本章小结

本章回顾了三峡文化的缘起,阐述了三峡地区不同历史时期的文化地理形成与发展过程,总结了人居环境空间语境下三峡文化历史发展的特点。

(1)本章回顾了长江三峡的形成,指出了三峡地区的地理区位决定了它是一个东西南北文化交融的黄金通道;亚热带季风气候、大山大水的地形地貌孕育了三峡地区的早期人类活动,从而造就三峡文化的起源。

(2)本章梳理了三峡文化地理的形成与发展过程,总结了不同历史时期三峡文化地理的特点。从“巫山人”到治水神话、诸巫、夔子国,再到战火、移民、诗人的经过,直至三峡工程、移民新城,不同历史时期的三峡文化地理形成与发展在各具特点的同时,又共同形成一个不间断的文化序列,演绎着这个古老山区的不朽神话。而文化、战争、移民、航运一直是这个地区的文化主旋律。

(3)总结了人居环境空间语境下三峡文化历史发展的特点:文化历史的悠久性、文化积淀的多样性以及文化空间扩展的复杂性,为第五章进一步剖析文化变迁规律、探寻变迁机制做好铺垫。

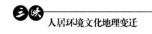

4 三峡文化的地域扩展过程研究

地理学是研究地球表层自然要素与人文要素相互作用及其形成演化的特征、结构、格局、过程、地域分异与人地关系等。是一门复杂学科体系的总称。(全国科学技术名词审定委员会)文化的地域扩展过程正是地理学研究的内容。

蓝勇指出:从历史的角度来看一个地区的文化,都应是土著文化与外来文化融合后形成的一种综合的文化。历史时期,外来文化的进入在很大程度上是通过移民的进入来实现的。这样,移民来源的籍贯、移民来源的多少、移民来源的形式、移民来源的行业成分,便与当地文化特色的形成和发展关系十分密切[1]。一部分文化离开偏僻的乡村小镇(发源地),走向更加繁荣的江岸地带,形成了三峡文化的交流与地域扩展,丰富了人们的生活,体现了文化的历史价值,同时也给文化本身带来了新的发展机遇。

长江即为一文化廊道,而三峡地区则是这一黄金廊道中居要塞的一段。它是连接中华文化东、南、西、北四个板块的结点。历史上这里曾是荆楚文化、巴蜀文化及秦陇文化的融合地带,南北文化交流也呈东西拓展态势。《社会变迁》说:"一种文化现象的产生和发展,不是孤立的,而是具有扩散性,且有不断积累的过程。"本章试图借用地理学的方法来对专题文化的地域扩展过程进行剖析,探寻三峡地区文化演进的一般规律。

4.1 地理环境对三峡文化形态的影响显著

4.1.1 三峡地区人地关系的特点

1) 临水而居:文化地理空间变迁随水动

从新石器时代到清中叶的几千年间,沿江平坝台地是人类主要的生息繁衍之地。历史上三峡地区的主要县级城镇都设在这些地区,如汉晋南北朝时期的江州、平都、临江、南浦、朐忍、鱼复、巫县、泰昌、巴东、秭归、夷陵等都是如此。近来考古发掘的巴东旧县坪宋城遗址、白帝城下宋城遗址、云阳朐忍县汉城遗址、云阳明月坝唐城遗址,都体现了历史时期人们近水而居的环境。同时水路运输也成为三峡地区主要的交通运输方式。

2) 人少而杂:文化地理时空变迁随人而迁

人口数量少,人口构成复杂是三峡地区古代人地关系特点之二。由于环境的制约,长江三峡地区人口的发展一直受到限制,从汉代到清中叶,人口一直在 50 万至 200 万之间波动,人口密度一直在每平方千米 5～40 人之间。与中原地区相比,人口密度偏低,且集中在沿江

---

① 蓝勇.西南历史文化地理[M].重庆:西南师范大学出版社,1997.

的平坝区。不同历史时期的若干次移民,使得三峡地区人口构成复杂,容纳了全国各地的移民,形成了独特的移民文化。

3) 务农贫穷:文化地理时空变迁的最大阻力

长期以来,三峡地区的人们主要以第一产业为主,同时由于自然条件的限制,形成相对的地少人多的情况,造成结构性贫困[107]。

4.1.2　三峡地区文化受到地形、气候等自然环境影响显著

三峡地区位于长江两岸,地势上三峡地区位于我国第二级阶梯与第三级阶梯的过渡地段,自然条件复杂奇特且过渡色彩鲜明。在长江三峡地区,山地占约72%,丘陵占约23%,而平坝只占5%左右。这些平坝主要分布在长江三峡主流和支流两岸,其具体位置大约在现在的135～175 m水位线之间。其地形复杂多样,山地、丘陵、平原、盆地、河谷及高原兼而有之,山奇、水秀、林茂、石美、洞异。

气候区上处于南北过渡地带略偏南位置,属于亚热带季风气候区,气候湿润,水热配合较好。由于受山高谷深的地形影响,气候垂直差异较大,立体气候及河谷冬暖小气候特征突出。沿河谷阶地土壤肥沃、植被茂盛,为古人类的生存繁衍提供了自然条件。与此同时,山大林茂、坡陡谷深、洪水肆虐,"筚路蓝缕、以启山林",使得三峡人民必须不断与大自然顽强抗争。三峡地区具有的复杂性、奇特性、中介性的地理环境培育和塑造了丰富多彩、灵异瑰奇、意蕴深邃的地域文化。从文化地理上看,这里不仅是巴蜀与荆楚两大区域文化的结合部与共生区,还受毗邻的中原文化的辐射影响。三峡地区的许多文化遗址在古代文化上蕴含了许多异地文化特点,过渡色彩鲜明[108]。

4.1.3　文化与环境的适应状况

三峡文化所呈现出来的面貌在很大程度上受其自然环境的影响与制约。

理论流派:"环境决定论"认为文化形式以及进化,主要由环境的影响而造成;"可能论"认为,地理环境并未造成人类文化,而是设定了某种文化现象能够发生的界限;"文化唯物论"则试图从文化内在认知的角度整合研究者的观点与被研究当事人的观点。从考古发掘上看,我国南方与北方的石器制造工艺截然不同,而三峡地区的石器制造工艺正好介于南北之间的过渡形态,这说明早在远古时期,我国南北文明就在三峡地区碰撞与交融。

自然地理环境对三峡文化的形成、发展与地域扩展起着长久的锻冶作用,从而使得三峡文化丰富多彩,并具有广收博蓄、多元发展的综合特点和突出的和谐风格。

4.2　三峡文化地域扩展因子分析

三峡文化地域扩展与许多因素有关,归结起来还是因为生产力的进步使得文化扩展具备工具与渠道。主要有交通方式与通讯方式两大类。

4.2.1　交通方式的进步

在三峡地区,古代的交通方式主要依靠步行、畜力或者舟楫,只有陆路与水路两种方式。由于峡区山高水深,水路成为对外交流的主要交通方式,因此,从整体上看,其文化也沿着水路逐渐扩展。

随着生产力的进步,新型的交通工具的出现改变了三峡地区传统的交通方式。文化扩展的渠道也不断增多。总的来说,从古至今,主要交通方式从步行、畜力、水路、栈道转变为公路、铁路、轮船、航空相结合的立体交通。

4.2.2　通讯方式的改变

文化的传承在很大程度上依赖通讯方式,从古时的人与人口口相传,到书信流传直至今日可实现点对点的通讯以及互联网的普及,文化流传的方式日益增多,广度加大。总体来说,从古至今,三峡地区通讯方式主要从口承、书载、石载为主转化为电讯、网络、广电为主的现代通讯(表 4.1)。

表 4.1　三峡地区交通与通讯方式历史变化

历史时期	交通方式	通讯方式	文化影响空间范围
史前	步行	行为、表情	小
先秦	步行、舟	语言	小
秦汉	步行、舟船	语言、烽火	小
魏晋南北朝	步行、舟船	语言、烽火、书信	较小
隋唐	步行、舟船、栈道	语言、烽火、书信	逐步扩大
宋元	步行、舟船、栈道、车马	语言、烽火、书信	逐步扩大
明清	步行、舟船、栈道、车马	语言、书信	较大
近现代	火车、汽车、轮船	语言、广电	较大
当代	火车、汽车、轮船、飞机	语言、广电、网络	大

4.3　三峡地区主要文化形态的地域扩展过程分析

在三峡人居环境变迁的历史过程中,呈现出了多样性的文化,而这些文化又承载于各样的文化形态之中。不同的文化形态在三峡人居环境的变迁中交织并行,共同演绎了三峡人民丰富多姿的生活,谱写了三峡文化壮丽的乐章。笔者选取农耕文化、巴楚文化、巫鬼文化、移民文化、交通文化、饮食文化六种典型的三峡文化形态进行分析,尽管这几种文化形态之间有交织,但它们能够代表三峡文化地域扩展的普遍规律,可呈现三峡文化的地域扩展的大致过程(表 4.2)。

表 4.2　三峡地区主要文化形态的历史地域扩展过程及典型代表

文化形态	历史地域扩展过程	典型代表
农耕文化	河谷→半山→山顶	河谷农业→半山畲田
巴楚文化	西→三峡←东	东西交融;楚中有巴,巴中有楚
巫鬼文化	山里→村落→城镇	丰都鬼城、巫师、巫医
移民文化	四川↔三峡→湖广←江浙闽	"移秦民万家以实之","湖广填四川","百万大移民"
交通文化	水→陆→空	水路→山路→立体现代交通 "川江号子"、"古栈道"
饮食文化	地里挖、山里采、水里捕→自种养、屋里酿	"丹盐"、"鹿苑茶"、"咂酒"、《橘颂》、榨菜等

4.3.1　农耕文化:河谷→半山→山顶

三峡农耕文化,是指三峡地区由农民在长期农业生产中形成的一种风俗文化,包括农业生产工具的使用、农业生产方式方法的变迁以及人与人之间的劳动关系等。农业文化是基础,它是以满足人们最基本的生存需要(衣、食、住、行)为目的的,决定着三峡人民的生存方式,是其他文化的基础。

三峡地区山高谷深,地势陡峭险峻,农业发展相当缓慢,且农业生产水平较之中原地区落后。一般的历史学家认为,农业最早是在中原地区兴起来的。如果说中原地区的农耕文化中男女分工是"男耕女织",那么三峡地区农耕文化中男女分工则是"男水女旱"。

1) 新石器时代的原始农业:集中在条件较好的河谷地带

早在新石器时代,三峡地区就有了以大溪文化为代表的原始农业,只是农耕面积很小。早期三峡人选择一些相对较好的河谷地带从事原始农业生产。由于人口数量少,加之采摘、渔猎等方式同时并存,农业生产基本上能满足人们需要。从大溪文化遗址出土的物件中可知,当时的农业生产工具大多以石斧、石铲、石锛[磨制石器的一种。长方形,单面刃,有的石锛上端有"段"(即磨去一块),称"有段石锛";装上木柄可用作砍伐、刨土;是新石器时代和青铜器时代主要

图 4.1　原始农业时期聚居场景图

图片来源:崔连仲.世界史:古代史[M][109].北京:人民出版社,1983.

的生产工具]、石镰为主,石器多以鹅卵石打制后琢磨而成,器身较薄,刃部锋利。同时还出土了一些蚌镰等其他材料的工具和稻谷壳等谷物遗迹。从这些可知原始农业具有一定水平,且农业在当时人们生活中占重要的地位。同时在遗址中还出土了鱼、龟、猪、狗、牛、羊等动物的骨骼,鱼钩、石矛、骨矛、石镞等渔猎工具(图 4.1)。

2) 先秦时期的农业发展:农业分布在宽谷地带

先秦时期,楚国及其附庸夔国先后建都于此。随着巴国、楚国的出现与强盛,农业有了一定的发展,多分布于峡内宽谷地带,但农业规模仍然不大。秦吞巴国后,在三峡以西地区

积极发展农业生产。这一时期三峡居民主要以沿江采集渔猎为主、农业为辅。

3）秦汉至南北朝时期：农业有一定规模，盛产水果

秦汉两晋南北朝时期以沿江水田农业、林副业为主。这一时期三峡地区郡县建制增加，人口数量增加，且有军队进驻。农业生产的数量与质量都有所增长。有记载："城东有东瀼水（今奉节县东草堂河），公孙述于东瀼水滨垦殖稻田，因号东屯，东屯稻田水畦延袤可得百许顷。前带清溪，后枕崇冈，树木葱蒨，气象深秀，去白帝故城五里，而多稻米，为蜀第一，郡给诸官俸廪以高下为差，《夔门志》：东屯诸处宜瓜畴芋区瀼西亦然。"[86]①"汉时，江州县（今重庆）北有稻田，出御米。"②可知巴郡生产的稻米不仅数量上能够满足当地人的粮食需求，而且是皇家贡品，其质量也为上乘。此地的优质水稻还可制作成化妆粉，这在崇尚奢华的达官贵妇中很受欢迎。当时驰名长安、洛阳的"堕休粉"即为江州御米制成的化妆粉。晋常璩《华阳国志·巴志》："县下有清水穴，巴人以此水为粉，则膏晖鲜芳，贡粉京师，因名粉水；故世谓江州堕休粉也。"

农田垦殖主要集中在沿江两岸的平坝与台地上，水利建设也主要在这些地区。《水经注》卷三十三《江水二》中说秭归屈原旧田宅"畦堰麋漫"。沿江农田水利灌溉主要靠后山的自然溪流灌溉，部分地区也有堰塘出现。

秦汉时期，铁工具推广迅速，农业技术有很大改进。田律制度的实行，使得粮食生产大为增加，农作技术也得到很大程度改进。水稻栽培出现。在重庆江津出土了陶水田模型，为长方形，中间有沟渠，渠中养鱼，两边是稻田，田中密布秧窝。稻田有进水口与出水口，水口位置的分布与调整稻田水温有关。陶田模型的水道是相错的，可使整块稻田水流均匀；稻田中有用田埂围成的半圆形小区，用作沤绿肥；稻田边有蓄水池塘和引水沟，水池里种有莲花、菱角、喂鱼、鸭、螺、蛙等。稻田中秧窝排列整齐，说明当时已经注意到秧苗窝距的规律。从陶水田模型的结构可看出当时种稻技术已非常精细。而在山地丘陵地带，则因地制宜的种植耐旱的黍稷类作物。《华阳国志》记载了巴农事民歌："川崖惟平，其稼多黍，旨酒嘉谷，可以养父。野惟阜丘，彼稷多有，嘉谷旨酒，可以养母。"

三峡地区盛产水果，如橘、梨、荔枝、木瓜等。战国时期屈原就写有《橘颂》，赞扬橘树的叶绿花白，青黄杂糅，果园味香来表达自己忠贞不移的品格与坚强不屈的意志。《华阳国志·巴志》与《汉书·地理志上》都有"橘官"的记载；《华阳国志·巴志》与《水经注》都有关于"荔枝园"的记载。《水经注》中还有：枳县县城北有梨乡；鱼复县西故陵村"地多木瓜树，有子大如甒，白黄，实甚芬香"。

4）隋唐时期的农业：已向半山区发展，畲田出现

唐宋元明清前期以沿江水田农业、近山畲田、商业转输、盐业开发、林副业开发并重。

唐宋时期兴起的畲田运动，由于主要局限在近江丘陵和山地，对长江三峡的整体人地结构影响并不明显。在这种结构下，形成多行业并重的局面和"农不如工，工不如商"的开发格局。虽然农业开发不够精细，经济水平不高，整体贫穷，但沿江稻作与近山畲田配合，畲田农

---

① 《舆地纪胜》补缺卷四夔州路夔州《景物上》条，转引自陈可畏. 长江三峡地区历史地理之研究[M]. 北京：北京大学出版社，2002：30-31.

② 《华阳国志·巴志》。

096

业在人地矛盾不突出的情况下,有其合理的生态意义和产出效益(图4.2)。这种经济开发模式合理地利用了三峡地区的区位和资源优势,使产业开发与资源配置相对合理,故虽然经济落后,号"天下最穷处",但三峡居民"未尝苦饥",所谓"巴人拱手吟,耕耨不关心,由来得地势,径寸有余金"。当然,这样的选择对于当时的居民而言并不是有意识的。

图4.2 三峡地区半山畲田　　图片来源:自摄.

隋唐时期,政府重视农业开发,三峡以西的农业发展较快。农业方式还是刀耕火种的原始方式,水土流失增多。隋代,常以火烧山,两岸时有崩塌;唐代三峡畲田增多,从山脚发展到了山坡。"汉中人多事田渔"[①],据记载,巴郡共有编民14 423户,巴东郡共21 370户,以长江沿岸最为密集。

从当代诗人的诗词中可知三峡地区各地的农业状况。涪州:《渐至涪州先寄王员外使君纵》(戴叔伦)"文教通夷俗,均输问火田。江分'巴'字水,树入夜郎烟。毒瘴含秋气,阴崖蔽暑天"。田赋收入靠"火田",即畲田。《涪陵风物录》《涪州图经》《太平寰宇记》均记载涪州多产荔枝。《太平寰宇记》载:县地颇产荔枝,其味尤胜诸岭。《涪州志·古迹》对涪州荔枝园也有这样的记载:"荔枝园,又名妃子园;在州西十里。唐天宝时涪陵贡荔枝即产于此。"南宋时期的祝穆在其《方舆胜览》一书中,对这件事也作了相应的记载:"涪州城西十五里有妃子园,其地多荔枝;昔杨妃所嗜,当时以马递载,七日七夜至京……"宋代诗人宋翰在其《涪州》中云"荔枝妃子国,不复囊时输。"南宋诗人陆游途游涪州时,发出了"不见荔枝空远游"的感叹。这说明,随着唐朝的衰败,蔚为壮观、盛极一时的涪州荔枝园在宋朝时期便已被伐除殆尽,曾引得贵妃回眸一笑的涪州荔枝,也随着唐朝的灭亡而销声匿迹。民国版的《涪州志》中关于荔枝园的消失有这样一段记述:"涪人惩荔枝之害,芟荑不遗中。"涪州荔枝虽然给涪州人带来了一些骄傲和荣耀,但涪州的老百姓却并没有真正受益。岁贡,对于涪州老百姓来说,反而是一种沉重的负担。正所谓"一颗荔枝供宫阙,十家五家民力竭"[②]。

白居易的《初到忠州登东楼,寄万州杨八使君》写道,忠州产橘、柚、荔枝。据《奉节县志》记载:"峡土硗确,暖气晚达,故民烧地而耕,谓之火耕。"可见三峡地区土地瘠薄少肥,刀耕火

---

① 参见《隋书·地理志》。

② 转载自《神秘消失的荔枝园》。

种乃是传统的农业生产方法。杜甫在《秋日夔府咏怀奉寄郑监李宾客》诗中也有"烧畲度地偏"诗句,说明当时峡中人民的耕种方式。如《竹枝词》九首之九:"山上层层桃李花,云间烟火是人家。银钏金钗来负水,长刀短笠去烧畲。"《劳畲耕·序》(宋)范成大:"畲田,峡中刀耕火种之地也。春初斫山,众木尽蹶,至当种时,伺有雨候……明日雨作,乘热土下种,即苗盛倍收,无雨反是。……"畲田是一种原始粗放而具神异色彩的耕种习俗,畲田农业也是一种完全依靠自然的耕作方式,是焚烧田地里的草木,用草木灰做肥料的耕作方法。

5)宋元时期的农业:畲田为主,四面垦殖

这一时期,三峡地区的农业仍然以刀耕火种为主,巴县稻田有用牛耕的。较之同时期的其他地区,农业生产十分落后。元末的长期战乱,对三峡地区的农业破坏严重。夔州(今奉节、云阳、巫山):宽谷引水灌溉,半坡仍为畲田。《宋会要辑稿》:"畲刀是日用之器,川险山险,全用此开山种田。"北宋末曾慥诗:"承平桑者自门闲,巴俗烧畲满四山。招集宾僚来野次,追呼父老到田间。及时劝课知宣化,继踵催科却厚颜。"

6)明清时期的农业:山顶有开发,无土不垦,梯田、牛耕技术盛行

明初,鼓励全国开荒,农业有了一定恢复与发展。明代开始兴修小型水利,以小型坡塘为主。稻田主要分布在沿江河谷地带与丘陵间的台地上。明末清初,战乱对长江中上游的社会经济影响非常之大(图4.3)。

清代随着"湖广填四川"大量移民的涌入,带来了梯田、牛耕等农业生产技术,同时也带来了玉米、红薯、洋芋等适应性强、产量高的旱地作物,农业生产大范围展开,深山老林也被垦殖。清代随着水利建设的增加,在三峡西部的重庆、夔州府的沿江平坝、浅丘以及沿溪两岸的平坝地区出现了新的稻田。道光时陈谦《竹枝词》:"闽人栽蔗住平地,粤人种芋住山坡。"不同来源的移民拥有各自的耕作技术,也带来不同的农作物。

图4.3　三峡地区山顶垦殖　　图片来源:自摄.

明清时期三峡水果也很丰富,只是荔枝不再见于记载。根据地方志记载,桃、李、柿、枣、梅、橙、石榴、枇杷、橘、柚、梨、栗、柑、核桃、樱桃、无花果等都有出产。其中柑、橘、橙、柚等橙类水果尤为出名。《夔州府志·物产志》(道光)载:万县柚,品质与之相侔;归州水果以橘、柚为盛。清代,在万县设有专门的"橘市",三峡地区已有柑橘类水果输出。三峡地区在明中期引进西瓜,从云阳、归州一带开始种植。《归州志·土产》(光绪)载:"近河沙田中多种之。"三

峡地区的蔬菜、药材等种类亦为丰富。

清初,三峡地区人口大量损耗,城市荒芜,灌丛密布,野兽横行,人烟罕见。研究表明,清初四川可能只有 60 万人口左右。为了开发长江中上游,清政府出台了若干鼓励移民西进的政策,如占地为己、免于起科、官给耕牛等,加上荒地对窄乡农民的客观吸引力,形成了"江西填湖广"和"湖广填四川"的局面,大量湖南、湖北、江西、浙江、江苏、广东、陕西籍移民进入长江中上游地区,而三峡地区成首选之地。在这次移民高潮中,农业技术层面对社会经济结构的影响很大。现在看来,如果这次移民高潮是以传统的水稻、小麦、粟、荞麦、燕麦、大麦种植为主,像所有亚热带山地一样,中高海拔的深丘和山地的深度开发就不可能。但实际上这次移民高潮伴随着美洲高产旱地农作物玉米、马铃薯、红薯等的传入和推广,从而使中高海拔的深丘山地的开发也提上日程。这些农作物的传入和推广使三峡地区沿江平坝台地的居民在人口急增条件下只有向深山腹地挺进;同时对因战乱和饥荒而来的人口而言,三峡地区又具有抗损耗的免疫力,使清代中叶以来的人口膨胀成为可能。研究表明,三峡地区在清末的人口为 800 万,人口密度为每平方千米 132 人,发展到现在,人口已达 1 900 多万,人口密度则达每平方千米 244 人左右。人口的激增反过来推进了山地开发高潮的深入,形成以旱地农作物为核心的产业结构,"秋成视包谷,以其厚薄定岁丰歉",所谓"必旱地皆登始为丰年"。随着大量森林的消失,多样性的生物格局也被打破,产出多样性的格局也渐渐消失,从而出现"辛苦开老林,荒垦仍无望"的局面。这种结构性贫困一经形成,一直延续至今。

7)民国时期的三峡农业:稻田增多,耕作方式改进,物产较为丰富

民国时期由于抗战,大批人口逃难至此,带来了先进的耕作技术与管理方法,使得三峡地区平坝、山腰山脚、宽谷等地带都成为稻田;高山区与陡坡地带多为旱地,以种植洋芋、红薯、玉米为主;同时,水果种植、禽畜类养殖数量也大为增加。

8)新中国时代的农业:废除地主制,大兴农田水利

新中国成立后,废除封建地主制,耕者有其田;大兴农田水利建设,提倡使用化肥农药,使得农业有较大发展。不过较之其他地区,仍然显得贫穷落后。

9)总结

纵观各个时期的三峡农耕历史,农耕文化贯穿三峡地区人民生产生活的各个方面。农耕文化地域扩展过程几乎是随着农业生产技术的不断革新而扩展的过程。而农业生产技术的重大提升,几乎都与移民密切相关。三峡工程完成后,三峡水库淹没的 135～175 m 水位线正是几千年来这里的农业耕作核心区,因此,三峡地区现住民的迁出可以说是对三峡地区结构性调整战略的贡献。

4.3.2 巴楚文化:西→交融←东

三峡西部是巴文化的发源地,而东部则是楚文化的摇篮。三峡地区巴楚文化交流密切。楚文化与巴文化两种区域文化在长江三峡地区碰撞、交汇、融合。

在行政区划上,巴楚民族文化圈分属湖南、湖北、贵州和重庆市三省一市。巴楚民族文化圈位于现今重庆市东南部、湖北省西南部、湖南省西部和贵州省东北部的四省市毗邻地

区^①。四省市共计72个区市县构成了巴楚民族文化圈的大体范围,而其核心区域则是渝湘鄂黔毗邻地区土家族、苗族等少数民族为主体的自治州、自治县及民族乡[110]。

巴文化是蛮夷文化的一支,楚文化是华夏文化的一支,彼此属于不同的文化体系。彼此的内涵和外延都不相同。在考古学范畴内,对巴楚文化可以理解为在某个时空框架中既有巴文化,也有楚文化(图4.4)。

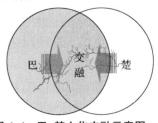

图4.4　巴、楚文化交融示意图
图片来源:自绘.

1) 巴文化:质直好义,土风敦厚,运盐善战

巴国是我国历史上一个神秘的国家,由于史籍文献记载极少,所以关于其政治、经济、文化、军事和社会结构的脉络不是很清楚。但巴文化又是一种与中原、楚、蜀等文化并存于我国早期历史的一种自成体系的文化,是巴国王族和巴地各族所共同创造的全部物质文化、精神文化及其社会结构的总和,是我国文化的重要组成部分。

相传巴人起源于清江巴氏廪君族,但其根可能源于巫山。《世本·姓氏篇》载:"廪君之先,故出巫诞。"这说明巴人系巫山"十巫"中的一支。《山海经·海内经》载:"西南有巴国。太皞生咸鸟,咸鸟生乘釐,乘釐生后照,后照是始为巴人。"这段是巴人见诸历史的最早的记载。巴族的出现与大巫山的盐泉有密切关系。巴氏起自三峡水边,他们长于行舟,但宝源山盐泉在巫咸部落手中,巫咸有盐泉资源却不擅长驾船,故他们利用巴人的长处,让其为他们运盐,巴氏族的成长就是从运盐开始的。"太皞生咸鸟",太皞本东夷族首领,他们与中原炎黄为首的华夏集团较量失败后,一部分逃到长江中游苗蛮集团,与之杂居在一起,其文化水准高于南方,故随着时间的推移,人民间相互融合,东夷的首领与苗蛮的首领伏羲也融为一体了,所以出现太皞伏羲氏的提法,实际上伏羲与太皞毫无关系。太皞生咸鸟,就是伏羲生咸鸟。咸鸟就是盐鸟,也就是运盐之鸟,巴人驾着独木舟,自由自在地在长江之上为巫咸运盐。"咸鸟生乘釐","乘"即乘载、运载之意;"釐"有治理、管理的意思,"乘釐",运载管理,也就是管理运载,亦即其首领成了管理运载盐务的人。此时的巴人已是从专门从事为人运盐转而为自己贩盐的一支队伍了,所获收益比为人运盐大有增长,巴氏族在贩盐中获取丰厚的收益从而使自己日益强大,故其首领被记为乘釐。"乘釐生后照","后"即首领、头领的意思。进入夏王朝后,国王称后,如夏后启;"照"是"灶"的异体字,后照即后灶,后灶就是灶后,管灶的头,也就是管煮盐的,产供销中产是第一位,故头领把主要精力花在兴灶煮盐上,当灶后。事业越做越大,巴氏族在生产斗争中成长壮大,由氏族而部落了。巴部落在产运销巫盐中实

---

① 巴楚民族文化圈在行政区上包括重庆市的酉阳土家族苗族自治县、秀山土家族苗族自治县、彭水苗族土家族自治县、石柱土家族自治县、黔江区、武隆县、綦江县、万盛区、巴南区、涪陵区、丰都县、万州区、云阳县、奉节县、巫山县等15个区县;湖北省的恩施土家族苗族自治州所辖的恩施市、利川市、建始县、巴东县、宣恩县、咸丰县、来凤县、鹤峰县和宜昌市的长阳土家族自治县、五峰土家族自治县、秭归县等,合计11个市县;湖南省的湘西土家族苗族自治州所辖的吉首市、泸溪县、凤凰县、花垣县、保靖县、古丈县、永顺县、龙山县等8个市县,张家界市所辖的永定区、武陵源区、慈利县、桑植县等4个区县,怀化市所辖的鹤城区、洪江市、沅陵县、辰溪县、溆浦县、中方县、会同县、麻阳苗族自治县、新晃侗族自治县、芷江侗族自治县等10个区市县以及常德市的石门县,合计23个区市县;贵州省铜仁地区的铜仁市、江口县、石阡县、思南县、德江县、玉屏侗族自治县、印江土家族苗族自治县、沿河土家族自治县、松桃苗族自治县、万山特区等10个区市县,遵义市所辖的红花岗区、汇川区、遵义县、桐梓县、绥阳县、正安县、凤冈县、湄潭县、余庆县、道真仡佬族苗族自治县、务川仡佬族苗族自治县等11个区县和黔东南苗族侗族自治州所辖的岑巩县、镇远县等2个县,合计23个区市县。

力大增,大家不得不承认其为巫山诸部之人了,这事发生在后灶时,故"后照是始为巴人"——得到大家的承认,有了自己的地位。三峡西部曾出土大量的石矛、石斧、铜矛等文物,这说明三峡地区的武文化至迟起源于旧石器时代,商周时武术广为流传。巴人曾出师助周武王伐纣,并有"巴师勇锐"等记载。

公元前377年,巴、蜀联军伐楚败绩兹方以后,巴、蜀两个奴隶制国家没落衰败之象暴露无遗,于是楚国大举西进,首先攻占夷水——今湖北恩施清江流域,夺取清江边之盐水。前361年,楚国"深入其阻"攻占巴国黔中之地,巴国三大盐泉已失其二,巴国更加虚弱了。在楚威王时(前339—前329年),楚军全面西进,攻占巴国东部地区——今巫山奉节、巫溪,置为巫郡,巴国最重要的盐泉——宝源山盐泉沦入楚国之手,三大盐泉丢失,巴国失去了最重要的经济来源。接着楚军很快全线西进,攻陷巴都江州及其北的陪都垫江——今合川,巴国残余仓皇北窜阆中,政权飘摇,故历史上留下"楚子灭巴"的记载[111]。

然而最后灭巴的是秦,秦趁巴蜀内乱,蜀王欲攻巴地之时,乘机于前316年出兵灭蜀,并俘巴国君臣,巴国寿终正寝。

公元前314年,秦国中央在巴地设巴郡并若干县,建立起对巴地的统治,其中郡治江州几乎等于现在渝西大部,大夫张仪并于同年筑江州城。终秦汉之世社会经济的发展,江州已初具山城风貌,东汉后期巴郡太守但望描写当时江州城的情况:"郡治江州,地势刚险,皆重屋累居……结舫水居五百余家。"[112]可见江州大城依山而建,屋舍重重叠叠,人烟很是稠密,江边尚有住于船舫之中五百余家二三千人。在今江北城一带统治者因人烟众多,另建有一城,由于在江州城之北,故称北府城,巴郡太守曾一度移此办公。这时南岸塗山之下,也出现了村庄街市。在秦汉魏晋南北朝时期军事战争频繁,历代统治者利用巴地在地理上的战略地位,巴蜀物资的丰饶,巴族战士的骁勇,作为进攻江南的基地和跳板,或北伐中原的大本营。这在川东地方特别明显。秦国灭巴以后,即以此为桥头堡,在公元前316年司马错率大军"自巴涪水(今乌江)取商於之地为黔中郡"[76],然而楚国绝不会坐视这块战略要地的丢失,很快发动反攻,将其收回。公元前308年,秦惠王又命"司马错率巴蜀众十万,大舶船万艘,米六百万斛,浮江伐楚,取商於之地为黔中郡"[①][113],但很快又被楚夺回。公元前280年,秦王二十七年"又使司马错发陇西,因巴蜀攻楚黔中","(昭王)三十年蜀守(张)若伐楚,取巫郡及江南为黔中郡"[②],完成了对黔中地区及奉节巫山、巫溪及今湖南的最后占领,迫使楚王窜于陈地(今淮阳),最后又败亡于寿春。可以毫不夸张地说,秦是依靠巴蜀之地灭楚而统一天下的。西汉的统一又何尝不是这样?公元前206年,秦王朝被农民起义军推翻,受封于巴蜀汉中的刘邦凭借三郡的人力、物力和财力,募发巴渝之人为兵,还定关中,进而与项羽逐鹿中原。巴人天性劲勇,出任先锋,陷阵勇锐,为打败项羽立了大功。史家赞叹曰:"汉高帝灭汉中未几,反其锋以向关中,足迹虽未尝至蜀,然所漕者巴蜀之军粮,陷阵者巴渝之劲勇,由故道而战陈仓,定雍地而王业成矣,孰谓由蜀出师而不可取中原哉!"[③][114]

晋代常璩的《华阳国志·巴志》[④]记载:巴地"其地东至鱼复,西至僰道,北接汉中,南极

① 《新序·善谋上》。
② 《史记》卷五。
③ 《蜀鉴》卷一。
④ 晋代常璩的《华阳国志·巴志》是最早记载三峡地区民族分布状况的书籍。

黔、涪",几乎涵盖了现今整个三峡库区。"其民质直好义,土风敦厚,有先民之流……其属有濮、賨、苴、共、奴、獽、夷延虫之蛮。""而江州(今重庆市)以东,滨江山险,其人半楚,姿态敦重。"三峡是一个多民族地区,除巴人之外,"其属"尚有濮人等7个夷蛮部族。"其属"的含义是这些民族可能是隶属于巴人部族下的分支,或者他们同巴人有着某种亲缘关系。重庆市以东正是三峡地区,它是巴民族政治、文化的中心,在"滨江山险"地理环境中聚居的居民半巴半楚,同时还有其他民族杂居其间,体现了峡中民族结构是以巴民族与楚民族为主体的客观实际。巴文化中带有许多楚文化色彩。

2) 楚文化:《楚辞》,屈原、宋玉

楚族源于中原,与中原华夏集团有着密切的关系。楚文明的主源是中原文明。根据传说和《史记》的有关记载,黄帝生昌意,昌意生高阳,高阳为楚人先祖。屈原有"帝高阳之苗裔兮"的句子。一说祝融为楚人先祖,也有人说五帝之一的帝喾为楚人先祖,帝喾性别难以确定。但这些传说,都认定楚人是黄帝后裔。楚民族的发祥地荆山地区在长江三峡北岸,相互毗连。商末周初,祝融部落的后裔继鬻熊建都丹阳(今秭归),其重孙熊绎在周成王时被封在楚地,立"楚"为正式国号,楚文化因此而得名。"周文王之时,季连之苗裔曰鬻熊,鬻熊事文王,蚤卒。其子曰熊丽。熊丽生熊狂,熊狂生熊绎。熊绎当周成王之时,举文、武勤劳之后嗣,而封熊绎于楚蛮,封以子男之田,姓芈氏,居丹阳。"《汉书》也有"周成王时,封文、武先师鬻熊之曾孙熊绎于荆蛮,为楚子,居丹阳"。这就是楚国的开始。

楚人真正进入三峡之初则在西周时期,《史记·楚世家》载:"熊绎当周成王之时,举文、武勤劳之后嗣,而封熊绎于楚蛮,封以子男之田,姓芈氏,居丹阳。"学者多以为丹阳在西陵峡中的秭归。西周初年,周成王封熊鬻于荆山,规模约为50户,很小。时楚人"辟在荆山,筚路蓝缕",开始了艰苦的创业,五传至熊渠,熊渠发动了第一次扩张,表明楚国经济、军事实力有了较大增长。

后楚王熊渠又将自己的儿子熊挚分封到秭归一带为夔国,亦称"夔子国"。熊渠的嫡子为熊挚,本来应该被立为楚国的君主,但是由于他身有残疾,不能立为王,于是就封他别居于夔,作为楚国的附庸国,称为夔子。《郑语》孔晁注云:"熊绎玄孙曰熊挚,有疾,楚人废之,立其弟熊延。熊挚自弃于夔,子孙有功,王命为夔子。"后来熊挚的子孙立有战功,楚王升夔国为子国,这便是历史上的夔子国,今秭归县香溪镇古名夔城,即夔子从巫山迁到秭归的驻地。这说明当时楚人的活动仅限于西陵峡地区。《春秋·僖公二十六年》杜预注:"夔,楚同姓国,今建平秭发县。"《史记·楚世家》集解云:"夔在巫山之阳,秭归乡是也。"是知芈姓夔国地在今秭发县境。《水经注》中有:"江水又东逕巫县故城南,县故楚之巫郡也。秦省郡立县,以隶南郡。吴孙休分为建平郡,治巫城。城缘山为墉,周十二里一百一十步,东西北三面皆带傍深谷,南临大江,故夔国也。江水又东,巫溪水注之。"殷商时代,秭归为归国所在地。《汉书·地理志》载:"秭归,归乡,故归国。"《后汉书·郡国志》载:"秭归,本归国。"刘昭注引杜预说:"夔国。"《水经注》引宋忠说:"归即夔,归乡,盖夔乡矣。"《水经注》引郭璞的话说:"丹山在丹阳(今湖北秭归县),属巴,丹阳西,即巫山也。"丹阳就是秭归,是夔越聚居之地。夔越就是夔地之越。所以秭归即夔越所居之地。《史记·楚世家》索隐云:"譙周伐灭归,归即夔之地名归乡也。"《史记索隐》引譙周说:"归即夔之地名归乡也。"《史记集解》引服虔说:"夔在巫山之阳,秭归乡是也。"《尔雅·释言》说:"山南曰阳。"《玉篇·阜部》解释:"阳,山南水北也。"说明归国在巫山东南方向的长江北岸。这正是夔国的位置之所在。

直至公元前 4 世纪,"楚地西有黔中、巫郡"(《战国策·楚策》),公元前 316 年秦灭巴、蜀后,楚国于 40 年后(公元前 276 年)始占领巴国故都枳邑(今涪陵),最终取得三峡地区的控制权,才有大量楚军、楚民进入三峡,获得三峡居民结构中"半楚"的地位[115]。

楚武王熊通即位后进一步向外发展,晚年迁都今宜城楚皇城的郢,楚文明进入成熟定型时期。楚昭王继续扩张,迁都今江陵纪南城,仍称郢,习称南郢,直至楚顷襄王二十一年(公元前 278 年),秦将白起拔郢止,为楚文明的繁荣鼎盛时期。楚国在逐步强大的过程中,社会经济、军事、制陶、丝织品、冶炼、绘画、雕刻,特别是哲学和文学得到了高度发展,成为极其灿烂的楚文明。这些文明最终融入大一统的汉文明之中。在文学方面,《楚辞》是秦以前楚文化的卓越代表,屈原、宋玉是卓越的代表人物①。

楚人的大量入峡大约在战国中后期,是伴随着楚国对三峡巴地的军事占领步伐同时进行的。史载,战国后期楚国已将境西界推至现今渝东的涪陵,三峡地区尽皆属楚。军事占领之后便大量移民入峡,以便对经济资源(主要是盐泉)进行开发,使楚人在峡中居民的比例骤增。考古发现也证实:从宜昌—秭归—巴东的西陵峡两岸所发掘出的古文化遗存,大多属于楚文化范畴。在巫峡以西所发掘的遗址和墓葬的文化因子来看,巴文化因素占多,但亦不乏楚文化因素,甚至许多墓葬也与活着的居民一样是"杂居"在一起的。如巫山跳石遗址的周代文化遗存中出土的器物,虽然有的明显可看出是巴人遗物,但"根据其总体特征分析,跳石遗址的周代遗存仍属楚文化的范畴,是楚文化沿峡江西渐的一处重要的文化据点"②[116]。

3) 巴楚文化:地缘相近,自古同风

巴楚地缘相近,自古同风。巴地和楚地人民自古以来就在三峡地区共生共长,在西周时期曾形成两个并行发展的古国,史称巴楚方国。巴民族与楚民族的交往,以及巴文化与楚文化的交流,历史悠久,影响深远。因此,无论民族和文化,都是楚中有巴而巴中有楚。巴文化与楚文化经过长时期的摩擦、碰撞而又互相吸收、交融之后,形成了一种独具特色的巴楚文化。巴楚文化,是从古到今存在于巴楚交错地段三峡区域的人类学文化,既有考古学文化(主要是秦汉以前的),也有历史性文化兼地域性文化(主要是魏晋以后的)。

从楚君熊渠在位时起,巴与楚就有文化交流关系了。从楚武王在位时起,巴与楚就有通使行聘关系了。从楚共王在位时起,巴公族就与楚公族通婚了。可以断言,巴文化与楚文化的关系不是板块结构,而且不是双鱼形太极图结构。它们交错、交缠、互渗、互补,难解难分。巴文化和楚文化都是多源的文化,本来就赋有融合遗传的优势。彼此交流,容易产生非此非彼、亦此亦彼的文化事象,融合遗传的优势就更加明显了。如楚式的虎纹,在离巴人近的地方已见惯不怪了,在离巴人远的地方则殊为罕见,这无疑脱胎于巴式的虎纹。巴式的钟和镎,无疑取法于楚式的钟和镎,只是年代较晚、工艺较粗、形制易简罢了。巴人遗裔的"吊脚楼",在鄂西南、湘西北、川东南、黔东北都有,而以鄂西南的最为出众,缘由应是其地离故楚郢都最近,或多或少都带有层台累榭的遗风。建筑方面,巴与楚的影响是双向的。

巴国是在迁都阆中之后,于公元前 316 年为秦所灭,即《巴志》所载:秦大夫张仪"贪巴、

---

① 参考自:三峡的巴楚文化——《三峡文化讲稿》之三. http://blog. sina. com. cn/s/blog_4df2ae8f0100928y. html.

② 王川平,刘豫川:《巫山跳石遗址发掘报告》,引自《重庆库区考古报告集》。

亘之富,因取巴,执王以归"。史称"楚得枳而国亡"。公元前223年,秦将王翦等遂破楚国,以其地置楚郡。秦汉统一中国后,巴楚文化融入华夏文化的共同体,但至今仍保留着自己的某些特色:它是一种区域性文化,集中反映在长江三峡地区;是一种具有"半巴半楚"形态的文化,是一种非此非彼、亦此亦彼的综合形态的文化。三峡东部地区以楚文化特色为主,三峡中西部地区以巴文化特色为主;巴楚文化融入华夏的共同体,并随着历史的发展而演进,但始终保持着自己的地域特色或民族特色。巴人尚武、楚人尚文的人文环境与文化遗风更对三峡地区社会人文风貌的塑造影响久远。

两地文化是彼此相互影响互动的过程,"楚风半杂蜀人风","巫峡连巴峡,渝歌接楚歌"。宋人苏辙便有直接指出四川与湖广两地的语言的近似性的《竹枝歌忠州作》,其描述道:"舟行千里不至楚,忽闻《竹枝》皆楚语。"康熙时巴县陈祥裔有《竹枝词》写道:"渝江下与湘江接,怪道巫云尽楚云。"清易顺鼎《三峡竹枝词》:"千重巫峡连巴峡,一片渝歌接楚歌。"此指出四川(巴蜀)、湖广(楚)二地有地形之便和文化接近的事实。① 同治十二年《直隶绵州志》记载:"巴楚接壤,俗亦近焉。②元时周馔《竹枝词》诗曰:"巴人缓步牵江上,楚客齐歌《行路难》。"元代诗人陈基《竹枝歌》描写:"竹枝已听巴人调,桂树仍闻楚客歌。"清乾隆土家族诗人彭秋潭的《长阳竹枝词五十首》中描绘:"宁乡地近巫山峡,犹似巴娘唱竹枝。"清末人易顺鼎《三峡竹枝词》描述有:"水远山长思若何,竹枝声里断魂多。千重巫峡连巴峡,一片渝歌接楚歌。楚客扁舟抱一琴,千峰月上绿萝深。莫弹三峡流泉操(操:琴曲),中有哀猿冷雁音。"宁邑(巫溪县)"为蜀边陲,接壤荆楚,客籍素多两湖人,风尚所习,由来久矣。故《玉山堂记》谓:'地近巴夔,有楚遗风。'"③《奉节县志》载:"地与楚接,人多劲勇,有将帅材。籍商贾以为国,有楚遗风。"④

《左传》载:"秦人、巴人从楚师,群蛮从楚子盟,遂灭庸。"《楚国纪年大事记》载:"庄王三年,楚大饥。庸帅群蛮叛楚。秦、巴从楚,楚灭庸。"《华阳国志·巴志》记载:"秦人、巴人从楚师,群蛮从楚子盟,遂灭庸而分其地,巴得鱼邑。"《华阳国志·巴志》载:"楚共王立,纳巴姬,巴亦称王。"这是讲楚共王娶巴女为爱姬之事。《左传·哀公十八年》载:"巴人伐楚,围鄾。"这次战争的起因不详,但很可能与以前两国在鄾地的利益纷争有关。这次战争中由于楚国任用了三名大将,而彻底击败了巴军。这也是春秋末年巴人与楚人在江汉地区因利益冲突而发生的最后一次战争,巴人自此而一蹶不振,巴、楚关系自此而日益恶化。

进入战国时代,巴人为强楚所逼,已将其活动中心转移至长江三峡和川东地区,并建都于江州(今重庆)。《巴志》载:"战国时⋯⋯及七国称王,巴亦称王。""巴子时虽都江州,或治垫江,或治平都,后治阆中。"巴国强盛时"其地东至鱼复、西至僰道,北接汉中、南极黔、涪"。战国时代,郢都有流行歌曲《下里》和《巴人》。学者大抵认为《下里》是楚歌,《巴人》是巴歌。然而,楚歌与巴歌流行在同时、同地,彼此难免相互影响,即楚歌有巴风,而巴歌亦有楚风。

有些文化事象,巴人的与楚人的相似,早晚难分,源流难辨。例如,巴人传说有盐水(清江)神女,楚人传说有巫山神女,彼此不乏相似之处,某些方面颇有扑朔迷离之状,究竟是巴

---

① 黄权生,2009.
② 同治十二年《直隶绵州志》卷十九《风俗》。
③ 光绪《大宁县志》卷一《地理·风俗》。
④ 光绪《奉节县志》卷十七《风俗》。

人传播给楚人的还是楚人传播给巴人,抑或纯属巧合,也因线索不清、证据不足而至今仍是悬案。作为历史性文化兼地域性文化,巴楚文化从来是巴楚二元复合的文化实体。复合,始则耦合,继而融合。竹枝词就是巴楚文化融合遗传的产物,有雅俗共赏的优势。近代和现代鄂西南的民间歌舞也是巴楚文化融合遗传的产物,有古朴与奇巧兼备的优势。

　　巴楚文化的成因,若据谭维四先生的看法,其"主要成因"有如下几点:(1)民族融合的结果;(2)文化交流的结晶;(3)国家征战与结盟促成;(4)自然地理条件与生态环境使然。可谓一语中的。但若从民俗文化的角度看来,似还可续貂二条:一是秦汉以降的历代封建统治者对湘鄂川黔地区巴人后裔所采取的"羁縻"政策;二是在此封闭环境中巴人后裔——土家族民众承续了巴楚文化。这使得源远流长的巴楚文化得以不曾中断、消失而成为一种历史文化。当然,我们今天所看到的活的巴楚文化主要存在于土家族(及其与故楚之地接壤地区的)民俗文化之中。有专家分析,巴楚文化主要有以下特征:一是地域内的重合交叉,二是内核中的深层融合,三是民族间的联姻通婚,四是习俗上的涵化混同。

　　半个世纪以来,考古工作者先后在三峡库区发掘出大量西周至战国时代巴人与楚人的文化遗址和墓葬,其中巴人的100多处,楚人的40多处,其发现地点涉及三峡全境,但在具体分布上,楚人偏重在峡东西陵峡一带,而巴人的墓葬和器物早期多见于峡东地区,中、晚期则集中在峡西及涪陵、重庆一线。考古发掘中出土的墓葬和具有巴独特形制的器物,让现代人见证了巴人在三峡地区由东向西活动的历史足迹。在峡东宜昌前坪 M23 出土有柳叶形铜矛、一件戟刺上有"枳"字,"枳"是巴国别都,很明显是巴人遗物;在葛洲坝 M4 出土有一种铜印,上面铸有"瞫偻"两字,在廪君巴人起源于清江时,瞫姓是巴人的五大氏族之一——[115]。

　　楚史学家张正明先生认为:"巴楚交错地段的文化格局就是由巴文化与楚文化的互动而构成。"巴楚文化的产生有着深厚的地理和历史渊源,巴楚两国一衣带水,长期互为近邻,时而友好结盟,时而相互争伐,漫长的交往、通婚、文化交流之历史,必然彼此渗透、相互融合而杂交出一种复合型的地域文化。

4.3.3　巫鬼文化:山里→村落→城镇

　　三峡地区盛行巫鬼文化。

1)巫文化起源:自然崇拜,人神中介,巫巴山地

　　古代人们对自然现象认识有限,对风雨雪雷电、日月星辰等自然现象不理解,因而产生了对自然力的崇拜,随之产生了神的概念;认为丰衣足食,是神对人的赐福;天灾人祸,是神对人的惩罚;认为神既掌管着自然界的风云变化,又掌管着人间的沧桑。神是人臆想出来的虚幻的观念,不可能直接与人间交往,随之产生了神在人间的代言人"巫"。"巫"字上横代表天,下横代表地,人于天地间,中间一竖代表通天地之气及沟通天地的烟气,仅巫师可掌握,故其为上天使者,是人与神的中介。

　　旧石器时代中期,即约 10 万年以前人类就产生了法术和巫术两种宗教行为。据《山海经》的《海内西经》《大荒西经》及《世本》《路史》等文献记载,三峡地区有 16 个巫,如《大荒西经》曰:"大荒之中,有灵山,巫咸、巫即、巫盼、巫彭、巫姑、巫真、巫礼、巫抵、巫谢、巫罗十巫,从此升降,百药爱在。"据《说文解字》"灵,巫也",故灵山即巫山。《华阳国·巴志》载:"巴

人信巫重道。"

巫山诸巫,意义很多,首先他们是氏族或部落的巫师[1],是"以玉奉神"的男巫,同时他们又表示为部落或氏族首领,他们是当时文化的传承者,也是用巫医为氏族成员疗病的医师;他们有时又是部落的代名词,只不过后面加个所谓的"国"[114]。巫师凭着掌握的中草药医术、气功术、推拿按摩经络穴位术、急救术、接生术、心理术和民间小单方给多数人以治病解难的真正帮助。也有巫师利用聪明伶俐、巧舌小术迷惑人的现象,如传播迷信,愚弄百姓,骗取钱财,误人生机。

巫巴山地是古代巫文化的发祥之地,夏商以来巫咸等著名巫师皆出于此。《汉书·地理志》[117]记载楚地:"信巫鬼,重淫祀。"而到了清代《湖广通志》记载:"史称其民喜巫鬼,尚淫祀,盖其风至今犹有存者。"[2]在清代四川信巫重鬼也十分盛行。如民国《名山县新志》记载:"民俗恒与楚俗相出入,则谓直出于《荆楚岁时记》可也……媚神求福,佛道也;信巫重祀,楚俗也。故尚质。末流移而尚鬼、尚武,习性转而尚谣。"[3]而"川俗多赛神拜忏,信巫祀神,曰盘香会,亦有所谓祀坛神者"[4]。学者指出由于巴楚先民长期毗邻杂居,战争引起文化交汇,通婚造成民族融合,习俗相近形成文化认同,形成了巴楚文化[118]。道光《忠州志·风俗》记载:"角黍之没,龙舟竞渡吊屈平,楚俗也,蜀楚接壤,俗亦相似,今则天下皆然。"[5]故"凡楚人居其大半,著籍既久,立家庙,修会馆,冠婚丧祭,衣服、饮食、语言、日用,皆循原籍之旧,虽十数世不迁也"[6]。

2)巫文化活动:妄测吉凶、消灾治病、祈求福临、设坛作法

巫文化活动包括妄测吉凶的卜算活动、消灾治病的巫觋活动[7]、驱除巫术与祈求巫术等。巫师坛堂法事,融文学、音乐、舞蹈、美术等多种艺术为一体,还有不少具有民族体育、民间武术、民间医术、气功、魔术和其他民间雕虫小技,如赤脚下油锅、赤脚踩红铧、赤脚上刀山、生吞筷子等(图4.5)。

图4.5 巫文化·祭祀活动场景
图片来源:自摄.

有人记录了一场巫师设坛作法的过程,在此转述:巫师舀一碗洁净水,点燃三炷香,焚烧几刀火纸,然后用香在碗里画出"天地人和"的字徽,接着念咒语:"启眼观青天,师傅在身边,千喊千应,万喊万应,不喊自能。一安东方甲乙木,二安南方丙丁火,三安西方庚辛金,四安北方壬癸水,五安中央戊己土。怀胎妇人,蜜蜂姑娘,鹅鸭鸡犬,猪羊牛马,收在泥木树中,一起压在背阴山前背阴山后。吾奉太上老君急急如律令。"这时画"井"字字徽。巫师念三遍咒语,画三遍字徽后,怀胎妇人把碗里的水喝下去,名曰安胎水。其催胎之法在此不做介绍。

若家人生病,也请巫师作法,巫师头戴五佛冠,身着青布

---

① 巫师又称:端公、梯玛、土老司、法师、先生等。
② 《四库全书·湖广通志》第五百三十四册(卷七十六)《风俗志》。
③ 民国《名山县新志》(卷三十四)。
④ 民国《乐山县志·风俗》。
⑤ 道光丙戌年《新修忠州志》卷一《风俗》。
⑥ 光绪《广安州新志》卷二《户口》。
⑦ 妄测吉凶的卜算活动、消灾治病的巫觋活动的具体内容包括跳端公、观花、走阴、游冥、符咒等。

长衫,手执法器(师刀),严格按照鼓点和锣音,来回在道场内穿梭狂舞,并且忽左忽右地来回砍杀,狂放诅咒,仿佛置身于鬼群之中,他的脚步或前或后交替,或忽左忽右摇摆,夸张的步幅表现出与恶魔的搏斗状,这种场面,一直持续到一声闷锣响过才告一段落。少顷,锣鼓再次响起,巫师再次作法,这时他用事先捆好的桃树条(每根长 1 m),恣意挥舞,并到病人的床下作驱赶状。接着巫师令助手拿着此前准备的稻草人,在观看者的簇拥下,跑到屋外,付之一炬。真有"借问瘟君欲何往,纸船明烛照天烧"的味道。这是用巫来寻求一种虚幻的超自然的力量,以克服心理上的恐惧,求得心灵的安慰。

如出远门,来不及选择吉祥日期,就采取应急的"纵横法",以避免灾祸。方法是双脚并齐站在门内,叩齿 3 次,用右手大拇指先画四纵,后画五横,画完后念诵咒语,连念 3 遍,咒文是:

> 四纵五横,六甲六丁。玄武载道,蚩尤避兵。
> 左悬南斗,右佩七星。邪魔灭迹,鬼祟潜形。
> 干不敢犯,支不敢侵。太上有敕,吾令旨行。
> 入水不溺,入火不焚。逆吾者死,顺吾者生。
> 当吾者灭,视吾者盲。急急如太上道祖铁师上帝律令。

这种咒语至于能起到多大作用,我们不得而知,但这是一种自慰的方法,是一种积极的心理暗示。

祭祀是一种官方的巫文化活动。人们为了消灾免祸,长命富贵,多以"相公愿"的形式祈祷。最先以人血为祀,称"人头愿",后觉杀人太残酷改以杀牛,称"牛愿"。再后又觉耕牛贵重,改为杀鸡,当杀鸡不方便时,便出现了巫师在自己头上开个血口子流几滴血以祭祖先。鸡血和牛血代替人祭之风,一直延续到上世纪 40 年代。最后以割几根头发代替了人祭。

《巴东县志》记载:"社稷坛,岁以春秋仲月上戊日祀之。祭前三日,聚城隍庙,迎城隍至坛。"还专设"阴阳训术一员"官职,"加编文庙等祭银八十八两"。这说明当时官府十分重视以巫文化形式教化于民。

> 天地之界,八方万里,心怀虔诚,桡夫禀唱,千秋祭祀,万代景仰;
> 一祭苍天,元亨利贞,光泽寰宇,柔刚阴阳,国泰民安,风舞龙翔;
> 二祭大地,厚德载物,上善若水,风调雨顺,五谷丰登,六畜兴旺;
> 三祭神灵,道济天下,智周万物,利济梓桑,禳灾祈福,诸事助襄;
> 四祭龙王,云行雨施,月皎星辉,泽被四方,江河安澜,扶风息浪;
> 五祭祖先,自天佑之,福运并行,图盛图强,天人合一,和谐共享;
> 敬畏而来,溯史渊源,感恩而聚,寻祖信仰,追古述今,矢志不忘;
> 佳肴珍馐,奠酒上香,敬慰告拜,源远流长,厚礼洁诚,伏维尚飨。

由于政治、经济、文化、军事等对民族地区的影响,巫文化的形成和蔓延,从开始的信仰、崇拜发展到具有模糊的"超自然力",对客体强加影响或控制的准宗教现象。也就是说巫术被后来的统治阶级利用为麻痹人民反抗的一种标准的历史民族宗教事象[119]。

3) 丰都鬼文化:巴子别都,鬼国京城,幽冥实体

自汉唐以来,丰都名山即号称"鬼国京城",以其神秘的面貌和传说名扬中外;历代骚人名士、羽流迁客纷至沓来,登山览胜,游览题吟(图4.6)。

明太祖朱元璋得天下后,为了巩固其统治地位,从公元 1368 年至 1424 年间,大力提倡佛教,实行阴阳治国的愚民政策。一是下诏,使各地神祇与官吏对口,说是"阴阳同理"。阳世有首都、省、州、县府,阴间也要设都、省、州、县城隍,尊称丰都县城隍为阴都城隍,说:"明则有礼乐,幽则有鬼神,其理既同,其名正当。"二是有意证实李白"下笑世上士,沉魂北酆都"的诗句确有其实,营建一个幽冥实体,让人们朝拜敬奉,以便征服人心。三是在宋洪迈著《夷坚志》

图 4.6　丰都鬼城

图片来源:自摄.

中的丰都阴间故事影响下,下诏改丰都县为酆都县,运用行政手段来肯定丰都县就是传说中的酆都阴司,从而把丰都城营建成一个幽冥中心。自此,"鬼城"之说风靡全国[120]。据史料记载,丰都周属巴国,曾建"巴子别都",东汉和帝永元二年(90 年)建县,迄今有 1 900 多年历史,自汉代以来逐渐被传为"鬼国幽都"、"阴曹地府",唐宋时在长江北岸的丰都名山建起鬼城,成为中国鬼文化的发祥地。

文物考古表明,丰都历史文化内涵丰富,文化序列排列完整,从旧石器时代至明清时代的遗址遗物在此都有发现。位于重庆市丰都县长江南岸的汇南古墓葬遗址分布面积达 330 万 m²,已探明墓葬 1 000 余座,均为汉至六朝时期的各类墓葬,是中国最大的古墓葬群之一,在峡江地区极为罕见。现为三峡库区最大的古汉墓葬遗址博物馆。

4.3.4　移民文化:四川↔三峡←湖广←江浙闽

史载:"川陕边徼土著之民十无一二,湖广客籍约有五分,广东、安徽、江西各省约有三四分,五方杂处。"①"凡楚人居其大半,著籍既久,立家庙,修会馆,冠婚丧祭,衣服、饮食、语言、日用,皆循原籍之旧,虽十数世不迁也"②。三峡地区现在的人口其先人本来就是 300 多年前从湖南、湖北、广东、江西、浙江、江苏等地迁入进来的,他们今天迁出三峡地区也可以说是迁回 300 多年前他们祖先的原住地[121]。移民的存在使得三峡库区形成了以移民精神为主的移民文化。三峡地区移民文化的产生源远流长,有其深厚的历史背景。它的内涵在本土文化的基础上有其众多地区文化的兼容性和多样性。其形态多姿多彩,无处不具,无处不在,表现于三峡地区人民生活状态的方方面面。

1) 移民的来源:全国各地、各个民族、湖广最多

三峡地区历史上的移民来源于湖北、湖南、江西、广东、陕西、福建、江苏、浙江、河南、云贵、甘肃、山西等十余个省份。六对山人《锦城竹枝词》中有"大姨嫁陕三姨苏,大嫂江西二嫂湖"之句的描写,则体现湖广、江西、陕西、江苏等省的联姻情况,体现各地移民的交流和融合。也就是说在整个移民分布格局中,是来自全国各地区,甚至各个民族的移民,其中湖广(湖北和湖南)两省的移民占了半数以上,有移民"半楚"之说。"湖广填四川",湘鄂人最多。

---

① 严如熤《三省边防备览》卷十一。

② 光绪《广安州新志》卷二《户口》。

清人胡用宾《旌阳竹枝词》写道："分别乡音不一般,五方杂处应声难。楚歌那得多如许,半是湖南宝老官。"康熙时陆箕永《绵州竹枝词》也写道："村墟零落旧遗民,课雨占晴半楚人。几处青林茅作屋,相离一坝即比邻。"魏源《湖广水利论》中首先提到："当明之际,张贼屠蜀,民殆尽;楚次之,而江西少受其害。事定之后,江西人入楚,楚人入蜀。故当时有'江西填湖广,湖广填四川'之谣。"清道光陈谦《三台县竹枝词》写道："五方杂处密如罗,开先楚人来更多。"故《广安州新志》记载:"惟湘鄂特多,而黄麻永零尤盛。"①

　　湖广与四川毗邻,且与长江水利之便有着直接关系,因此,湖广籍在移民省籍比例中占优势。如严如熤《三省边防备览》说:"川北、川东与汉南相近,明末遭张献忠杀戮之惨遗,民所存无几。承平日久,外省搬入,而湖广之人尤多,以其壤地相连宜于搬移。"②清代湖广移民迁徙四川的分布也是有梯度的,如"明之黄、麻籍最早,而武昌、通城之籍次之。康熙之永、零籍最盛,而衡州、宝庆、沅州、常德、长沙之籍次之。……谚曰'湖广填四川',犹信"③。清人张乃孚《巴渝竹枝词》中描述:"谁言蜀道青天上,百丈牵船自在游。"杨毓秀《东湖竹枝词》有:"蜀船千桨下南津,日暮江干震鼓锌。至喜亭边舟子喜,屠羊酾酒赛江神。"另外宜昌附近停泊的船只是"西陵城外赤矶石,急濑回流万叶舟"。描述了川江水运的畅通,这都表明蜀楚共饮一江水,在"湖广填四川"移民运动中,湖广移民迁移相对其他省份移民更加便利方便。④《华阳国志·巴志》记载:"江州以东滨江山险,其人半楚,姿态敦重。"巴县陈祥裔《竹枝词》有"花布初衫白布裙,斜阳牛背醉醺醺。渝江下与湘江接,怪道巫云尽楚云"之句。湖广人以垦殖见长,早在《汉书·地理志》中记载:"楚有江汉川泽山林之饶,或火耕而水耨,民食鱼稻以渔猎山伐为业。"

　　"湖广填四川"的"不同省份、不同地区的大量移民的进入,使四川出现了多元文化并存、相互渗透的现象,这在语言、宗教、衣食住行等方面都有反映"⑤。(图4.7)

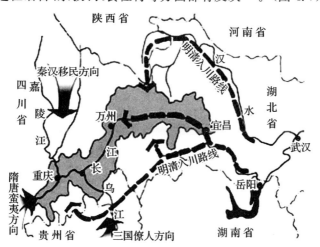

图4.7　历史上峡江移民方向与线路

图片来源:黄勇.三峡库区人居环境建设的社会学问题研究[M][107].南京:东南大学出版社,2011.

　　① 宣统《广安州新志》卷十一《氏族志》。
　　② 严如熤《三省边防备览》卷十一《策略》。
　　③ 光绪《广安州新志》卷二《户口》。
　　④ 黄权生.从《竹枝词》看清代"湖广填四川"——兼论清代四川移民"半楚"的表现与影响[J].重庆工商大学学报(社会科学版),2009.
　　⑤ 陈锋.明清以来长江流域社会发展史论[M].武汉:武汉大学出版社,2006.

2) 移民的形式：自发、途经、被迫

移民有自愿移民（主动移民）与非自愿移民（被动移民）之分。如因商贸活动而来的移民为自愿移民，而因战争或其他强制性原因而来的移民则为非自愿移民。黄权生总结了几种移民形式，有：军事移民、垦荒插占为业的移民、官府招募（奉旨）的移民、官宦的移民、入川经商的移民和入川煮盐开矿的移民[96]。

岳精柱以家谱研究大巴山的移民因奉诏（招募）移民和自发移民占了71.6%，为四川移民主体形式；官宦占了12%[122]。云阳云安镇江西街："清初，江西人在此街经商故名。"①江津油溪区江西街："清康熙年间盐商郭姓捐资建万寿宫，郭以祖籍江西名街。"②酉阳兴隆场："据传早年一江西商人安居于此，生意兴隆故名。"③清人杨学述《竹枝词》："楚语吴音半错讹，各乡场市客人多。日中一集匆匆散，烧酒刀头马上驮。"这些都是体现各地入川的移民使各乡场市"客人多"，丰富了四川的商贸市场。而川江的畅通也为入川经商的移民提供了方便，故清杨毓秀《东湖竹枝词》描写有："蜀船千桨下南津（在湖北宜昌），日暮江干震鼓铮"，清同治洪良品《三峡棹歌》也描写道："赤甲山头云气开，蜀盐川锦截江来。"可见往返蜀楚及长江中下游的商人自不会少，必有不少人在四川定居发展。

清竹孙氏《荆沙竹枝词》描写有："广土公膏归粤客，红花白蜡办川民。几多绸铺由零剪，大半发财蔡店人。杂货行同山货行，两行生意略相当。独他杂货排场远，白蜡川糖是大庄。"可见清代四川的商品在长江中游地区有相当强的竞争力，同时当有不少长江中下游迁入四川移民往返原籍经商，有得天独厚的乡土优势[96]。

3) 移民进程：战争—商贸—政治—工程—生态

三峡地区历来是频繁移民的地区，具有多次移民的历史。据载，先秦时期、明清时期、抗战时期，是三峡地区历史上最大的三个移民时期。

先秦春秋战国时期，巴楚之战，楚国攻占巴国，大批楚人源源移居到三峡地区，形成了一次规模较大的移民潮。如是，巴楚人的共生带来了巴楚文化的交融。

秦吞巴，设立巴郡，驻军三峡地区，开始逐步向该地大量移民。"移秦民万家以实之"（《华阳国志·蜀志》）。

汉在巴蜀设置的郡县增多，随之形成了移民巴蜀的高潮。汉高祖曾令民"就食蜀汉"（《汉书·食货志》）。东汉末年，有"南阳、三辅流民数万家避乱入蜀"的记载。流民通过三峡地区入蜀。大量移民不仅改变了三峡地区的人口构成，并将富有地方特色的巴蜀文化转换成为中原文化的一个亚种[123]。秦汉时期巴蜀地区不再视为"夷"地，其文化面貌、价值取向也被中原化。《汉书·地理志》载："巴、蜀、广汉本南夷，秦并以为郡，土地肥美，有江水沃野，山林竹木疏（蔬）食果实之饶。南贾滇、僰僮，西近邛、莋马旄牛。民食稻鱼，亡凶年忧，俗不愁苦，而轻易淫泆，柔弱褊厄。景、武间，文翁为蜀守，教民读书法令，未能笃信道德，反以好文刺讥，贵慕权势。及司马相如游宦京师诸侯，以文辞显于世。乡党慕循其迹。后有王褒、严遵、扬雄之徒，文章冠天下。繇文翁倡其教，相如为之师，故孔子曰：'有教亡类。'"常璩《华

① 四川省云阳县地名领导小组. 四川省云阳地名录（内部资料）[Z]. 1986.
② 四川省江津地名领导小组. 四川省江津县地名录（内部资料）[Z]. 1987.
③ 四川省酉阳地名领导小组. 四川省酉阳苗族土家族自治区地名录（内部资料）[Z]. 1984.

阳国志》还记述了移民致富后的奢侈之风:"秦惠文、始皇克定六国,辄徙其豪侠于蜀,资我丰土。家有盐铜之利,户专山川之材,居给人足,以富相尚。故工商致结驷连骑,豪族服王侯美衣,娶嫁设太牢之厨膳,归女有百两之车,送葬必高坟瓦椁,祭奠而羊豕夕牲,赠襚兼加,赗赙过礼,此其所失。原其由来,染秦化故也。"南北朝时期,流民不断地移入徙出,经过三峡通道。

秦汉至赵宋,巴蜀移民多为北方人,使得巴蜀文化带上了关中河洛地区的中原文化色彩。"川、峡四路,盖《禹贡》梁、雍、荆三州之地,而梁州为多。天文与秦同分。南至荆峡,北控剑栈,西南接蛮夷。土植宜柘,茧丝织文纤丽者穷于天下,地狭而腴,民勤耕作,无寸土之旷,岁三四收。其所获多为遨游之费,踏青、药市之集尤盛焉,动至连月。好音乐,少愁苦,尚奢靡,性轻扬,喜虚称。庠塾聚学者众,然怀土罕趋仕进。涪陵之民尤尚鬼俗,有父母疾病,多不省视医药,及亲在多别籍异材。汉中、巴东,俗尚颇同,沦于偏方,殆将百年。孟氏既平,声教攸暨,文学之士,彬彬辈出焉。"(《宋史·地理志》①)南宋宋金战争后,中原人南迁至三峡。

宋以后,移民趋势发生了变化,从以北方移民为主转为以南方移民为主。两次"湖广填四川"使四川居民主体发生了改变,进而使得文化风貌明显转型。宋元之际,巴蜀战火不断,蜀人"死伤殆尽","湖湘之人相携入蜀"②,形成了史上第一次"湖广填四川"。

明正德、嘉靖年间,大量移民迁入三峡地区。张氏:"明洪武九年有拱京者官湖南道,由楚入川至广安州卜居城西文林堡,儒雅坊家焉……"③明末清初,三峡地区战乱不断,张献忠由陕入川。周洵《蜀海丛谈》载:"盖由明末清初,张献忠入川,所过屠戮,民无子遗……"④魏源《湖广水利论》中首先提到:"当明之际,张贼屠蜀,民殆尽;楚次之,而江西少受其害。事定之后,江西人入楚,楚人入蜀。故当时有'江西填湖广,湖广填四川'之谣。"[124]嘉庆时陶澍《蜀游日记》卷十七载:"献贼屠而后,土著几尽。今则楚人半,而吴粤之人亦居其半也。"⑤

明清时期,爆发土王冉令贤向五子王反周战争,战乱长达数十年,三峡境内土著巴人几乎绝迹。因而,政府组织大批湖北、湖南等地人口迁入四川,也就是历史上的"湖广填四川"。与之相邻的三峡地区成为主要的迁入地。这次移民潮,更多地带来了荆楚文化,使荆楚文化在三峡地区生根、开花、发展、壮大;同时,又与本土文化进一步的交汇、融合。这些可从三峡地区文化的最表层民风民俗中去发现荆楚文化交融的复合特色。

康熙平定三藩,"湖广填四川",从湖南、湖北、河南、安徽、江西等省移民。清吴好山的《成都竹枝词》写道:"康熙六十升平日,自楚移来在是年。"这里讲的就是清初"湖广填四川"官府招募(奉旨)的大移民,楚(清时湖广包括今湖北、湖南)地成为清代移民的主要迁出地[96]。道光时《夔州府志》卷一六载:"夔郡土著之民少,荆楚迁居之众多,楚之风俗即夔之风俗。"宜昌府《甘氏郡县志略》载:"夷陵自设府以后,流佣浮食者众,五方杂处,风俗大变。"巫山县大昌古镇温家大院的主人的先祖就是清初仕宦四川,告老而定居大昌古镇的[96]。清

---

① 《宋史》卷八九《地理志·五》。
② 吴宽《匏庵集》卷四四《刘氏家谱序》。
③ 《广安州新志》卷十一《氏族志》。
④ 周洵《蜀海丛谈》(卷一)。
⑤ 陶澍《蜀輶日记》(卷十七)。

政府在四川有"康雍复垦"和"乾嘉续垦"举措,湖广移民迁移到四川后,能充分发挥其家乡农作垦殖风俗之长,"负山耕种,射猎采药,烧炭绩以自赡"①。故当时四川"农事精能,均极播种之法,多粤东、湖广两省人。"②湖广人较广东人入川便利,而且精于农事,这都为湖广人移民四川适应新的环境,发挥其特长占尽先机,也利于他们在四川插占为业,垦殖安居。

清初各省籍移民杂处,在经济文化交往后尤其在社会婚姻交往后,一家拥有数省籍移民非常常见,如清嘉庆六对山人《锦城竹枝词》中有"大姨嫁陕二姨苏,大嫂江西二嫂湖。戚友初逢问原籍,现无十世老成都"之句,这写出了一个家庭亲戚一堂拥有四五个不同省籍的罕见场面。到清嘉庆中期四川省人口结构便以外籍移民为主体了,整个四川人口结构出现了大换血。黄权生以移民地名统计"湖广填四川"的湖广籍占整个四川移民的 80.15％[125]。

抗战时期,大批川外难民涌入抗战大后方四川,把中原、江南等地的先进文化带入四川,使三峡地区的本土文化兼收并蓄,汇纳百川,更显其内涵的博大及形式的千姿百态。

而三峡工程带来的"百万大移民",则是新时期的移民。新时期产生的移民文化赋予了特定历史时期的特定内涵。它不再是过去历史条件下简单产生的外来文化与本土文化的相融相生、兼收并蓄,而是更具爱国主义和民族优秀性、时代开创性的拼搏奉献协作精神。这种精神就是我们称之的"移民精神"。百万移民及移民过程中产生的这种移民精神,就是移民文化产生的现实基础。

"百万移民"的宏伟工程,仅云阳就涉及动态移民 16 万,集中外迁移民 4.3 万,占三峡库区外迁移民的三分之一。这是三峡地区历史上第四次也是影响最深、涉及面最广的一次移民大潮。它给三峡地区人民带来的不仅是丰裕的物质财富,更是富足的精神财富。百万移民不仅在移民搬迁中为国家舍小家,表现出顾全大局的牺牲奉献精神,而且在外迁的过程中,使观念受到碰撞和升华。数十万移民外迁,大量流向了长江中下游和沿海发达地区,将先进的观念和进取的意识又流回来,使相对封闭的三峡人因外迁而带来一次观念更新的机会。2003 年,在云阳举办了首届三峡移民文化节,随后,2004 年第二届,2005 年第三届、2006 年第四届、2009 年第六届三峡移民文化节陆续展开。

重庆市委宣传部、移民局、剧协组织的文艺创作人员创作的电视系列剧《三峡移民的故事》在全市、全国播出;重庆市文联组织的文艺创作人员创作的歌曲、曲艺节目在全国获奖;《万州日报》社组织演出的多幕话剧《移民金大花》在全市各地巡回演出并准备进军北京;云阳土著作家刘琦的移民题材长篇小说《惊涛拍岸》;云阳县人民政府县长肖敏以移民为题材创作的三峡移民组诗《为移民送行》、《我们的 9.28》、《三峡回水到家门》以及 MTV《虎跃龙腾》、小品《对接》、表演唱《我送移民去外迁》;等等,不胜枚举的文艺作品,对库区、重庆市乃至全国都产生了强大的冲击波。

移民搬迁产生了移民文化,移民文化反过来又推动了移民搬迁,推动了移民地区的物质文明建设和精神文明建设。它给库区人民带来了先进的意识和理念,像一缕春风吹拂了库区这片古老而沧桑的土地。从某种意义上说,它给库区带来的不仅是物质的大革命、大演变,而且是思想意识的大革命、大演变。它既有传统的文化底蕴,更有新时期鲜活的血肉精

---

① 乾隆十二年《汉阳府志》卷十六《地舆·风俗》。
② 同治《成都县志》卷二《舆地·风俗》。

神。三峡移民的历史过程,既是阶段性的,又是永久性的。因为它是社会的重组,是渗透各个领域的历史性伟大事件。因此,包含移民精神内核的移民文化也是永久性的,它必将在库区人类历史的长河中永久地激励人们,鼓舞人们,并不断丰富其博大的内容和内涵。就像我们今天去回顾、重温红岩精神一样,在新时期它同样催人奋进,激人向上。因为,爱国主义、民族精神,是我们永久的主题、永恒的力量源泉。

4.3.5 交通文化:水(水路)→陆(山路)→空(立体现代交通)

三峡地区由于地形条件的限制,交通方式较为单一,依山傍水而居的人们将水路当作其主要的交通方式,舟船便成为主要的交通工具;而古时陆路出行几乎为步行。而随着社会生产力的发展,交通工具的升级换代,交通方式日渐增多。本节主要探讨三峡地区古代的交通文化。

1) 航运文化:驾扁舟、拉纤绳、喊号子、吃火锅

三峡地区依托长江黄金水道,孕育了独特的航运文化。千百年来,峡江边上的人家靠江吃喝、靠江劳作。驾扁舟、拉纤绳、喊号子、吃火锅是一种特有的生活方式。三峡地区不论是干流还是支流,大都下切较深,比降大,水量大,水流急,滩湾多,峡谷连绵。自然水道条件并不适合发展大规模航运,但尽管如此,三峡人还是利用水道进行运输。顺长江而下,自巴蜀出三峡而直抵荆楚,成为出川入川的交通要道。

三峡航运很早就已开始,《后汉书·南蛮西南夷列传》就记载有廪君的传说。廪君率巴人西迁的传说应是原始社会末期古代巴人在三峡地区活动的最早记录[126]。三峡航运始于新石器时代。巴人参加武王伐纣之际,独木舟已被舫替代。春秋战国时期,巴、蜀、楚、秦等都利用和开发过三峡航运。汉司马迁《史记·西南夷列传》载:"始楚威王时,使将军庄蹻将兵循江上,略巴、黔中以西。"楚将庄蹻入滇时,就是"循江而上",通过三峡再往上游进军。公元前316年,司马错在吞并巴国后,因利乘便,指挥秦军继续南下,"自巴涪水取楚商於地为黔中郡"(《华阳国志·巴志》)。此时三峡黄金水道的军事意义远大于经济意义。《史记·张仪列传》载:张仪在与楚怀王的交谈中一再宣扬巴蜀对楚国构成的威胁:"秦西有巴蜀,大船积粟,起于汶山,浮江已下,至楚三千余里。舫船载卒,一舫载五十人与三月之食,下水而浮,一日行三百余里,里数虽多,然而不费牛马之力,不至十日而距扞关,扞关惊,则从境以东尽城守矣,黔中、巫郡非王之有。"①[127]。秦汉间,三峡成为川盐粮运输的主干线。唐宋时期,三峡航运成为经济文化交流的重要干道。元明之际,三峡航运又成为移民的主渠道。清代则对三峡航运加以进一步的开发和利用。近现代时期,三峡航运在社会生活和民族战争中发挥了更大的作用。隋唐时期,三峡地区长江水道的贸易往来频繁,"门泊东吴万里船","蜀麻吴盐自古通,万斛之舟行若风","即从巴峡穿巫峡,便下襄阳向洛阳"等诗句可见当时的盛况。

(1) 舟楫文化

舟楫文化是三峡地区航运文化中的重要组成部分,也是人居环境建设中的重要文化之一。

---

① 《史记》卷七〇《张仪列传第十》第2293页。

三峡地区最早的航运工具是独木舟。古三峡多林木,古三峡人用独木做舟,用其作为捕鱼工具与交通工具。到了夏朝,由于运载数量的增加,独木舟有所改进,增加其装载量。周时,巴人参加武王伐纣时,独木舟被舫代替。三峡人已可剖木为板、接板拼合进行造船,出现类似"舵"的定向工具。

春秋战国时期,巴、蜀、楚、秦均开发利用过三峡航运。而此时,长江下游的造船技术迅速发展,出现军事舰船,如"大翼"①[128]、"小翼"、"突冒"、"桥舡"、"艅艎"②等。

秦汉时期,造船业有很大的发展,沿江出现了造船工场。当时长江流域的造船中心是江陵。船体结构也有了明显进步,出现了甲板与船身的分舱隔室,并使用了榫卯拼合与钉合工艺,还发明了橹和帆。巴蜀地区善造船,楚汉相争时,有"粟方船而下"之说;汉武帝时,有"方下巴蜀之粟"之说。三国时期,长江流域的造船业空前发展,三峡地区也如此。南朝科学家祖冲之发明了"日行千余里"的"千里船",并以轮桨驱动。西晋,王濬曾在此主持造船 7 年之久。《晋书》本传:"舟楫之盛,自古未有。"

到了隋代,随着京杭大运河的开通,长江流域的造船中心东移至扬州,主要以运输船与皇家船的制造为主。这个时期,三峡造船业平稳发展。唐宋时期,三峡航运已然成为经济文化交流的重要通道。南宋夏珪的《巴船出峡图》《万里长江图》描绘的就是三峡航运的景象,对三峡的气势极力渲染。元明之际,三峡航运成为移民的主要渠道。这一时期,造船业主要集中在长江下游,且以海船的制造为主。1879 年清光绪五年,宜昌到重庆的轮船试航成功,结束了三峡地区的长江只能通行木船的历史。1914 年,民营求新船厂制造的"大川"号从上海驶抵重庆,成为首次过峡入川的轮船。

图 4.8 峡江中的帆船 图片来源:自摄.

现峡江上的舟船以气垫船、水翼船、高速客轮为主,为了满足旅游发展的需要,也出现了不少豪华游轮。纵观三峡造船史,舟楫文化的发展脉络可梳理如下:独木舟→舫→摇橹船→帆船(图 4.8)→运输船→轮船→拖轮→气垫船→水翼船→高速客轮→侧壁气垫船→豪华游轮。

(2) 船工与川江号子

世界上每条大江大河上都有它特有的船工以及与它相伴的旋律。比如斯美塔那的交响诗《沃尔塔瓦河》,约翰·施特劳斯的圆舞曲《蓝色的多瑙河》,冼星海的《黄河大合唱》,伏尔加船夫曲,乌苏里船歌……与这些由艺术家创作出来的旋律不同,川江号子全由民间船工在航行时触景生情创作而成。

古峡江之险已是众所周知,长江三峡由于水急滩险,商船往来不便,船只要过峡,就需要有峡江特殊的船工——纤夫拉纤。当时江边的船工们过着"上水拉纤、下水推船"的生活。不管是上水拉纤还是下水推船几乎都是集体劳动,少则几人,多则上百人。为了使大家动作协调一

① 大翼是中国古代的一种水上作战用船舶,也是中国最早出现的战船之一,由春秋时代的吴国所造,故又称吴国战船大翼。船长 12 丈(约 40 m),船宽 1 丈 6 尺(约 5.3 m),配备士兵 91 人,其中划桨手 50 人。大翼船型特点是船体修长,用人力推进,配备 50 名划桨手,所以速度快,船行如飞。

② 吴王大舰名。后泛指大船、大型战舰。晋郭璞《江赋》云:"漂飞云,运艅艎。"

致、力量高度集中,劲儿往一处使,顺利拉船过险滩,喊号子是一个简单有效的办法(图4.9,图4.10)。因此,川江号子应运而生。它既是源于劳动,同时也是生活的写照、劳动的颂歌。

图4.9 旧时纤夫拉纤场景

图片来源:孔夫子旧书网 http://www.kongfz.cn/end_item_pic_8506824.

川江,指的就是峡江,一般为宜宾到宜昌段1 000多千米长的长江,也就是三峡地区段的长江,是川江号子的主要发源地与传承地。川江号子是三峡地区古代特有艺术形式,是三峡劳动人民在具体的劳动实践中的特殊产物。抑扬顿挫又铿锵有力的号子伴随着长短呼应的汽笛声,与滔滔江水一起演绎着峡江上独特的交响乐。川江号子的唱词内容丰富、形式多样,根据劳动的状态、水势的缓急随机而定,自编自喊,甚至即兴发挥,见景唱景、想啥唱啥。川江号子的形式有:四平腔数板、懒大桡数板、起复桡二板、快二流数板、落魂腔数板等。川

图4.10 纤夫拉纤

图片来源:巫山梦网 http://53dd.5d6d.net/thread-1105-1-1.html.

江号子的内容有戏文小调、民间传说、历史传说、古迹名胜、沿河地名、生活写照、地方习俗、自然风光以及劳动心情等。在解放前,纤夫拉纤多为裸体,一是因为太穷,没有衣服穿;二是总出水进水,衣服黏在皮肤上,容易将皮肤磨破。在冬天的时候,也有不少纤夫裸着。

今天的人们已经无法想象古时川江的凶险。作为长江上游河段,这段从四川省宜宾市到湖北省宜昌市的重要航道,长1 000多千米。据老船工们回忆,几乎每5 km就会遇到一处"要命的险滩"。各个险滩的状况、肉眼看不到的礁石和冬夏风向都要从几十年船龄的老船工口述而知。据一老船工回忆:川江滩险,几乎没有船夫敢在雾天或黑夜里拉船。船工,只是一些生活在最底层的普通人。在老人的记忆里,世界还是那个"装不完的重庆,吃不完的上海"。在船上,操篙弄桨的人被称作桡夫。每每船从重庆到宜昌,总是满载货物,需要的桡夫多。而回程却不需要这么多人,很多桡夫不得不走路回重庆。但从宜昌到重庆,至少也得走七八天。盘缠少,一路上都是荒山野岭,"山头像拳头一样,一个接一个",连吃饭的地方都没有。因此,他们必须背上砂锅和大米,一路自己煮来吃。也有时,不熟路的年轻桡夫掉队了,这就意味着"饿饭",甚至还可能被野兽吃掉[129]。还有一种船工叫"水猫子",用现代的话说,就是潜水员。身穿厚重的潜水服,在黑暗中摸索前行,能麻利地捞出贵重物品、凶器、尸体,在几十米深的江河湖泊底,独自承受强大的压强和未知的危险。号子唱出生活在最底层的峡江劳动人民的生活:"一见南津关,两眼泪不干,心想回四川,难上又加难。""可怜牵船人,水湿半头裤,一步千滴汗,双手攀石路。""三尺白布四两麻,脚蹬石头手扒沙。一步一滴辛酸泪,恨得要把天地砸。"

川江号子随航运而产生和兴起,形成了包括撑篙号子、竖桡号子、起帆号子、拉纤号子、闯滩号子和下滩号子等数十种类别和数以千计曲目的川江水系音乐文化。在长期的传唱中,川江号子又吸收了川剧竹琴、扬琴、金钱板等地方音乐艺术的音调以及民间传说和戏文故事等内容,成为历史上人类为生存而流传下来的生命赞歌。但随着科学技术的发展,木船这一原始运输工具早已退出了川江,会唱川江号子的人随之也越来越少,保护和传承川江号子迫在眉睫[130]。

1949年后,130多处著名的险滩被整治。一篇来自长江航务管理局的文章中提到,在川江整治过程中,"解放后不到30年,完成工程量892万立方米,相当于旧中国124年整治工程量的100多倍"。这一切,改变了"长江航道处于十分落后的自然状态"。

如今,三峡大坝建成,险滩急流与船工纤夫都已消失,激昂又略带悲凉的川江号子也随之成为历史,长江往事逐渐被人们淡忘。往日的船工已不用拉纤,已经有新的航运方式。现在三峡长江江面之上,来往行驶着各种船只(图4.11)。各条江河都有自己约定俗成的"方言"[131]。1980年,交通部颁布了《内河避碰规则》,规定了通用了汽笛语言①。汽笛语言替代了川江号子,在三峡地区的江面上回荡。

---

① 汽笛语言:一长声——请注意,我将离开泊位,请拉起倒锚。二长声——我要靠泊或请求通过船闸。一短声——我正向右转,请从我左舷通过。二短声——我正向左转,请从我右舷通过。一长一短声——我将向右侧干、支流转弯或向右掉头。一长二短声——我将向左侧干、支流转弯或向左掉头。一长三短声——通知拖船注意。二长一短声——我请求从你的右舷超过。四短声——不同意后面船只超越。连续短声——我已遇险,请求援助。三长三短又三长声——紧急求救信号,请立刻支援(即SOS的汽笛语)。

图 4.11　曾经的纤夫,如今的摆渡人　　图片来源:自摄.

为了纪念三峡船工,描写长江、弘扬"纤夫精神",人们拍摄了 20 集电视剧《三峡纤夫》(原名《高峡平湖之恋》),讲述了长江三峡一个"纤夫村"里,三代船工在不同历史时期的奋斗历程。该片把长江航运的潮起潮落作为时代背景,再现了三峡纤夫半个世纪的命运,浓缩了三峡地区波澜壮阔的船工史和千里峡江之魂。

（3）码头文化

古今中外有很多这样的码头,因为得水利之便人来客往,各种信息、资源相互融汇,往往让它们有了吸收外来优势资源、优秀文化的先天条件,学习、吸纳也就成了码头城市惯有的风气。许多好的东西,能够很便利、很及时地为其所用。三峡地区的码头亦是如此。

川江上的码头文化是种独特的文化。在山区陆路交通不便的时代,水运是运输的首选,水运码头理所当然地成为当时最为繁华的地段。东来西往的人群、货物都在码头集散,给码头带来了活力。码头的河岸以及沿街兴起了形形色色的店铺。码头文化是一种典型的平民文化,由生活在社会最底层的平民创造。

码头工人用血汗养家糊口,忙时,身体力行,肩挑重担;闲时,三五成群,岸边摆龙门阵;饿时,扒拉两口麻辣小面;累时,码头梯坎席地而歇。火锅也在码头文化中诞生。码头工人们干完一天的活儿,在码头捡上商人们丢弃的食材(多为毛肚、鸭肠等动物内脏类原料),由于腥味太重,工人们将其混同辣椒、花椒等味重的平民香料一起用火烧烫来食用,味美劲道,便形成了现代火锅的雏形。至今,火锅的主打食料仍是当年码头工人常吃的毛肚、鸭肠等。码头上自然有船夫脚力,于是"拉滩帮"、"梢船帮"、"转江帮"、"搬运帮"、"船帮"、"米粮帮"、"瓷器帮"、"山货帮"、"百货帮"等帮派纷纷出现,各帮又有"帮头",他们垄断码头,盘剥工人,无所不用其极,成为霸据一"帮"的封建把头。

袍哥、力行、帮会等民间帮派组织也在码头上诞生,峡江有"九帮三十六码头"的说法。除了土生土长的本地人,移民来此谋生的外地人也在码头形成帮派,将江南文化、荆楚文化与三峡文化相融合。袍哥讲"操码头"或"跑码头"。在当时,无论地痞流氓,三教九流,一声"拜码头"就可以通行无阻,吃遍天下,讲的是"为兄弟两肋插刀"、"袍哥人家绝不拉稀摆带"的"耿直"和"义气"。这也体现了三峡人民的仗义耿直。袍哥组织里分为"仁义礼智信"五堂,又称为"威德福智宣"五堂,各堂口之下又设公口,每个地方各堂口的公口又合称"码头"。

重庆袍哥,是一支不可忽视的社会力量,曾为建立中华民国和维护重庆军政府等革命活动起过重要作用。袍哥以茶馆为联络地,也即香堂所在地,袍哥集会多在茶馆中举行,俗称社会茶馆。到抗战前夕,重庆五堂已有300多道公口,人数已达六七万之多。据《陪都工商年鉴》第1编《陪都概况》所记载,1936年重庆城市人口总数为471 018人[132],由此可推算出当时重庆袍哥的人数已占到重庆城市总人口的15%左右。在五堂中发展最快的是仁、义、礼三堂。仁字袍哥在民国前多为有功名者,民国时期也多是军政界要人、巨商豪贾、名流士绅等有身份的人;义字袍哥多为军警人员、下级公务人员;礼字袍哥比仁义两堂地位低,多数是开餐馆的、跑堂的、小偷、扒手等;智字袍哥,主要是掌驳船、推小船及码头工人。故有民谣:"仁字讲顶子,义字讲银子,礼字讲刀子。"这反映出其社会基础的差异。智、信两堂人数少,主要是下层劳动者,故影响不大。20世纪40年代初,重庆朝天门码头五堂俱全,各立公口。而当时设在磁器口的袍哥堂口是重庆码头上规模最大的,有仁、义、礼、智四个,单是"仁"字堂口就有袍哥上万人①。街巷码头与沙滩平坝常常有打鼓说书、小曲评弹、刀枪杂耍以及各类风味小吃,使得码头呈现出一派热闹景象(图4.12)。

如今很多古码头已经没落、废弃、被淹,但也有部分码头沿用至今,并焕然一新,如重庆的朝天门码头;也有的码头保留着古朴传统的建筑风格,加入新的业态,进行有机更新,继续焕发着生命力,如磁器口码头。

图 4.12　三峡库区码头　　　　　　　　　　　图 4.13　古栈道

图片来源:自摄.

2) 栈道文化:运盐、行人、过兵

三峡沿江古栈道是我国历史上遗留下来的工程量艰巨的古航运纤道。② 栈道既能运盐,就必能行人,亦能过兵,是除水道之外三峡地区的重要陆路通道,在历史上发挥着重要的作用。秦汉时期,《史记·货殖列传》:"栈道千里无所不通,唯褒斜绾毂其口,以所多易所鲜。"[133]三峡曾有多条栈道,如瞿塘峡栈道、大宁河栈道、孟良梯栈道、偷水孔栈道、瞿塘下道、黑石至大溪古道等,像现在四通八达的公路一样,已经形成一个古栈道网络。

三峡工程之前,当行驶在三峡峡谷之中,到处可见绝壁上的栈道(图4.13)。最为有名的

①　王巧萍,黄诗玫.漫谈重庆码头文化的标本——行帮[J].重庆社会科学,2006(1):125 - 127.

②　重庆市移民局,重庆市文物局,等.三峡古栈道[M].北京:文物出版社,2006.

是长江栈道和大宁河栈道,二者的建造方式不同,一个是开石凿路,一个是挖孔打桩。三峡大坝建成后这两类古栈道都被部分淹没。

可考的三峡长江古栈道全长约五六十千米。瞿塘峡段从奉节县草堂河口东岸起,至巫山县大溪对岸的状元堆山,长约 10 km;巫峡段从巫山县对岸起,至川、鄂两省交界处的青莲溪止,长 30 km;其余则零星分布在西陵峡中。栈道包括道路、石桥、铁链、石栏等,高出江面数十米。据资料记载,古人在岩壁上直接凿路,栈道凿成之后,路面较为宽阔,车来马往,纤夫可与轿工并肩而行,由于岩石的风化,栈道才变得窄起来。过去,每至洪水季节,川江便禁航,直到清光绪十四年(1888 年),三峡人民依绝壁一锤一凿,开凿三峡栈道,才使三峡的交通得到改善。至今栈道上还可以走人。三峡工程蓄水之后,三峡古栈道便长睡江中了。在风箱峡"风箱"同侧绝壁上,镌刻着 8 个苍劲有力的大字"天梯津隶"、"开辟奇功"。它描述、赞美的就是被称为"三峡三谜"之一的古栈道。这些作品均为清光绪年间开凿栈道时镌刻的。

大宁河栈道,以大宁盐场为源头,从宁厂古镇起,至后溪河口转而进大宁河后,分别沿大宁河南下、北上,分成南北两段。南下段由宁厂镇至巫山县的龙门峡口,栈道石孔位置的水平和间距排列十分整齐,石孔的形状和大小也非常统一,而北上段则大不一样。北上段从宁厂古镇沿大宁河北上,转西溪河及主要支流东溪河而西进,至湖北竹溪县羊角洞、陕西镇平县大河乡母猪洞和小榆河、重庆城口县东安乡亢河一带,栈道连接山路,纵横交错,不下千里,形成了一个庞大的栈道网。北上段栈道石孔的排列高低、孔距远近、孔径大小、孔眼浅深都各不相同,与南下段石孔的整齐划一形成了鲜明的对照。专家认为,北上段两河栈道与各条山路实际上连成了网络,形成了四通八达的山地交通格局。这样,就可将宁厂古镇所产食盐以及其他日用生活所需物资运到后溪河以北、大宁河上游各地及周边各省、县销售,又可从这些地区贩运回当地所产物资。正如清嘉庆年间严如熤所云:"山民馈粥之外,盐、布、零星杂用,不能不借资商贾。"由此,北上段古栈道对于连通各条山路、扩大宁厂古镇的盐业运销、增进与周边地区的物资交流和经济交往、促进当地经济发展,均起着不可取代的重要作用[134]。《巫山县志》记载:汉永平七年(64 年),"尝引此泉于巫山,以铁牢盆盛之"[135]。《大宁县志》记载为"石孔乃秦汉新凿,以用竹笕引盐泉到大昌熬制"[136]。有民间传说这是诸葛亮伐魏的通道——诸葛亮屯兵城口,伐魏时,沿栈道出巫峡,来时在石孔中铺上木桩和木板,便于军队通行;撤退时,一边走一边撤除木桩和木板,使敌人无法追击。宋太祖出师平蜀、薛刚反唐、张献忠入川都曾用过此道,同时这也是一条"盐道"。巫山当地人传说,杨贵妃吃的鲜荔枝,就是从重庆涪陵由水路运送至此,再由快马经大宁河栈道送至陕西,而后到西安。可以想象,在这江面上、悬崖边摇摇欲坠的栈道上,铁骑奔腾,天马行空,正是"宫中美人一破颜,惊尘溅血流千载"。而如今,在三峡工程蓄水的时候,大宁河乃至整个三峡库区,已基本形成水陆空立体交通体系。

随着三峡大坝的竣工,三峡库区水位提升,大宁河小三峡的栈道遗址也深藏于水中,成为水下遗迹。古栈道留下的艰辛与血泪,如被淹的栈道一样,永远沉入江底。2010 年重庆交旅集团三峡公司投资 3 500 万元,于 1 月 18 日开工复建巫山小三峡罗家寨至马渡河栈道。

4.3.6 饮食文化：地里挖、山里采、水里捕→自种养、屋里酿

饮食，从字面上看即"喝与吃"，与人类的生存息息相关。"民以食为天"，在我国，饮食无疑是人生最平常的大事。在履行这件大事的过程中，人们总结经验，追求色、香、味的美化与优化，赋予了日常饮食文化的形式与内涵，使得饮食不仅是生理的物质需求，也是一种美的精神享受。三峡地区的饮食受到当地的自然环境及传统习俗的影响，也呈现出鲜明的地域性。《华阳国志·蜀志》总结蜀人饮食特征言："尚滋味，好辛香。"作为蜀地东缘的三峡地区饮食亦然。"吃蓑衣饭，喝大碗酒，用盖碗肉，吃油茶汤"体现了三峡劳动人们的豪爽与耿直。

三峡饮食文化是一种地道的平民饮食文化，与"山东官菜"、"淮扬商菜"相比，三峡饮食文化可称为"三峡民菜"。其特点主要是"四易"，即易取材（因地制宜、就地取材）、易制作（加工方便、家家能做）、易贮藏（保质期长、耐贮藏）、易食用（食用期长，无季节限制）。三峡地区的人民群众，尤其是渝东鄂西的土家族、苗族聚居区，特别喜欢咂酒、罐罐茶、土腊肉、咸菜等易于制作保存，随时可以取食的饮食，形成独特的饮食文化。由于气候的影响，三峡人嗜麻、酸、辣。三峡乃"卑湿之地"，多雾潮湿，麻辣有驱寒祛风湿之效。当地人有"无辣不成席"的饮食观念。因此有人说三峡地区主要是以川味为主要特色的饮食文化。麻辣火锅、酸菜鱼、泡菜肉丝等都是三峡菜谱中常见的典型。酸菜、鱼、酒、茶在三峡有较为特殊的制作、食用或饮用方式，如烟熏、腌渍、水煮、合烹等。而饮食器也颇有特色，如铜吊壶、铁鼎锅、石杵臼、油茶罐、咂酒桶（竹吸管）、旱（水）烟袋等。

三峡地区的食物构成随着历史的发展不断丰富，先期渔猎采摘是获取食物的主要手段，因此食物以水中鱼类、山林果类为主，这从三峡考古文化遗存中可以得到印证。受气候与地理环境的影响，历史上三峡地区的农业发展缓慢，农作物品种与饮食结构较为单一，主要粮食有稻、麦、蕨根等。至明清，多次"湖广填四川"，移民带来玉米、薯类等粮食作物。除了一般的主粮，三峡地区还有着丰富的饮食文化，此节以盐丹文化、茶文化、酒文化、橘文化以及小吃文化为典型，进行论述。

1）巫山盐丹文化：采盐、炼丹、行巫

在原始社会后期，因其所在之地大巫山盛产鱼盐丹砂，形成独特的盐丹文化。进入新石器时代以后，人类结成氏族、部落，发明陶器。有了炊煮，人们便可将盐泉的咸水煮成结晶盐粒，以便长期保存，或与无盐之地交换。由于三峡地区有如此重要的宝藏，在氏族公社时期，三峡地区一派繁荣兴旺的景象，氏族部落星罗棋布，反映在考古学上新石器时代遗址比比皆是，反映在文献上则是巫山诸巫的大量见诸记载[114]。

三峡地区有三类盐：岩盐、井盐与泉盐。岩盐即地下盐泉浸入岩石，使岩石带盐，故"煮石取盐"。郦道元《水经注》卷三一《江水注》引王隐《晋书地道记》说：盐石，如瞿巫滩"入汤口四十三里，有石煮以为盐，石大者如升，小者如拳，煮之，水竭盐成"。井盐为盐井中的盐，井盐工业在汉代扩大，井盐产盐增多，巫县、临江（今忠县）、朐忍（今云阳）等地都有盐井。盐业工人因地制宜，创造了各种熬盐的方法。泉盐：另一种采盐制盐工艺。三峡地区的三大自流盐泉是巫溪县宁厂镇宝源山盐泉、湖北长阳西面的盐水以及彭水郁山镇伏牛山盐泉，其中最重要的是巫溪宝源山盐泉。巫咸长期掌握着宝源山盐泉，古代咸、盐二者互通，巫咸即巫盐，

故他们以盐为氏，据史载巫咸是神农时巫，黄帝时巫，帝尧时医，殷王大戊时巫，其子巫贤为大戊之孙祖乙时相。可见，巫咸部落在三峡绵延数千年之久。

清乾隆王廷取《盐源杂咏竹枝词》也写道："'黑井'尘封'白井'开，风狂无处不飞灰。夜深街上闻人语，灶户挨班打水回。"作者注云："盐邑有黑、白二井，从前封过，至今已开，'白井'灶有六十六条半，分作五班。"道光时王培荀《嘉州竹枝词》也有描写，如"栽桑种稻自村村，凿井煎盐亦帝恩"。同治时涂卿云《巴兴竹枝词》对此有描述，如"比屋云连万灶烟，家家斥卤半桑田"。自贡富荣盐场发展"托井灶为生者，已不下百万余众，加以船户水手，又不下数十万众①"。朐忍县汤溪水翼带盐井 100 所，巴川资以自给。南浦县：盐井三口，修煮不绝。北井县"水出地如涌泉"②。洪良品描写蜀楚盐业贸易有："赤甲山头云气开，蜀盐川锦截江来。一帆载过夔门去，白镪高于滟滪堆。"由此可见蜀楚盐业贸易之盛。清乾隆湖北长阳诗人彭淑《长阳竹枝词》描写的"骡马驮来长乐酒，扁担挑卖巫山盐"之句，具体地记叙了长阳依赖川盐（巫山盐实际主要为巫溪大宁厂之盐）叫卖的情景。

三峡地区盐业发达除了盐业资源丰富以外，还有丰富的天然气资源，其提供了煮盐所需的燃料，有诗描写到"有井穿旸谷，烈炎伏其中。聊然借腐草，声呼百丈雄……九渊一炬起，高岭列灶烘。能省樵山力，兼成煮海功③"。故乾隆时史次星《自流井竹枝词》描写天然气煮盐："拔地珊瑚十丈红，四边分引似游龙。煮盐自有天然火（天然气），第一'新罗'次'吉工'。""绝胜詹家与宋家，咸泉汩汩雪飞花。江西十户中人产，不及通宵响汲车。"

以盐业谋生的移民中，湖广籍的人口由于地缘及"川盐济楚"的缘故，所占移民比例最多。"云安厂煮盐者皆黄州人。"④大宁厂"工匠外来者多，平日无事，不足以养多人，偶有营造，工役辄不敷用。至盐场峒灶工丁逾数千人，论工受值，足羁縻之，然五方杂处，良莠不齐。《舆地纪胜》所谓：'吴蜀之货，盛萃于此，一泉之力，足以奔走四方'，信非诬也。商贾半蜀客籍……客商挽运货物，上而万县，下而荆沙……⑤"

丹砂矿的开采也是三峡地区古代的重要特点。汉末，因盛产丹砂，故涪郡设置丹兴县（今黔江东县坝乡）。丹砂在《神农百草经》中被列为上品之药。内服可镇心宁神，益气明目，通血脉，止烦懑，杀精魅邪恶，除中恶、腹痛、毒气、疖、瘘诸疮。也可外治。《逸周书·王会篇》就提到有人问周成王贡献丹砂之事。巴人立国以后，丹砂的主要产地——涪陵，成了巴国的重要市镇，丹砂的开发、利用也成了巴国百姓的一项重要产业，由此，不少古籍中称丹砂为巴砂。晋人徐广注《史记》，在"丹穴"下注："涪陵出丹。"《图经》更明确地说："丹砂出自符（涪）陵山谷中。"涪陵产丹的历史最早见于周初。《逸周书》载："成周之会……卜人以丹砂。"涪陵出产的丹砂是从郁江入乌江再转入长江外运销售的。所以，乌江古名"丹涪水"（《华阳国志·巴志》）。唐代诗人杜甫在叙事诗《覆舟二首》中，记述了巫覆舟事，中有"丹砂同陨石"。可见，直到唐代，仍有丹砂经此水路外运。《史记·货殖列传》说："巴寡妇清，其先得丹穴，而擅其利数世，家亦不訾。清，寡妇也，能守其业，用财自卫，不见侵犯，秦始皇帝以为贞

---

① 《四川盐法志》卷十二《转运七》。
② 《水经注·江水注》，《华阳国志·巴志》，《刘渊林注·蜀都赋》。
③ 乾隆《富顺县志》卷二《山川下·火井》知县金肖孙诗。
④ 咸丰《云阳县志》卷二《风俗》。
⑤ 光绪《大宁县志》卷一《地理·风俗》。

4 三峡文化的地域扩展过程研究

妇而客之,为筑女怀清台。"巴寡妇清是靠采掘丹砂致富的,而且富得滴油,富得"用财自卫",用钱养了一支庞大的军队,足以保护丹砂的开采和运输;秦始皇对巴寡妇清格外关照,秦国灭了巴后,始皇为什么对一个巴族寡妇如此厚爱呢?原因也许是秦始皇寻找不死之药——丹砂,需要巴寡妇清支持。丹砂是炼制长生不老仙丹的原料之一,为道教的炼丹派所推崇。葛洪在《抱朴子·仙药》中说:"仙药之上者丹砂,次则黄金,次则白银。"当时,谁拥有丹砂,就可成为巨富。诸巫可用丹砂为人救命或治病,巫山古代又称丹山,就因其出产能治病的丹砂之故。因丹砂有比较神奇的药用效果,故又被称为仙药,诸巫们曾奉天帝之命,用仙药救活无罪而被杀的窫窳①。加热丹砂还可提炼出汞,即水银,是防腐、炼丹的必备品之一。《名医别录》载:"水银生涪陵平土,出于丹砂。"丹砂炼成的水银,可作为传统的尸体防腐剂,皇帝墓中多灌水银。有文献记载,山东的齐桓公墓、成都的蚕从氏墓及西安的秦始皇陵都灌有水银。齐桓公死于公元前643年,那时,丹砂已被用来提炼水银了。山东、成都、西安均不产丹砂,他们墓中所用,主要为涪陵所产。《史记》载,秦始皇陵"以水银为百川江河大海,上具天文,下具地理"。这样规模大的水银墓到底需要多少水银啊!

因此,盐与丹砂这两种生活必需的上等物资,皆产于巫山,而又被巫山诸巫使用。从而形成上古三峡地区的一种特殊的文化——盐丹文化,极大地促进了大巫山地区社会、经济、文化的发展。

2) 茶文化:茶叶、茶诗、茶人

三峡地区有着悠久的茶文化历史。最早肯定三峡地区在中国茶叶中地位的是后世称之为"茶圣"的唐代人陆羽②。陆羽撰写了中国也是全世界第一部茶叶专著《茶经》,他在《茶经》中对茶之起源、出产、加工制造、茶具、茶道、历代茶事等等,均作了全面的总结和详尽的阐述,堪称是茶叶研究的不朽之作。宋代大文学家欧阳修于宋景祐三年(1036年)被贬至夷陵当县令之后,写了一首题为《夷陵书事寄谢三舍人》的七律诗,头两句就是:"春秋战国西偏境,陆羽《茶经》第一州。"这"第一州"之说,便出自《茶经·八之出》:"山南(道),以峡州上。"③

《茶经》④曰:"茶者,南方之嘉木也。一尺、二尺乃至数十尺,其巴山峡川有两人合抱者,伐而掇之。"巴山峡川,即今之重庆至四川宜宾长江两岸之地。古有产茶之俗。至今在其高山密林中,散落大量野生茶林不枯不盈,自然生长,无需施肥打药,山民称曰"露水茶"。《茶经》在《八之出》开篇又有:"山南(道),以峡州上,襄州、荆州次,衡州下,金州、梁州又下。"陆

---

① 窫窳,又称为猰貐(yà yǔ)是四大瑞兽之一。传说窫窳是天神烛龙的儿子。窫窳原本老实善良,但后来被名为"危"的神所杀死,天帝不忍心看烛龙伤心,就让他儿子复活了。可没想到,复活后,他变成了一种性格凶残、喜食人类的怪物。后尧帝命令后羿将它杀死。《山海经·海内南经》:窫窳龙首,居弱水中,在狌狌知人名之西,其状如龙首,食人。

② 陆羽(733—804),字鸿渐;汉族,复州竟陵(今湖北天门市)人,一名疾,字季疵,号竟陵子、桑苧翁、东冈子,又号"茶山御史"。一生嗜茶,精于茶道,著世界上第一部茶叶专著《茶经》。

③ 原注:峡州生远安、宜都、夷陵三县山谷。

④ 《茶经》,是中国乃至世界现存最早、最完整、最全面介绍茶的第一部专著,由中国茶道的奠基人陆羽所著。此书是一部关于茶叶生产的历史、源流、现状、生产技术以及饮茶技艺,茶道原理的综合性论著,是一部划时代的茶学专著。它不仅是一部精辟的农学著作又是一本阐述茶文化的书。它将普通茶事升格为一种美妙的文化艺能。它是中国古代专门论述茶叶的一类重要著作,推动了中国茶文化的发展。《茶经》全书共七千多字,分三卷十节,卷上:一之源,谈茶的性状、名称和品质;二之具,讲采制茶叶的用具;三之造,谈茶的种类和采制方法。卷中:四之器,介绍烹饮茶叶的器具。卷下:五之煮,论述烹茶的方法和水的品质;六之饮,谈饮茶的风俗;七之事,汇录有关茶的记载、故事和效用;八之出,列举全国重要茶叶产地和所出茶叶的等地;九之略,是讲哪些茶具,茶器可以省略;十之图,即教人用绢帛抄《茶经》张挂。

羽将全国茶区分八道,这是在他品评各道之茶叶品质后记载排序的。因此,这足以证明当时三峡的茶是上等茶。李白、欧阳修、王安石、黄庭坚、苏轼、苏辙、陆游等著名文人,都因为茶与三峡结下不解之缘,不仅使三峡茶闻名遐迩,流芳百世,也留下不少茶事佳话。三峡的绿茶、茱萸茶、姜桂茶、擂茶、仙人掌、富硒茶、溪茶、碧涧茶、坡茶、云雾茶、明月茶、芳蕊茶、小江园茶、香山茶、鹿苑茶在不同的时期都是名茶。

如唐代峡州远安县的鹿苑寺以盛产"鹿苑茶"而闻名。真正的鹿苑茶只产在山环水绕的鹿苑寺,那是一种品质与形状奇特的茶:叶片卷曲、密生着白色的茸毛。泡出来的茶色却如绿豆汤一般。三峡地区另一个有特点的茶是擂茶。擂茶又称"三生汤",是用茶树生叶(未经加工的鲜叶)、生姜、生米(仁)为原料,视不同口味,按一定的比例混合擂烂,然后加水煮沸5至10分钟而成。擂茶有防病疗疾功效,道理也很简单,择其所要:茶可清心明目、提神止痛,姜能去湿发汗、利脾解表,生米则可健胃和脾、益气止泄。三者相调,更有利于药性的发挥,经常饮用,确能防病保健。在《茶酒治百病》中,擂茶本身就是一茶疗处方,用于防病保健,有延年抗衰之功效,制法与普通擂茶制作方法完全相同[137]。民间还流传着关于擂茶的传说:相传三国时期,张飞带兵至三峡地区,时值盛夏,当地瘟疫流行,数百将士病倒。张飞只得下令在山边石洞屯兵。健康的将士,有的外出寻药求医,有的帮助附近百姓耕作。当地有位老人,见张飞军纪严明,所到之处,秋毫无犯,非常感动,便主动献出了祖传秘方——擂茶。士兵服后,病情好转,避免了瘟疫的流行。而且自此以后,当地的百姓也养成了喝擂茶的习惯。

现在茶业是三峡地区传统的骨干经济作物和农民收入的主要来源之一,如"巴山翠"、"渝水清"、"平湖珍绿"和"三峡野生茶"等。"巴山翠":"嫩绿微黄碧涧春,采时闻道断荤辛,不将钱买将诗乞,借问山翁有几人?"据《广群芳谱·茶谱》记载,著茶中"峡州小江园、碧涧春、明月春……皆茶之绝品"。"巴山翠"乃发掘峡州小江园传统工艺而创新之特种绿茶珍品。以三峡库区高山生态茶园一牙一叶初展鲜叶为原料精工焙制而成。其外形扁平挺直,色泽翠绿光润,香气清甜纯正,滋味醇和甘爽,汤色黄绿明亮,叶底细嫩匀整。"渝水清":"鼎磨云外首山铜,瓶携江上中泠水。黄金碾畔绿尘飞,碧玉瓯中翠涛起。"(范仲淹《和章岷从事斗茶歌》)"渝水清"珍品绿茶根据唐宋斗茶常用之状如蟾宫的圆形绿茶制法,革新制茶工艺而成。其外形卷曲成螺,色泽翠绿显毫,香气清香持久,滋味醇厚鲜爽,汤色黄绿明亮,叶底嫩绿完整。"平湖珍绿":"新芽连拳半未舒,自摘至煎俄顷馀。木兰沾露香微似,瑶草临波色不如。"(刘禹锡《西山兰若试茶歌》)"平湖珍绿"以一芽二三叶之半舒新芽为原料,采用高温快炒新工艺制成之条形炒青绿茶。外形条索紧细伸直,色泽灰绿光润,栗香高长隽永,滋味浓醇鲜爽,汤色黄绿明亮,叶底黄绿柔软。"三峡野生茶":此茶沿传统,制法简单,手工炒制。外形卷曲无毫,色泽黄绿光润,香气清高持久,滋味醇厚耐泡,乃极为稀少之茶中上品,地道的有机绿茶。

(1)三峡产茶

据《茶经》载:"茶者,南方之嘉木也。一尺、二尺乃至数十尺,其巴山峡川有两人合抱者,伐而掇之。"这说明在1 200多年前,三峡地区还有如此高大粗壮的野生茶树存在,茶树资源之丰富可以想见。《茶经》"七之事"中"夷陵图经,黄牛、荆门、女观、望州等山、茶茗出焉"。三峡地区宜茶:一是北亚热带的气象资源和山地气候,常年四季分明,温暖湿润,雨量充沛(常年降雨量为1 500 mL左右,年均温14~16 ℃),加之山地植被丰富,决定了茶树可溶性固形物的含量较高;二是以花岗岩风化壤土的土壤资源,正如《茶经》"茶者上者生乱石,中者出砾壤,下者出黄土一样",花岗岩分化区,土层深厚,酸碱度最适;三相合理,茶叶中有益物质积累多,所做红绿茶均有"冷后浑"和"冷凝聚"现象[138]。

三峡人一般喝新茶不喝陈茶。晋常璩撰《华阳国志·巴志》中的一段有关古代巴国历史和物产纳贡的记载:"周武王伐纣,实得巴蜀之师,著乎《尚书》。巴师勇锐,歌舞以凌殷人,殷人倒戈,故世称之曰:'武王伐纣,前歌后舞'也,以其宗姬封于巴……""其地东至鱼复,西至僰道,北接汉中,南极黔涪。土植五谷,牲具六畜。桑蚕……丹漆、茶、蜜……皆纳贡之。"以此证明在西周初期巴国便将茶叶作为贡品纳贡之,周武王伐纣之战发生在公元前1066年,由此得出结论:在我国确切记载的"茶事",距今已有三千多年的历史了。郭璞注的《尔雅》曰:"树小似栀子,冬出叶,可煮羹饮,今呼早取为茶,晚取为茗,或一曰荈,蜀人名之苦茶。"早在三国时,三峡地区制茶技术已经广为传播,如《广雅》所记:"荆、巴间采叶作饼,叶老者,饼成以米膏出之。"在魏晋南北朝的著作中,我们还见到了不少三峡一带出产茗茶的记载。《桐君采药录》:"巴东别有真茗茶,煎饮令人不眠。"《夷陵图经》:"黄牛(峡)、荆门、女观、望州等山,茶茗出焉。"《北堂书钞》引《荆州地记》云:"武陵七县通出茶,最好。"《齐民要术》引《荆州地记》曰:"浮陵茶最好。"《归州志·物产》载:"早采者为茶,晚取者为茗,一曰荈。州东南四十里王家岭产者良,烹贮碗中,经夜色不变。"对茶之称呼,与扬雄、郭璞所说吻合。"茶"字最早出现于巴蜀学者著作之中,当然不是一种偶然现象,而见识之早,饮用之早,方可能有记载之早。有关三峡一带多处出产真茗、好茶的记载,则证明在陆羽著《茶经》之前,峡州茶早已声名远播。[①] 晋时陆机《疏》曰:"椒树似茱萸……蜀人作茶,吴人作茗,皆合煮其叶以为香。"三国时张揖《广雅》载:"荆、巴间采叶作饼,叶老者,饼成以米膏出之。欲煮茗饮,先炙令赤色,捣末,置瓷器中,以汤浇覆之,用葱、姜、橘子芼之……"晋时孙楚《出歌》唱道:"姜桂茶荈出巴蜀,椒橘木兰出高山。""采茶作饼"这种方式除了使茶香浓郁之外,还便于携带保存,适于船工日常饮用。在魏晋南北朝时,三峡地区的"真香"、"贡茶"已名声在外。到唐代以前,三峡便有"滂时浸俗,盛于国朝,两都并荆渝间,以为比屋之饮"的记载。茶,"兴于唐,盛于宋",这也是三峡地区茶文化演进的真实写照。[②] 唐代峡州茶叶生产的盛况空前,饮茶之风甚盛,《茶经》云:"巴渝间,以为比屋之饮。"说明从江陵到重庆家家户户都在饮茶。自唐以后,三峡地区一直是重点产茶区,三峡州辖夷陵、宜都、远安、长阳、巴东五县郡,都是出产茗茶之地。《茶经》载:"山南,以峡州上,襄州、荆州次,衡州下,金州、梁州又下。"与峡州茶同列为上品的还有淮南道光州茶、浙西道湖州茶、剑南道彭州茶、浙东道越州茶……并注明光州茶、湖州茶与峡州茶品质相同[139]。

在峡江两岸有许多小地理环境、小自然气候,出产的茶叶品味各异、独具特色。如生长在溪边的'溪茶'、涧边的'涧茶'、山坡上的'坡茶'、高山上的'云雾茶'、土壤中富含硒元素的'富硒茶'……古时西陵峡的明月峡峭壁间曾生长有茶树,《清统一志》云:"茶生其间为绝品。"遗憾的是如今早已绝迹而不见仙踪[139]。巴东"真香茗"起源于1700多年前的东汉时期(25—220年),唐朝时被列为朝中贡品。巴东"真香茗"原来产地著称"巴山峡川",即今湖

---

① 刘不朽《三峡茶文化探踪:中国饮茶起源与三峡之渊源》。
② 刘不朽《三峡茶文化探踪:中国饮茶起源与三峡之渊源》。

北省巴东县。

（2）文人赞茶

"当阳青溪山仙人掌茶"、"远安鹿苑茶"、"小江园明月茶"、"宜红茶"、"碧涧茶"、"茱萸茶"、"峡州碧涧"、"明月"、"芳蕊"等历史名茶，与丰神秀丽的山水齐名，吸引历代骚人茶客前来探胜寻芳。唐宋文人更是与三峡结下了深厚的茶缘[140]。

诗仙李白自号"酒中仙"，他的诗作中咏酒诗占一半多，颂茶的诗只有一首，而这首诗赞颂的正是峡州茶。唐玄宗天宝十一年其族侄李英（法名中孚）在湖北当阳玉泉寺为僧，他云游金陵栖霞寺遇李白，赠给他亲手制作的仙人掌茶，李白饮后诗兴勃发，作了《答族侄僧中孚赠玉泉仙人掌茶并序》答谢："尝闻玉泉山，山洞多乳窟。仙鼠白如鸦，倒悬清溪月。茗生此中石，玉泉流不歇。根柯洒芳津，采服润肌骨。丛老卷绿叶，枝枝相接连。曝成仙人掌，以拍洪崖肩。举世未见之，其名定谁传。宗英乃禅伯，投赠有佳篇。清镜烛无盐，顾惭西子妍。朝坐有余兴，长吟播诸天。"并附诗序："……此茗清香滑熟，异于他者，所以能返童振枯，扶人寿也。余游金陵，见宗僧中孚示余数十片，拳然重叠，其状如掌，号为仙人掌茶。"李白用雄奇豪放的诗句，对产于三峡区域当阳境内仙人掌茶的出处、外形、品质、功效等，作了详细的描述。中孚禅师仅给李白送去数十片，可见当时玉泉仙人掌茶之稀贵；李白的足迹遍及大江南北，对于茶亦可谓见多识广，唯独对玉泉仙人掌茶如此青睐，足以证明三峡地区出产茶叶品质之魅力[139]。

唐末诗人郑谷游览三峡风光时，曾品尝峡州好茶，即兴写下《峡中尝茶》："簇簇新英摘露光，小江园里火煎尝。吴僧漫说鸦山好，蜀叟休夸鸟嘴香。合座半瓯轻泛绿，开缄数片浅含黄。鹿门病客不归去，酒渴更知春味长。"

陆游于公元1170年5月入峡任夔州通判时写的《入蜀记》，对峡中山水胜迹、民俗风情、草木物产等都作了生动真实的描述，是继《水经注》后反映三峡的名著。"晚次黄牛庙，山复高峻，村人来卖茶叶者甚众。"在《三峡歌》里他又写道："锦乡楼前看卖花，麝香山下摘新茶。长安卿相多忧畏，老向夔州不用嗟。"[①]《荆州歌》"峡人住多楚人少，土埅争食茱萸茶"充分寄托他对峡山、峡水、峡茶的深情眷恋，又借三峡秭归新茶抒发了自己报国无门的郁郁情怀。

长江三峡之西陵峡畔，有被《水品》列为"天下第四泉"的"蝦（蛤）蟆碚"。欧阳修赞曰："蝦（蛤）蟆喷水帘，甘液胜饮酎。"唐代著名诗人白居易、白行简、元稹三人同游此地，饮酒赋诗题壁，并由白居易作《三游洞序》书于洞壁，"三游洞"由此得名，史称"前三游"。宋嘉祐元年冬，著名文学家苏洵、苏轼、苏辙父子自眉州赴汴京，途经夷陵同游此洞，并赋诗唱和，笑称"后三游"。苏辙入峡时还专门写了一首《虾（蛤）蟆碚》："虾（蛤）背似覆盂，蟆头如偃月。谓是中月蟆，开口吐月液。根源来甚远，百尺苍崖裂。当时龙破山，此水随龙出。入江江水浊，犹作深碧色。禀受苦洁清，独与凡水隔。岂惟煮茗好，酿酒应无敌。"传说在宋代苏东坡与王安石有一段取峡江水沏茶的趣事：王荆公闻苏轼将入峡，便托他带一罐峡水回来沏茶，后苏轼船过瞿塘峡时因旅途疲劳小睡而错过，便在西陵峡下取水带回。王荆公用此水沏茶后品道："此水非上峡之水。上峡之水湍急，水味浓；下峡之水流慢，水味淡；中峡之水急慢相半，水味浓淡相宜。"苏东坡连称"佩服"……后来陆游也慕名至此，考证北宋欧阳修、黄庭坚等人

---

① 据《舆地纪胜》和《太平寰宇记》载，锦乡楼在涪陵；麝香山在秭归县东南55 km，因山多麝而得名。

的石刻和"巴东峡里最初峡,天下泉中第四泉"的"蛤蟆泉"。看峰峦倒影,听泉水叮咚,亲自取岩下山泉水煎茶,陆游不禁诗兴大发,挥笔题诗《三游洞前岩下小潭水甚奇取以煎茶》于岩壁之上。诗曰:"苔茎芒鞋滑不妨,潭边聊得据胡床。岩空倒看峰峦影,涧远中含药草香。汲取满瓶牛乳白,分流触石佩声长。囊中日铸(茶名)传天下,不是名泉不合尝。"后人随即摹刻,更有好事者将其命名为"陆游泉"。

明时钱椿年(1539年)《茶谱》载:"茶品,茶之产于天下多矣。若剑南有蒙顶石花,湖州有顾渚紫笋,峡州有碧涧明月。……品第之则石花最上,紫笋次之,又次则碧涧明月之类是也,惜皆不可敬耳。""峡州有碧涧明月"说明到了明朝三峡地区的茶仍名列前茅。

清朝僧人金田《绝品茶》云:"山精石液品超群,一种馨香满面熏。不但清心明目好,参禅能伏睡魔军。"这是僧人在远安鹿苑寺讲法品饮"鹿苑茶"后即兴而作。

(3)专家育茶

中国科学院植物研究所组织专家进行考查,发现三峡库区现存茶科植物有6属19种,其中山茶属5种。峡江两岸的山坡、溪畔、野生茶树仍随处可见。

长期扎根在西陵峡的茶叶专家林作炎先生,是名茶"峡州碧峰"的研制人,也是将峡茶推向国内外市场的先行者。20世纪80年代初期,他为了培育早茶品种以赢得市场,曾漫山遍岭寻找早发芽的野生茶树,皇天不负苦心人,春寒料峭的惊蛰时节,他终于在太平溪落佛村的山坡上发现了两株野生的大叶茶树,鹤立鸡群般在一片枯黄的灌木丛中吐出一丛丛嫩绿。民谚云:"惊蛰过,茶脱壳;春分茶冒尖,清明茶开园。"这两株野茶比一般茶树发叶要早半个多月。于是,他从分离植株中选育了早茶良种品系。

3)酒文化:自酿自饮、方法独特

中华酒文化源远流长,各地都有自己的酒文化。

"穷山恶水出好酒"、"奇山异水出美酒"。三峡就是一山高水险之地,自然好酒常有,如"巴乡酒"、"清酒"、"咂酒"等,蕴涵着丰富酒文化。轩辕黄帝在西陵与岐伯用五谷醴战蚩尤;楚国屈原大夫的"持杯醉饮状元红";天下美女昭君醉饮香溪;"举杯邀明月"的酒仙李白;辛弃疾"酿成千顷稻花香";"浓浓三峡情,滴滴稻花香"等;历史上许多牵肠挂肚、动人心魄的故事都融入三峡酒文化之中。

人们用富余的粮食自酿自饮。据《历世真仙体道通鉴》记载,先皇始祖轩辕黄帝在长江三峡西陵娶正妃嫘祖,与岐伯作舟车,用黍、稷、稻、麦、菽五谷造醴,当时名叫"集酺",称为美酒[141]。黄帝领兵大战蚩尤必先饮酒壮威,胜战之后更是用"集酺"犒劳三军。到了楚国时,酿酒技术得到了快速发展,楚人把巴人酿造"咂酒"的技术,渐渐融合到楚酒"烧酒"之中,慢慢地形成了楚酒酿造和楚酒文化。据《博物志》记载:归州(今秭归)有米田,屈原耕地,产有白米似玉,曰玉粒。用此米煮酒,曰"状元红",俱为美酒。"持杯醉饮状元红",说明这种美酒在当时名气很大,已誉满巴楚,这就是一个最好的佐证。

《水经注》卷三十三《江水(一)》中记述江阳县时有云:"有巴人村,村人善酿,故俗称巴乡清,郡出名酒。"《太平御览》卷五十四引《郡国志》言:"南山峡峡西八十里,有巴乡村,善酿酒,故俗称巴乡村酒也。"《水经注·江水》记载:"江水又经鱼复县(今奉节)之故陵……江之左岸有巴乡村,村人善酿,故俗称'巴乡清',郡出名酒。"此酒名贵,饮誉遐迩,以致秦昭王与板楯蛮订立盟约时,以此为质。清酒酿造时间长,冬酿夏熟,色清味重,为酒中上品。巴人善酿清酒,表明其酿酒技术已达到相当高的水平。清酒产量少,仅鱼复县巴乡村可酿制,故曰:"巴乡清酒。"清酒是当时酒品中最高的一种。邹阳《酒赋》曰:"清者为酒,浊者为醴;清者圣明,浊者顽呆。"《酒谱》中亦说"凡酒以色清味重为圣,色如金而醇苦者为贤",可见巴人的清酒是酒中的上品。巴乡村的位置,据《华阳国志》校注者刘琳考证:巴乡村"即今云阳县治东六十里的坝上,为龙硐公社所在地"。开始的清酒,主要用于祭祀,汉郑玄言:"清酒,祭祀之酒。"《周礼》曾设"膳夫"、"食医"、"浆人"、"酒正"等机构,有"六饮"、"六清"、"五齐"、"四清"、"三酒"等饮料品目,里面多数为酒。"六饮"和"六清"指的是水、浆、醴、凉、医、酏。"五齐"指的是泛齐、醴齐、盎齐、缇齐、沈齐,"四饮"指的是清、医、浆、酏。"三酒"则是指事酒、昔酒、清酒。清酒,即滤去渣滓的酒。清酒的酿造,唐贾公彦疏:"清酒,冬酿接夏而成。"一般的醪糟酒是冬酿春成。《淮南子·说林训》也说:"清醠之美,始于耒耜。"说到酒的生产它是由农业发展而来的,的确,只有农业发展到一定程度,人民温饱问题解决了,才会有多余的粮食用来酿酒。秦昭襄王时,这种清酒为秦上层统治者所喜爱。据《华阳国志·巴志》载:"秦昭襄王时,白虎为害,自秦、蜀、巴、汉患之,秦王乃重募国中:'有能杀虎者,邑万家,金帛称之。'于是夷胸忍(今云阳)廖仲药、何射虎、秦精等乃作白竹弩于高楼上,射虎,中头三节。……秦王嘉之曰:'虎历四郡,害千二百人,一朝患除,功莫大焉。'欲如要,王嫌其夷人;乃刻石为盟,要复夷人顷田不租、十妻不筭,伤人者论,杀人雇死倓钱。盟曰:'秦(人)犯夷(巴族),输黄龙(珑,玉饰)一双;夷犯秦,输清酒一钟。'夷人安之。"至汉高祖刘邦伐楚时,因为巴蜀子弟追随高祖有功,刘邦为拉拢关系,优待巴人,仍然沿袭秦盟"秦(此时为汉王朝)犯夷,输黄龙一双;夷犯秦,输清酒一钟①"。试想,一壶清酒能抵两只黄珑玉佩,除了秦王和汉王对巴人有笼络之心外,也可知清酒本身珍贵。当时的清酒,珍贵的原因:其一是酿酒时间比一般的酒长,味浓;其二是产量少,不易买到;其三是因为它加了文草浸制,价格贵。谯周《巴蜀异物志》赞曰:"文草作酒,能成其味,以金买之,不言其贵。"以金买草,足以证明文草之贵,酒之贵。文草,"即五加皮也"。《本草》曰:"文草,惟蜀产者佳。"今石柱县产的"麝五加",带麝香味,去湿理气,堪为珍品。

三峡地区以"咂酒"为代表的酒文化体现了独特地方风味。咂酒是三峡民间特酿的一种地方酒,是三峡土家族民间特有的酒文化。用高粱酿成的甜酒,装在坛子中储藏一年或数年,然后用热开水冲泡,以竹吮吸,用以在宴会上招待嘉宾,或在劳动中驱散疲劳。其味甘而回酸,酿制方法简单。先将大米、小麦、大麦、小米、高粱、糯米等浸泡一天一夜,再蒸熟,冷却后用酒曲捣碎,发酵2～3天,待出酒味,便入坛封存,即可。旧时几乎各户都有自酿酒,尤其是苗族、土家族等少数民族。咂酒待客,是三峡人家的习俗。白居易贬官至忠州任刺史时,饮咂酒后,吟诗"白片落梅浮涧水,黄梢新柳出城墙。闲拈蕉叶题诗咏,闷取藤枝引酒尝"。"闷取藤枝引酒尝"可看出,咂酒的饮食方式也很独特,即需用空心的藤条或者竹枝插入坛内进行吸吮。太平天国翼王石达开饮咂酒后,即兴作了《咏咂酒》诗曰:"万颗明珠共一瓯,王侯到此也低头。五龙捧起擎天柱,吸尽长江水倒流。"咂酒形成了一种文化,每逢土家人过"赶年"、敬奉祖先、婚嫁迎娶、添丁壮口、栽秧挞谷等大事,家家都要酿制咂酒。《竹枝词·咂酒歌》写得格外生动:"蛮酒酿成扑鼻香,竹竿一吸胜壶觞。边桥猪肉莲花碗,大妇开坛劝群尝。"清代长乐(今五峰)县令李焕春有一首《竹枝词》,就是在土家山寨做客吃咂酒后,带着几

① 钟,《说文》曰:"酒器也","形若壶,长颈,圆鼓腹,下付圈足"。春秋,在齐国作为量器;战国,在魏、秦也作量器。

分醉意写下的:"糯谷新熬酒一壶,吸来可胜碧筒无? 诗肠借此频浇洗,醉咏山林月不孤。"

三峡的风俗与酒息息相关。如今在三峡不管是在乡下,还是在城镇,婚嫁必喝"喜庆酒"、生娃打喜必喝"竹米酒"、新居落成必喝"庆功酒"、升学加薪晋升必喝"人生丰收时刻酒",酒已和人们结下了不解姻缘。在三峡大型的民间文化活动中,如农历正月初一轩辕黄帝圣诞、正月十二关公圣诞、五月初五悼念屈原龙舟节、五月二十五五谷神诞等,都要进行大型的祭奠活动,都少不了美酒。三峡地区酒文化根深蒂固[142]。在现代,酒依然是三峡地区饮食文化中的重要元素。

4) 橘文化:古有橘官,今有橘园

三峡地区以得天独厚的地理位置和气候条件、人文环境孕育了独具特色的三峡橘文化。以屈原《橘颂》为代表的橘文化,历代诗人赋予此地的橘之美誉。

司马迁《史记·货殖列传》中的"……水居千石鱼陂,山居千章之材。安邑千树枣;燕秦千树栗;蜀、汉、江陵千树橘;淮北、常山已南,河济之间千树萩;陈、夏千亩漆;齐、鲁千亩桑麻;渭川千亩竹……此其人皆与千户侯等"。秦汉后,三峡地区柑橘产量丰富,"家有盐泉之井,户有橘柚之园"。西汉,在三峡地区的江州、朐忍、鱼复等地设有橘官。西晋"三巴黄柑"非常有名。当时柑橘产业发达到"朱橘不论钱"的局面。杜甫在《放船》中写道:"青惜峰峦过,黄知橘柚来。"苏轼有《赠刘景文》诗云:"荷尽已无擎雨盖,菊残犹有傲霜枝。一年好景君须记,正是橙黄橘绿时。"三峡地区的气温、湿度、土壤等很适合于柑橘的生长。如今,柑橘产业也是三峡库区的支柱产业之一,此地成为国内外多家大型柑橘饮料厂商的柑橘生产基地。

5) 小吃文化:类型极丰富,背后有传说

三峡地区小吃众多,各式各样。旧时多为街边小摊或挑担子叫卖的,如凉粉、凉面、凉虾、油茶、菜稀饭、豆腐脑、千层饼、手抓羊肉、萝卜饺子、赤花籽、凉拌折耳根、椒麻鸡、鸳鸯面、折折蛋、扁担糕、三角粑、叶儿粑、炕洋芋、油钱儿、麦子包等等,目不暇接。还有一些具有地方特色的小吃,如巫山翡翠凉粉、巫山苕粉、巫山雪枣,万州烤鱼、万州凉粉、万州杂酱面,丰都麻辣鸡块,磁器口小麻花等。

这些小吃大多都口感特别,做法各异,而且每一个背后都有着一段历史故事或者神话传说,蕴含着深刻的民间文化。如小麻花,又叫油绞绞,是一种以面粉为主料的油炸小吃,因其味香脆,而深受人们喜爱。过去,民间春节时家家户户都要炸点麻花,留待正月间来春客时,装上拼盘款待来客,比喻着亲情、友情像麻花一样,越拧越紧。主人与客人一起吃着麻花,聊着家常,其乐融融,其情绵长。直到现在,麻花仍然是人们餐桌上、火锅中较受欢迎的小吃。又如巫山翡翠凉粉,观之绿如翡翠晶莹剔透,闻之清香幽远余香绕梁,尝之淡雅细滑、爽如果冻,其由来也有一段民间传说:相传在很久很久以前,三峡祖先是住在山洞中的,山洞的外面长满了一种开满黄色小花的灌木,这种灌木植株的大小和叶子的形状都跟茶叶相仿。先民们经常用这种树的枝叶洗炊具,不小心水泼到了满地草木灰的炉灶边。说来也怪,锅中的水马上就凝固成绿色亮晶晶的块状物,诱惑着老祖宗不由自主地去品尝。当尝到如此好吃的东西后,就天天想吃,于是用这种树叶煮成汁拌上草木灰做成凉粉。因为当时是洗碗水做的有点臭,所以取名为"臭凉粉"而沿用至今,后因人们觉得那么好吃的东西不能被"臭"字玷污了,就改名为"翡翠凉粉"。夏天经常食用有祛火消暑、清热解毒之功效。

三峡地区的人们居住在长江边,自古以鱼为食。有多种多样鱼的做法,水煮、烧烤、红烧、黄焖、清蒸等。其中以"酸菜鱼"最为出名。酸菜鱼为三峡地区民间家常菜,也是川菜经典菜肴之一,流传甚广。咸菜肉质细嫩、嫩黄爽滑、汤酸香鲜美、微辣不腻。相传酸菜鱼始于重庆江津的江村渔船。据传,渔夫将捕获的大鱼卖钱,往往将卖剩的小鱼与江边的农家换酸菜吃,渔夫将酸菜和鲜鱼一锅煮汤,想不到这汤的味道还真有些鲜美,于是一些鸡毛小店便将其移植,供应南来北往的食客。

榨菜是三峡地区著名的咸菜之一,以涪陵的榨菜最为出名。涪陵榨菜为世界三大咸菜之一①。榨菜因在制作中需以木榨压出多余的水分,故得此名。相传,青菜头种植始于涪陵清溪场,流传日久,涪陵长江沿岸种植青菜头比比皆是。因其叶和茎均可利用,又便于加工贮藏,深受农家喜受,长江沿岸农家无不种之。清朝末年,青菜头被人们加工利用形成商品后,陆续发展到丰都,重庆江北、巴县、江津、忠县、万县等地,1935年引浙入江,至70年代末遍及全国大部分省市、自治区种植。早年间,涪陵长江沿岸种植有"菱角菜"、"笔架菜"、"猪脑壳菜"、"独立菜"、"无乳简庄菜"、"棒菜"等品种,当时以瘤茎的角长最好,短而次之,无瘤棒菜最差。在涪陵民间栽培习惯于先播种,后移栽,一般不直播。多种植于通河(长江)的油沙地带。涪陵榨菜历经百年沧桑,延续至今,依然深受人们喜爱。很多当地人到外地,尤其是到国外旅行,都爱带几包榨菜。

三峡地区还有以屈原为代表的名人文化,以峡江两岸鬼斧神工的峭壁上的古今诗文石刻为代表的石刻文化,以三峡大坝水利工程为代表的水电文化和以三峡自然风光与人文景观为主体的旅游文化。

4.4 本章小结

本章揭示了地理环境对三峡文化形态的影响显著;分析了三峡文化地域扩展因子与三峡主要文化形态的历史地域扩展过程。

(1)分析了三峡人地关系特点,指出三峡地区一般是临水而居、人少而杂且务农贫穷;指出三峡地区文化受到地形、气候等自然环境影响显著;三峡文化所呈现出来的面貌在很大程度上受其自然环境的影响与制约。

(2)指出三峡文化地域扩展与许多因素有关,归结起来还是生产力的进步使得文化扩展具备工具与渠道,且主要有交通方式与通讯方式两大类。从古至今,主要交通方式从步行、畜力、水路、栈道转变为公路、铁路、轮船、航空相结合的立体交通;通讯方式主要从口承、书载、石载为主转化为电讯、网络、广电为主的现代通讯。

(3)描述了以农耕文化、巴楚文化、巫鬼文化、移民文化、交通文化、饮食文化为代表的三峡主要文化类型的历史地域扩展过程,揭示了三峡典型文化的独特魅力与平面到立体、单一到多维、线性到网络的地域扩展规律。其中农耕文化呈现出典型的从河谷到山顶的侵占过程;巴楚文化呈现出东西文化交融的特点;巫鬼文化呈现出从山村到城镇的空间扩展过程;移民文化的发展更突出了三峡地区作为东西通道的作用;交通文化则呈现出从单维到多维,水路到陆路、空路的变迁特点;饮食文化则呈现出从山野饮食到大众饮食的地理扩展特点。

---

① 世界三大咸菜:重庆涪陵榨菜、欧洲酸黄瓜、德国甜酸甘蓝。

5 三峡人居环境文化地理变迁机制研究

人居环境的变迁与文化的变迁相互调适,密不可分。前一章已将三峡人居环境的文化"时—空"变迁过程与特征进行了全面的阐述,本章则就文化地理变迁机制进行剖析。所谓机制,在自然科学与社会科学中泛指内部组织和运行变化的规律。本章从文化地理变迁的基本理论、影响文化变迁的因素、变迁的力学分析、文化的传承方式及其变迁,各种因素与力作用下的文化变迁模式等方面来研究三峡人居环境的文化地理变迁机制。

5.1 人居环境建设的文化地理变迁的基本理论

5.1.1 文化变迁的概念理解

1) 文化变迁的一般认知

文化变迁,是人类学研究范畴中常用的一个概念。《中国大百科全书》中对文化变迁的解释是:文化内容或结构的变化,包括因文本的积累、传播、融合与冲突而引起的新的文化的增长和旧的文化的改变[143]。有学者认为:文化变迁指由于族群社会内部的发展或由于不同族群之间的接触而引起的一个族群文化的改变。史蒂文·瓦格(Steven Vago)在《社会变迁》一书中提出:社会文化的变迁包括变迁特征(identity)、变迁层面(lever)、持续时间(duration)、程度(magnitude)与变迁速度(rate)5个相互联系的部分[144]。

综合笔者对文化变迁的概念的理解,认为"文化变迁"实际上是一种人类物质与精神财富积累的过程,包括人类文化所发生的一切变化,包括文化生活、文化内容、文化制度、文化观念等的变化。文化诞生的那一天就是文化变迁的开始,在经历了发生发展、兴盛衰落、再到重生新生,一直都在经历着变迁。与此同时,人居环境作为文化变迁作用的结果,也不断发生着变迁。

2) 人居环境变迁与文化变迁的关系

人居环境变迁的实质是文化变迁。文化变迁引起人居环境变迁,人居环境变迁又促进文化变迁,二者相辅相成,相互影响,相互连接(图5.1)。

图 5.1 人居环境与文化地理变迁关系图
图片来源:自绘.

文化变迁主要表现在人类思想与行为的变化,而人类思想与行为的变化又使得人居环境发生相应的改变。人居环境的改变,又会引起人类思维方式与行为方式的变化。如三峡人居环境的典型地段——码头,其变迁充分显示了人居环境与文化变迁的关系。

从三峡地区人类依水而居形成聚落开始,他们利用长江水运之便,开始了早期的水岸交易,泊船、交通等使得码头形成。人们在码头聚集,码头也成为古时的商贸场所。那时码头成了长江两岸最热闹的地方,盛极一时。随之也形成了以帮会、市井、吆喝、买卖为特色的码头文化。随着社会的发展,尤其是码头交通要点地位的下降,曾经热闹无比的码头逐渐淡出了人们的视线。码头破败,凌乱,垃圾散布,人居环境品质下降,码头文化衰败,人们渐渐散去,码头人丁稀少。如今,新码头新气象,形成新的人居环境与码头文化,码头再次繁荣。

  3)文化变迁研究对于人类社会的意义

  文化变迁是人类社会进步的内在动力。文化变迁使得人类的认知、思维方式与行为方法发生变化,从而促进技术的变革,生产工具的改进,使得生产力逐步提升,人居环境品质提升,进而推动人类社会的进步。

  进行文化变迁的研究可以了解地域文化变迁的历程,掌握文化变迁的规律,从而使之更好地为人类社会服务。例如地方方言,作为一种交流工具,对于地区的发展起着重要的作用;而了解地方方言的分布及演变,可以更好地掌握特定时间、空间内的情况,了解人们的需求及活动状况。

  进行文化变迁的研究既有利于保护人类历史文化遗产,积累精神文明财富;又有利于进行文化创新,促进文化交流,提升文化竞争力。

5.1.2 文化变迁的类型

  文化变迁理论很丰富[145],有进化论、传播论等。如古典进化论认为:人类社会经历了大致相同的发展阶段,从原始文化到文明时代,且每一阶段不可逾越。新进化论则修正了古典进化论的"单线进化"理论,提出了一般进化、特殊进化、多线进化、文化发展能量理论与文化生态理论等观点。而文化传播理论认为,人是主要的模仿者而非创造者。文化变迁是自人类有史以来就开始了的从未停顿过的过程,一般情况下是自觉进行的,由发动者积极主动改变某些不适应形势需要的文化要素;但很多情况下,文化变迁也是迫于压力被动发生的。综合众多学者的研究,笔者总结了文化变迁的类型及其相关理论与研究者(表5.1)。

表 5.1   文化变迁的类型与理论一览表

序号	文化变迁的类型	文化变迁的理论	相关参考文献
1	文化进化、技术系统、社会系统和思想系统变化	文化发展与人均能源利用和能源利用效率成正比	怀特,1949
2	多线进化	生态适应论	斯图尔德,1955
3	一般进化、特殊进化、适应	文化优势法则、进化潜势法则	哈定,等,1987
4	渐变、发现、发明、传播、涵化、指导性变迁、发展、现代化	古典进化论、传播理论、新进化论	伍兹,1989
5	进化、退化、革命	心灵主义、冲突理论、技术决定论	塞维斯,1991
6	社会和文化变迁	进化论、循环论、结构功能主义、冲突论	波普诺,1999
7	发现和发明、传播、文化丧失、涵化	社会变迁、文化冲突、环境变化、文化传播	陈建宪,2005
8	文化发展	退化论、俱分法、循环论、进步论	陈序经,2005
9	自愿变迁、强制变迁、渐变、突变	生物因素说、地理环境说、心理因素说、文化传播说、工艺发展说、经济决定论等	司马云杰,2007

资料来源:据相关资料整理.

《文化认同与文化变迁》一书中指出：以参与变迁的人的意愿为标准，可分为"自愿变迁"与"强制变迁"；根据变迁在整个文化中所占的范围和比重，可分为"有限变迁"与"无限变迁"；以变前速度为标准，可划分为"文化渐变"与"文化突变"；以人为参与的程度划分，可分为"自然变迁"与"计划变迁"；根据变迁动力来分，可分为"内源性变迁"与"外源性变迁"[146]。一个社会内部和外部的变动都会促使其文化系统发生适应性变化，从而引发新的需要。创新、传播、涵化是文化变迁的过程和途径。文化变迁的模式的各个环节之间并非是单向的因果关系，而是相互作用的。

目前文化地理学界一般认为：文化变迁的种类有进化、扩散和同化。进化：进化模式下，是人类社会必将会朝着一个更加美好、更加令人向往或者更加复杂的阶段发展。扩散：指新生事物从一种文化传播到另一种文化，或从一个亚文化群体传播到更大的文化群体的过程。同化：指由于文化间长期的直接接触，使得一种文化兼有另一种文化物质和非物质的属性。

文化的变迁又可分为文化的地理变迁、文化的形式变迁与文化的内涵变迁，这里仅讨论文化的地理变迁。根据三峡地区的特殊情况与人类意识的主导情况，笔者认为，三峡地区文化变迁的种类可分为：无意识的变迁（自然变迁、被动变迁）与有意识的变迁（主动变迁、指导性变迁和强制变迁）。

文化变迁现象无时不在，变迁的原因多种多样，不一而足。任何一种文化的变迁，都离不开一些内部与外部的因素与各种各样的牵引力和约束力。变迁机制分析包括影响因子分析以及驱动力因素分析，而三峡库区城镇变迁的影响因子众多，在三峡工程前后，其变迁的驱动力也大有不同。因此，分析文化变迁的机制，需要从其影响因素、作用力及方式等几方面进行深入探讨。

5.1.3 三峡地区人居环境建设文化地理变迁的特殊性

三峡地区文化变迁具有时间上的急缓不一与空间上的立体化趋势，且影响因素众多，受国家政策影响极大，其变迁机制具有特殊性。在不同的时期，三峡地区的人居环境建设的文化地理变迁机制也不尽相同。关于三峡地区文化地理变迁的具体内外影响因素与力学分析、传承方式与载体变迁以及各种因素与力作用下的变迁机制与模式将在下文展开论述。

5.2 影响文化变迁的因素分析

人类学家们认为文化变迁的主要原因有两类，一是意识主导，一是技术主导。他们对于哪一个领域更易于引起变迁的问题有不同的说法：一说技术先于意识形态；一说意识形态更为根本；米德等则认为越早学到的东西越难改变。第二种观点以 L. A. 怀特为代表，认为在整个文化系统中，技术系统引起社会系统的变化；而技术社会系统又引起意识形态系统的变化。

笔者认为文化变迁的发生不是某一种因素的作用，而是多重因素的综合作用，其中有外因也有内因（如意识主导说就属于内部因素，而技术主导说就属于外部因素），二者共同作用于文化，使得文化发生变迁，缺一不可（图5.2）。"促使文化变迁的原因，一是内部的，由社会内部的变化而引起的;二是外部的,由自然环境的变化及社会文化环境的变化如迁徙、与其他地区人民的接触、政治制度的改变等而引起。当环境发生变化,社会成员以新的方式对此作出反应时,便开始发生变迁,而这种方式被这一民族的有足够数量的人们所接受,并成为它的特点以后,就可以认为文化已经发生了变迁。"[147]内外因素是什么,各因素之间的关系是怎样的,各因素怎样影响文化变迁的,如何来定量描述这些因素,都是需要讨论的问题。

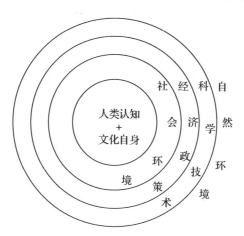

图5.2 内外因素结构模式图

图片来源:自绘(根据文化生态系统模式图改绘).

5.2.1 外部因素:自然、社会、经济、科技

外部因素可以理解为客观因素。影响地域文化变迁的外部因素有:自然环境的变化、经济关系的变化、制度的改革、政策的变化、人类的迁徙、与其他地区人民的接触以及生产力的发展与技术的变革等。

其中自然环境发生的变化会使人们适应自然与改造、利用自然的方式发生变化,从而使相应的文化发生改变。而全域的经济关系、制度改革与政策变化等大文化环境的变化,会直接影响到地域文化的变化。随着社会的发展,人际交往圈扩大,或出行或迁徙或到访,与其他地区人民的接触频繁,使得不同文化的交流与传播也日趋增多,所处的外部社会环境也会相应地发生变化;文化异质性与外源性文化注入,使得不同文化发生交流与传播,进而使得地域文化也受到影响而发生改变。生产力的发展与技术的变革会导致人类劳动方式与文化传播方式的变化,尤其是信息传播技术的变革,加速了地域文化的变迁。

总的来说,外部因素分为自然环境、社会环境、经济政策与科学技术四大类,三峡地区也不例外:

1) 自然环境因素

从理论流派上来看:"环境决定论"认为文化形式以及进化,主要由环境的影响而造成;"可能论"认为,地理环境并未造成人类文化,而是设定了某种文化现象能够发生的界限;"文化唯物论"则试图从文化内在认知的角度整合研究者的观点与被研究当事人的观点。

三峡文化孕育在三峡环境中,在不断的适应与调整过程中逐步发展。三峡文化所呈现

出来的面貌在很大程度上受其自然环境的影响与制约。自然地理环境对三峡文化形态的影响很大。自然环境因素有气候、地形、地貌、生物等。

三峡地区位于长江两岸,地势上三峡地区位于我国第二级阶梯与第三级阶梯的过渡地段,自然条件复杂奇特且过渡色彩鲜明。在气候区上,三峡地区处于南北过渡地带略偏南位置,属于亚热带季风气候区,气候湿润,水热配合较好。由于受山高谷深的地形影响,气候垂直差异较大,立体气候及河谷冬暖小气候特征突出。在长江三峡地区,山地约占72%,丘陵约占23%,而平坝只占5%左右,主要分布在长江三峡主流和支流两岸,其具体位置大约在现在的135~175 m水位线之间。其地形复杂多样,山地、丘陵、平原、盆地、河谷及高原兼而有之,山奇、水秀、林茂、石美、洞异。沿河谷阶地土壤肥沃、植被茂盛,为古人类的生存繁衍提供了自然条件。与此同时,山大林茂、坡陡谷深、洪水肆虐,"筚路蓝缕、以启山林",使得三峡人民必须不断与大自然顽强抗争。三峡地区具有复杂性、奇特性、中介性的地理环境培育和塑造了丰富多彩、灵异瑰奇、意蕴深邃的地域文化[108]。

影响三峡城镇选址布局形态最基本的因子就是山水格局、地形地貌、气候、日照、地质、自然灾害等自然因子。三峡库区典型的山水格局就是大山大水,其地形起伏、地貌多样,地质条件复杂,气候属亚热带季风气候,同时又伴随多样的山地小气候;山岚雾霭较多,日照强度不大;洪灾、泥石流、山体滑坡等自然灾害频发。

因此,早期三峡地区的城镇选址,往往是靠江但不近水;城镇规模都偏小;城镇空间布局灵活、依山就势,深刻体现出自然环境的影响,同时也体现出城镇与自然的紧密融合。

2) 社会环境因素

社会环境因素也是促使文化变迁的一个不可或缺的因素,包括人类的迁徙、与其他地区人民的接触、全球化的影响、社会制度改革、教育事业的发展等。这些社会因素对三峡文化的形成与发展起着长久的锻冶作用,从而使得三峡文化丰富多彩,并具有广收博蓄、多元发展的综合特点和突出的和谐风格。

社会因子也是影响三峡城镇变迁的重要因素,包括政治、经济、文化、宗教、制度、习俗等。三峡工程方案提出之前,三峡地区的社会结构相对稳定,进行着自然的更替与演进;但三峡工程后,三峡地区社会结构发生了剧烈的变化,随着百万大移民的进行,对三峡城镇造成了史无前例的影响。三峡工程导致的社会的典型特征是结构失衡、阶层变异与个体贫困[148]。

人是创造文化的主体。人类的迁徙带动文化的地域迁移。三峡地区作为东西的通道、南北的交汇处,在人们长期的交流中,该地文化具有很大的融合性。从考古发掘上看,我国南方与北方的石器制造工艺截然不同,而三峡地区的石器制造工艺正好介于南北之间的过渡状态。这说明早在远古时期,我国南北文明就在三峡地区碰撞与交融。从文化地理上看,这里不仅是巴蜀与荆楚两大区域文化的结合部与共生区,并受毗邻的中原文化的辐射影响。三峡地区的许多文化遗址在古代文化上蕴含了许多异地文化特点,过渡色彩鲜明。

随着时代的发展,全球化是促使文化变迁的重要因素之一。人们通常理解的全球化多指经济全球化,而事实上,全球化还包括政治全球化、文化全球化等多方位的全球化。美国学者罗伯森特别关注全球化的文化维度。他指出:"当代文化的生成、发展与演变是在'全球场'中进行的,不同的社群、民族、国家的文化再也不是封闭的,他们在全球场中展现。"[149]文化全球化的趋势不可避免。然而,文化全球化不等同于文化同质化。在全球化背景下如何促进地域文化发展,是当代地域文化面临的重要课题。三峡地区在面对文化全球化之时,正是百万移民之时,其文化变迁模式呈现出不同的特点。

3) 经济政策因素

马克思主义的基本观点是"经济是基础,政治、文化是上层建筑"。随着经济的发展,文化或早或迟地会进行相应的调整与变革。影响文化变迁的经济政策因素包括:经济关系的变化、经济制度改革、政策的变化等。如在封建社会,贫富悬殊,地主与长工之间的经济关系为剥削与被剥削的关系,其文化也是封建礼制的阶级文化为主导;而在现在,人与人之间是平等的劳动关系,仅是劳动分工不同,合作文化逐渐替代阶级文化。而三峡地区长期的贫困落后,显然在经济上制约了先进文化的传播;而受三峡工程影响而实施的相应政策,也使得三峡地区的传统文化的传承受挫。

4) 科学技术因素

当今科学技术日新月异、突飞猛进,科技进步不仅带来了生产力的巨大发展,也是推动文化变迁的重要因素,包括生产力的发展、劳动方式的变化、信息技术的变革、大众传媒普及与互联网的使用等。

可以说,科学技术既是一种文化,也是一种工具。从工具的角度看,其对"社会文化"的传播、普及和方便学习等起到了决定性的作用。电视广播、互联网都是科学技术推动下的传播手段的革命。科学技术作为理性的主要载体,逐渐地成为人类文化的重要内容。科学技术本身又是一种社会文化形态,它丰富了人类的知识和认知体系,使人类对世界的认知更加清晰透彻了。在科学技术成果的物化形式极大地改变人类物质文明的同时,科学观念、科学精神、科学方法已经渗透到以前由权威、习惯、风俗所统辖的领域,并逐渐取代已有的社会文化传统,成为人类思想和社会行动的指南。在科学技术发展的内在机制推动与社会进步的外在条件共同作用下,科学技术已经被纳入人类社会文化发展的进程之中。

技术的进步是城镇变迁的重要推动因素。交通技术、建筑技术、规划技术、农业技术、通讯技术等都为城镇的变迁提供了支持。以交通技术的提升为例,三峡地区由传统的水运,到公路运输,再到铁路运输乃至航空运输,城镇的地位与规模也随之改变。

三峡地区由于具有长江黄金水道,交通运输历史上主要依托水运,陆路交通不发达,这种情况一直延续到 20 世纪 80 年代,随着公路交通的逐步发展才有所改变。新中国成立以来至三峡工程开工建设前的近 50 年统计资料显示,涪陵、万州等长江沿岸主要城市,对外交通客货运量,长江航运承担了大部分,而巫山、奉节、云阳、巴东、秭归这些陆路交通欠发达的县城,其对外交通的客货运输更离不开长江。与此同时,由于水运的发达,沿江城镇在临江区域形成传统商业街区,并保留至三峡工程开工建设前[150]。

5.2.2 内部因素:人类认知、文化自身

内部因素可理解为主观因素或者是主体因素,即人的因素或者文化本身的因素。因此,可以将影响文化变迁的内部因素归结为人类认知的进步与文化本身的生命力两个主要方

面。人类认知是文化的根源,人类认知的进步是文化变迁的内在原因之一。另一方面,一种文化一旦形成,就有其自身的发展规律,而推动这种规律进行的则是文化本身的生命力,这是促成文化变迁的另一大内因。

1) 人类认知的丰富

"人"作为文化的主体与载体,是文化变迁中最重要的内因。人口数量的增加、人口的迁移、人口的分布,直接影响到文化的传承与传播,进而影响到文化的变迁与融合。文化在外部因素的作用下是否产生变迁、变迁的速度及其方向如何,取决于人类对自己文化的认同、人的价值取向以及人们对于变迁的态度等,这是文化变迁的内在机制。

人类认知的进步在文化变迁中也扮演着非常重要的角色。人们在利用自然、改造自然的同时,自身对其的认知会有所提高,这样的提高方便了文化的改变,缩短了人们对新变化认同的时间,进而对整个文化的变迁产生影响[151]。人类通过学习、实践不断地扩展自身的认识,体验各种感受,使得人类认知进步,使得人类的思维方式、行为方式等发生变化,从而促使文化发生变化。同时,人的社会性、人的交流性更为文化的变迁与传播提供了动力。

2) 文化自身的变迁

文化的自身因素也是文化变迁的内因。文化本身具有适应性、生命性。文化产生及其发展的过程,必然带来人类思维模式与行为模式上的改变,从而引发文化变迁。这是文化变迁的内在机制。当然,不同的文化具有不同的特征,换句话说就是具有不同的"文化基因"①。文化基因在很大程度上决定着文化的特征以及内在发生发展的模式(图5.3)。

梁鹤年先生在《"文化基因"》[152]一文中指出:"其实绝大部分的规划概念都有其文化基因。"(表5.2)

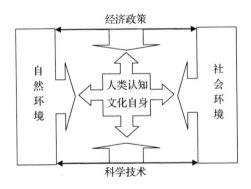

图 5.3　内外因素相互作用关系图

图片来源:自绘.

---

①　文化基因是指相对于生物基因而言的非生物基因,主要指先天遗传和后天习得的,主动或被动,自觉与不自觉而置入人体内的最小信息单元和最小信息链路,主要表现为信念、习惯、价值观等。

表 5.2　影响三峡地区文化地理变迁的内外因素分类表

分类	大类	亚类	小类
影响文化变迁的因素	外部因素	自然环境因素	气候
			地形
			地貌
			生物
			……
		社会环境因素	全球化的影响
			社会制度改革
			人类的迁徙(移民)
			与其他地区人民的接触(旅游、商贸等)
			教育事业的发展
			……
		经济政策因素	经济关系的变化
			经济制度改革
			政策的变化
			……
		科学技术因素	生产力的发展(生产工具的更新)
			劳动方式的变化
			信息技术的变革(通信技术、大众传媒普及与互联网的使用)
			……
		……	
	内部因素	人类认知	知识积累与丰富(广度)
			认知水平进步(深度)
			……
		文化自身	生长规律(文化生命力)
			传播性(文化场)
			……
		……	

5.3　三峡文化变迁的力学分析

文化变迁是自人类历史以来就开始了的从未停顿过的过程,一般情况下是自觉进行的,由发动者积极主动改变某些不适应形势需要的文化要素;但很多情况下,文化变迁也是迫于压力被动发生的[153]。

文化变迁是有方向性的,促进其发生改变、推动其生命进程的为动力,反之,阻碍其发生变迁、减缓其生命进程的为阻力。任何一种文化的变迁都有内力与外力、动力与阻力之分。根据影响文化变迁的主要因素,文化变迁的发生既有自然力、社会力、经济力、政策力、科技力等外力的作用,也有人类认知力与文化生命力等内力的作用。而这些内外力量既可成为文化变迁的动力,在某些条件下亦可成为其阻力,因此,需要在特定的情况下综合分析文化变迁的力学机制(表 5.3)。

表 5.3 内外动力与阻力机制表

大类	类型	动力	阻力
外力	自然力	✓	✓
	社会力	✓	✓
	经济力	✓	✓
	政策力	✓	✓
	科技力	✓	✓
内力	人类认知力	✓	✓
	文化生命力	✓	✓

5.3.1 动力:牵引力

马林诺夫斯基①写了《文化变迁的动力》,对文化变迁作了具体的论述[154]。他认为:人类的"需要"(need)是文化变迁的原始动力。他对"需要"有如下理解:"通过需要,我领悟到,人类有机体、文化环境以及此二者与自然环境的关系中的各种境况(System of Conditions)对群体与有机体的生存是充分而必要的。因此,一种需要构成了一系列有所限定的事实。人类的习惯及其动机,习得的反应与组织的基础,都必须如其所是的安排,以满足生物体基本的需要。"[155]

笔者认为,文化变迁的动力包括自然力、社会力、经济力、政策力与科技力在内的外力和人类认知力和文化生命力等内力。

1) 外部动力

自然力包括水力、风力、生物力等自然界的有助于文化变迁(尤其是变迁中的传播与扩散)的推动力或牵引力。

社会力则包括人与人之间形成了各种关系、制度及其相互之间的作用力。

经济力指由于经济发展差异而形成了经济势能以及由此而带来的人口、资金、信息、技术等流动。如全球化的影响、经济关系的矛盾运动以及由此引起的社会利益关系的变化,是文化变迁的直接动因。

政策力指的是各项政策对文化变迁形成的作用力,如政策性移民、政策性开发等。

科技力是由于生产力的进步而产生的,对文化变迁起着直接推动作用的力。科技是第

---

① 马林诺夫斯基(1884—1942,Malinowski,Bronislaw Kaspar),英国社会人类学家,功能学派创始人之一。生于波兰,卒于美国。1908 年以全奥地利最优等成绩获得物理学和数学博士学位。马林诺夫斯基最大的贡献在于他提出了新的民族志写作方法。从马林诺夫斯基起,几乎所有的人类学家都必须到自己研究的文化部落住上一年半载,并实地参与聚落的生活,使用当地的语言甚至和土著建立友谊。代表作:1944 年《文化论》(*A Scientific Theory of Culture*),1945 年《文化变迁的动力》(*The Dynamics of Culture Change*),1948 年《巫术、科学与宗教》(*Magic, Science and Religion*)。

一生产力,科技带来文化传播技术的个性,带来生产力的变化;而生产力的变化又会改变生产关系;由于生产方式的改变导致文化习惯的改变,进而推动文化变迁。

2)内部动力

内部动力包括人类认知力与文化生命力。人类认知力是指人类认知能力的加强而使得对文化变迁产生促进作用的力。文化生命力包括文化自身的复制力与创新力。

文化变迁往往不是由某一种力量推动,而是多种内外动力组合形成动力群的推动。在不同的前提条件下,可能会以某一种动力为主导力,但绝不可能是唯一力。

5.3.2 阻力:约束力

在文化变迁的力学分析中,人们往往关注其动力,而忽视其阻力,而事实上,文化的变迁是在动力与阻力的共同作用下发生的。

文化阻力同样也包括外力与内力两个方面。与动力相对应,同一个要素可能有着两方面的作用力。如自然力中的"水",河流对于两岸的阻隔,往往成为文化变迁中扩展的阻力;而沿着水流纵向运输,则又是文化扩展、传播、交流的动力。同样,某种对于文化变迁的限制性政策,可能会成为文化变迁的阻力。除了外界约束力,还有很大一部分来自文化内部的自身约束力,如传统地域文化普遍存的排他性等。

5.4 文化的传承方式及载体的变迁

文化传统之所以为"传统"的根本点在于其传承性,即从人类社会发展全过程来看,文化流动不拘,变化迭出,但它不会因个体的人或物的消亡而中断(武廷海,1997)[156]。"传承"从某种意义上来说可以理解为"复制",且是一种"有机复制"。所谓"有机复制",是区别于简单的复制而言的,不仅是主要特征的继承,还有适应环境而发生的突变、衰退、进化、创新等。相比生物的垂直代际复制功能,文化的复制功能既是垂直的亦是水平的,除了时间序列上的延续,亦有空间上的传播与融合(表5.4)。

表5.4 文化传承中的"复制"与遗传学中"复制"的区别对比表

类比	生物	文化
复制功能	垂直	垂直＋水平
复制形式	模仿	模仿＋突变
时间上	代代延续	时间上的延续
空间上	迁徙路线或活动范围	空间上的传播、扩散与融合
动力	复制力(继承力)	复制力(继承力)＋创新力

因此,文化的传承并非简单的复制,而是有选择性的有机传承,需要动态地把握和深度地分析。而地域文化的传承方式多种多样,不同的文化类型传承的方式也不尽相同。三峡文化大体来说有"静态"与"动态"两种传承方式。

5.4.1 静态传承及其载体变迁

静态传承,主要是以物传承的文化传承方式,有明确的物质载体。静态传承并不是一个绝对静止、一成不变的概念,而是指依托物质传承的文化传承理念。物质载体并非对当时当地文化的全盘承载,而是部分地、有选择地记录文化信息,具有明显的"静态"继承属性,如书本、建筑等。定期或不定期地修葺修订则是文化的"静态更新"。我们常见的汉字传承、书史流传、建筑传承均属静态传承。

1) 物质文化的静态传承

物质文化的静态传承较为容易理解,物质文化本身的保存于世以及代代相传就是一种典型的静态传承。如人居环境的古镇、古建筑等,以古朴的风貌向世人诉说着古老的故事。

2) 非物质文化的静态传承

非物质文化传承载体也从远古的石、骨、贝壳,到古代的竹、木、皮、金属,再到纸、书、绢、布,直至现代的各种电子载体。而这些承载着非物质文化的载体本身,很多也都成为了一种物质文化。

人居环境中的城镇、街区、建筑,乃至家具都是文化静态传承从宏观到微观的物质载体。以三峡地区的建筑为例,从古代的木结构到近代的砖结构,再到现代的钢筋混凝土,建筑文化的载体也随时代在发生变迁。

现代多媒体信息技术的迅猛发展,为非物质文化遗产的便捷、永久、海量保存提供了可能。三峡地区有必要对即将消亡的文化形态采用多种方式加以记录保存,借助文字、图片、录音、录像等能够长期保存的媒介和数字化信息技术,对非物质文化遗产及其传承人的表演、表现形式、制作流程等进行全方位的记录、收集、分类、编目,建立全面、系统的档案资料数据库,以静态的资料性成果对其技艺长久保存,为其今后完整地传承发展创造条件。

5.4.2 动态传承及其载体变迁

人类的文化传承不仅是物质的传承,同时也是精神的传承;除了静态传承,还有动态传承。西方比较强调"以物传承",如"博物馆"成为传统文化记忆的主要方式。而中国传统文化更强调"活态传承"。

动态传承,亦称"活态传承"、"活体传承",主要是精神传承、行为方式及制度的沿袭,不一定有明确的物质载体,但"人"在传承过程中起着相当关键的作用。尤其是诸如生活方式、宗教信仰、伦理道德观念、节庆习俗、语言与文学艺术等非物质文化的传承。传承方式也有口口相传、口耳相传、言传身教、教育培训等。面对三峡地区日益逝去的历史文化传承,用口述历史的方式,来传承城市文化的变迁和宝贵精神财富,也是一种非常好的传承办法。

物质文化遗产与非物质文化遗产无论是自身状态还是保护方式都将完全不同。如果我们把文化遗产比作一条鱼,那么,"已经死去"的物质文化遗产就是一个"鱼干",而活态的正在传承的非物质文化遗产就是一条"活鱼"。在保护方法上,如果前者强调的是"防腐",则后者强调的肯定是"养生"。将物质文化遗产的制成品搜集过来做成标本固然有意义,但说到底,这不是我们的最终目的,我们的真正目的是想让这些活生生的非物质文化遗产像水中之鱼一样,永远畅游在中国文化的海洋里,生生不息,永无穷尽。

有人提出非物质文化遗产的动态传承大体有四种方式:群体传承、家庭(或家族)传承、社会传承、托梦说或神授说。

群体传承:属于以群体传承方式传承的非物质文化遗产,大致上有三类:一个是风俗礼俗类;一个是岁时节令类;一个是大型民俗活动,如三峡地区特有的巫文化活动、传统节日习俗以及婚丧祭祀等民俗活动。

家庭(或家族)传承:即人们常说的"家传",所谓家庭传承或家族传承,主要表现在手工艺、中医以及其他一些专业性、技艺性比较强的行业中,指在有血缘关系的人们中间进行传授和修习。一般不传外人,有的甚至传男不传女,也有例外,如三峡"巫医"术与某些传统手工艺。

社会传承:所谓社会传承,大致有两种情况:第一,师傅带徒弟的方式传承某种非物质文化遗产,即人们常说的"师从",如某种手工技艺、戏剧曲艺;第二,没有拜师,而是常听多看艺人或把式的演唱、表演、操作,无师自通而习得的。这两种传承情况的共同点是,这些类别的非物质文化遗产都比较单纯,不需要多种因素和多种技艺介入,都有赖于熟练的传承人才能得以传承和延续下去,不至于绝种。川江号子的传承路线就显示了这样的特点。

托梦说、神授说:在国际和国内的英雄史诗研究领域中,对家传和师从这两种传承方式研究得较为充分,而对于托梦说或神授说,则既都承认,又存在分歧[157]。

总而言之,不论是哪种动态传承方式,在当代信息化的浪潮下,都面临着数字化革新。

5.4.3　文化传承方式的发展趋势

在现代化与全球化的语境中,文化传承的深度与厚度都在不断延展,文化传承的发展趋势也有了新的特点。从无意识的被动传承到有意识的主动传承,从无目标的泛化传承到有选择的强化传承,从单一的机械传承到多方位的有机传承,从灌输—依赖性传承到建构—创新性传承,文化传承的方式愈加丰富。

1)从无意识的被动传承到有意识的主动传承

文化传承是在人类社会中自然发生的过程,在很长一段时间内,部分文化传承是在无意识的情况下被动传承的。现在的人们对文化的认知更加科学,文化传承的趋势也是往有意识的主动传承方向发展。人们往往会认识到文化在人类社会中的重要性,会有意识地进行保护与发展,主动地传承。

2)从无目标的泛化传承到有选择的强化传承

随着人类对文化、文化价值认识的加深,文化传承也从无目标的泛化传承到有选择的强化传承。泛化传承是什么都传承,没有选择,没有重点,没有价值判断,对文化的传承完整性与传承接受度都不作考虑,属于粗放式传承。而强化传承是在充分认识文化价值的基础上,有选择地对部分优秀文化进行有计划的传承,保证传承的效果与完整性。

3)从单一的机械传承到多方位的有机传承

机械传承模式是建立在社会低度分工的基础上,它贬抑个性,否定变化,体现着人的"依赖性"范式和典型的"传统主义"特征。而有机传承则建立在社会的高度分工基础上,包容而不压抑个性,充分肯定异质多样性,强调个体的相对独立性、创造性、个性自由,体现着人的"独立性"范式和对传统的创造性转化[158]。

4)从灌输—依赖性传承到建构—创新性传承

灌输—依赖性传承是以灌输性的方式进行半被动式传承,这种传承往往具有很强的依赖性,一旦文化掌握方放弃灌输,文化接收方便不会主动进行传承活动。有人说"创新"是文化最佳的传承方式。建构—创新性传承就是在吸收传统文化精华的基础上,有所发展、有所创新、与时俱进,以构建性的方式进行创新性的传承,是推动文化发展的有效模式。

5.5 各种因素与力相互作用下的变迁机制

关于文化变迁机制,国际上有文化相对论与文化进化论之争。文化相对论主张尊重文化多样性和特殊性,反对以自身文化的标准来衡量其他文化;其极端形式是对文化的好坏优劣不作任何评判,对文化的进化或发展方向缺乏基本立场。文化进化论强调文化的普遍性和统一性,探讨文化进化的规律和方向;其极端形式是不尊重文化的多样性和特殊性,将文化形态区分为高级/低级、进步/落后,将西方现代文明视为一切文化进化的方向。新进化论修改了古典进化论的"进化"概念,从社会整合水平提升、能量开发效率提高或竞争力加强等中性的、非价值立场来使用它,并提出多线进化、一般进化与特殊进化不同的新说法,既体现了对文化多样性和特殊性的尊重,又加深了对文化进化原因和规律的研究。尽管文化进化论与文化相对论的争论在许多问题上至今并无明确一致的结论,但这一争论本身对于理解文化普遍性与文化特殊性的关系很有启发意义[159]。

笔者在分析了三峡文化变迁的内外因素及其动力和阻力的基础上,进行时间与空间的多维审视,指出三峡地区文化变迁的时空合力变迁机制。

5.5.1 时间、空间多维审视:三峡地区文化地理的时空间衰减机制

文化变迁有历史分异(时间现象)和地区分异(空间表征)的两重分异特性。理论上,从时间维度来看:当动力大于阻力时,文化发生快速正向变迁;当动力等于阻力时,文化变迁减缓甚至停滞;当阻力大于动力时,文化发生反向变迁,亦称文化倒退。而从空间维度来看:当动力大于阻力时,文化发生地域扩散或传播;当阻力大于等于动力时,文化减缓直至停止扩散或传播。地域文化多样性的产生,从根源上来看,是空间的异质性与时间的异质性。在内外因素与动力的牵引、阻力的拉扯的综合作用下,三峡地区人地关系呈现以下特点:

在均质空间中,如平原地区,一马平川,鲜有大的地形地势变化,文化空间扩散范围和强度呈距离衰减和时间衰减规律,即离文化源地越近或越接近文化起源的时间,那么这种文化被接受的程度就越大。而在非均质空间,这一规律就不明显了,距离与时间衰减规律受地形影响,随交通线路而扩展。三峡地区是显著的山地空间,大山大水大沟的山水空间格局使得三峡地区呈现出典型的非均质地形地貌特点。因此文化变迁则遵循随交通线路衰减规律。但随着信息网络的建立,这种衰减规律也在逐渐减弱。

5.5.2　三峡地区文化变迁的机制：普遍机制与地域机制

文化变迁机制是种多重机制的复合体，在不同的现实条件下，会有不同的主导变迁机制。

1）三峡地区文化变迁的普遍机制

文化变迁的普遍机制为文化的创新、传播与涵化。

创新是"变"的源泉，是新文化产生的初始力量，也是文化变迁的重要机制之一。传播则是文化空间变迁的主要机制，文化的传播一般是在不同人群中相互的、双向进行的，他们选择性地互相采纳对方的文化特质和文化丛体。涵化指不同人群的接触而引起原有文化的变迁，不是被动的吸收，而是一个文化接受的过程。不同类型的文化的传播与扩散是文化变迁的重要过程。文化传播与扩散是随人口和物品的流动及思想的交流而进行的，有扩展传播与迁移传播两种方式。扩展传播是某种文化不断向周围辐射扩大其影响范围的过程，指某种文化在空间上通过相邻地区的公众的接触，从一个地方传播到另一个地方，随着接受这种文化的人越来越多，其空间分布也就越来越广；迁移传播是指具有某种思想、技术的个人或群体从一个地区到另一个地区，从而把这种思想或技术带到新的地区的传播方式。文化迁移传播往往是跳跃式的，历史时期文化的迁移扩散大多是通过战争、经济开发或者其他政治活动引起的大量移民来完成的。如果说扩展传播是潜移默化、和风细雨式的文化演变方式，那么迁移传播相对而言则是迅速的、疾风骤雨般的。

创新、传播和涵化只是普遍意义上的文化机制，远不足以解释人类文化与环境之间永恒变化的关系。这类机制的确在很大程度上是一种以器物及其他物质遗产为基础的描述性行为。要解释文化变迁，就需要一些能够反映人类社会与自然环境之间互动关系的研究模型，这种模型要精细复杂得多[160]。

2）三峡地区文化变迁的地域机制

除了文化变迁的普遍机制之外，笔者认为，还有以当地人为核心的文化内在机制和以地方经济、信息为主导的外在机制。这种内在与外在机制实质上是一种以地域特质为基础的地域机制。文化变迁的关键是"人"，人们认知、观念、意识等从传统向现代的变化，是文化变迁的内在心理机制；经济关系的矛盾运动以及由此所引起的社会利益关系的一系列变化，是文化变迁的经济机制；当代信息传播系统化、全球化、信息传播手段多样化、传播速率快捷化等信息传播氛围的急速变革是文化变迁的加速机制。经济机制与加速机制都是文化变迁的外在机制。以下便以文化变迁的内在机制为例，解析文化变迁的机制。

"文化产生于人，也作用于人。"人是创造文化的主体，文化变迁的本质就是人口的变迁与人类思想、行为发生的改变及其产生的后果。人口是区域文化特性形成的核心因素和基础要素。人作为文化的载体和文化变迁的中介体，决定文化在内、外部因素的作用下是否产生变迁、变迁的速度及其方向。这取决于人们对自己文化的认同、人的价值取向及人们对于变迁的态度等。这便是文化变迁的内在机制。人类认知的进步在文化变迁中也扮演着非常重要的角色。人们在利用自然、改造自然的同时，自身对其的认知会有所提高，这样的提高方便了文化的改变，缩短了人们对新变化认同的时间，进而对整个文化的变迁产生影响[151]。文化的变迁总是随着人的变迁而变迁的，因此，人的变迁轨迹与变迁因素往往也是文化的变迁轨迹与因素。

笔者通过观察典型人群的活动,分析其中的文化变化,得出结论:人口的增长与流动使得文化变迁趋于活跃;人口的减少则使得文化变迁趋于缓慢(表5.5)。

表 5.5　人口变迁与文化变迁的关系

人口的变迁类型	变迁的方向	变迁的形式	变迁的直接原因	内在原因
数量的变迁	人口的增长	自然增长	计划生育	国家计划生育政策的控制
			超计划生育	"养儿防老"的传统思想与"重男轻女"的情结
		机械增长	被动移民	政府的要求
			婚姻迁入	自由恋爱
			颐养迁入	故土情结
			就业迁入	就业、任职、流放等
	人口的减少	自然减少	自然死亡	生命规律
			事故死亡	意外事故
		机械减少	外出打工	寻求展现自身价值的机会
			远嫁他乡	自由恋爱
	人口的流动	有增有减可增可减	求学深造	教育资源的分布
			商务活动	贸易往来
			观光旅游	旅游资源的分布
			求医问药	医药资源的分布
			走亲访友	人情关联
质量的变迁	素质提高	自然提高	技术的进步	经验的积累、教训的总结
		人为提高	教育与被教育	知识技术的学习
	素质降低	自然降低	知识陈旧、技术落后	顽固守旧
		人为降低	学习坏榜样、养成坏习惯	不良社会风气的影响

研究文化变迁机制,还可从物质文化变迁、精神文化变迁、制度文化变迁、行为文化变迁四个层面上的变迁规律及其相互影响,总结整体文化变迁规律,这些将在后续的研究中继续开展。

5.6　三峡人居环境的文化地理变迁模式探讨

文化变迁是个缓慢的渐变过程,探讨三峡人居环境的文化地理变迁模式,要找到从传统到现代的不同规律。按照一般的理解,三峡古代人居环境的文化地理变迁是一种渐进式的变迁,而当代三峡文化地理的变迁则是一种突变式的变迁。因此,把握古今变迁模式,有利于尊重自然规律,使得人与自然和谐相处;适应现代文化变迁的历史趋势,保护合理成分;注重民族传统文化的传承与保护。

5.6.1　三峡古代人居环境建设的文化地理变迁模式

1) 三峡地区城镇的兴起:依山而生、临水而起

三峡地区地形条件复杂,大山大水格局突出。因此,最早的城镇都是傍山逐水而生,尤

其是两水交界处。三峡古代先民大多善舟楫,以渔猎为生。而长江三峡段峡谷溪流众多,这些都使得三峡地区城镇兴起于山麓水畔。三峡地区古代城镇山地地域特色明显,一般都具有灵活的空间布局,有着依山就势的街巷空间体系。

2)古代城镇的发展特征:依托水系

三峡地区特殊的自然山水环境决定了古代城镇的分布格局。三峡地区古代城镇在空间分布上沿长江形成"长藤串珠"状布局模式。三峡地区古代城镇大多都位于河流沿岸或两河交汇口,且大河交汇形成大城镇、小河交汇形成小城镇。在复杂的地形条件下,陆路交通联系较弱,城镇间多以水路联系,河流成为主要的交通廊道。大水之滨,常有水涨水落。水落之时,水路陆路交通均可通达,限于古代技术水平,陆路曲折凶险,水路联系较为普遍;水涨之时,只有部分地势相对较高的平坝可供人类栖息,此时陆路交通被淹没,仅有水路畅通。因此,河流水系成为古代三峡地区城镇发展的纽带。古代城镇的发展也是沿交通线尤其是水路进行空间扩展的。

3)自然式演进模式(时空延展型)

自然式演进主要是指城镇在时间空间的自然延展状态下,受到各种外力因素的共同作用,而发生的外在与内在的变化。这种变化往往是缓慢的,连续的,循序渐进的,潜移默化的,短期内不易察觉的。三峡工程建设前,三峡地区的城镇大多都遵循自然式演进的规律。

5.6.2 三峡当代人居环境建设的文化地理变迁模式

1)现代城镇的特征及存在的问题:集中建设

长江三峡工程自1994年开工建设后,库区城镇发生了巨大的变化。因三峡工程而进行移民或城镇搬迁新建的城镇包括:湖北省的宜昌市、秭归县、兴山县、巴东县,重庆市的巫山县、巫溪县、奉节县、云阳县、万州区、开县、忠县、丰都县、石柱县、涪陵区、武隆县、长寿区、渝北区、巴南区、重庆主城七区(江北、北碚、渝中、南岸、沙坪坝、大渡口、九龙坡)、江津市等。

2)突变式演进(时空压缩型)

突变式演进主要是指城镇在时间空间剧烈压缩的状态下,受到某种影响因素直接或间接主导作用而发生的被动式变化。这种变化往往是突发的,显而易见的,准备不充分的。三峡工程建设后,三峡库区的城镇几乎都经历了时空压缩下的突变式演进。如老云阳县被淹没,而进行整体搬迁,短时期内,经历了重新选址、重新规划、完全新建的全套过程。城市物质空间很快建立,但城市文化空间与经济活力的恢复则需要更长一段时间。

3)当代城镇适应性规划对策

(1)适应生态格局,注重生态环境的保护

三峡库区是一个生态环境脆弱、经济落后、人口密集、土地过垦的丘陵山区。多年来,由于这一地区人口暴涨和不合理的经济行为,这一地区生态环境遭到破坏。森林面积减少,植被覆盖率下降,水土流失,环境污染等问题十分严重。三峡工程的修建、水库的蓄水、移民迁建的进行,给库区本已严峻的生态环境带来了空前的压力和深远的影响,直接威胁着库区的可持续发展。因此,适应地区的生态格局,注重生态环境的保护,是库区城镇可持续发展的内在要求,也是适应性规划的基础对策。环境保护在带来优越环境,为后续建设奠定物质基础的同时,也在达成人地系统平衡、建设节约型社会等方面为库区可持续发展提供了支持。

（2）适应复杂山地条件，注重城市安全

三峡山高水深多凶险，复杂的山地条件严重影响着城市安全。三峡库区迁建城镇的工程地质环境受三峡水库的影响发生了很大的变化，原本复杂的地形地质条件变得更为恶劣。对此，三峡库区的人居环境建设者们进行了大量的工程设施建设，如治理地质灾害、道路安全工程建设、建筑安全工程等。为适应复杂的山地条件，在道路、大面积边坡、新岸线等工程上尤其应该注重城市安全，合理规划，谨慎建设。

（3）适应地方文化，注重文脉的传承

三峡文化历史悠久，源远流长。从两百多万年前的"巫山猿人"到光辉灿烂的巴楚文化，从明清时期的三次人口大迁徙到今天举世瞩目的三峡工程百万大移民，三峡地区文化积淀丰厚，形成了独立的文化发展体系。现代库区城镇规划，要适应地方文化，尊重库区人民生活习惯，从整体到细节传承文脉，塑造特色城市文化景观，体现新的城市精神。

（4）适应社会经济环境变化，注重动态规划

当今世界的特点是发展变化快，三峡库区城镇的建设要适应社会经济环境的变化。因此，规划需要有科学性、前瞻性，同时还要有动态性、灵活性。如一些国家性、地区性的重大基础设施的新建，将会影响到库区城镇的发展，地方规划应与之衔接、协调。

5.7 本章小结

本章阐述了人居环境建设的文化地理变迁的基本理论；分析了影响文化变迁的各级因素，并探寻各种因素相互作用下的变迁规律，解析变迁机制；归纳并探讨三峡人居环境的文化地理变迁模式。

（1）厘清文化变迁的概念及类型等基本理论。研究认为"文化变迁"是一种人类物质与精神财富积累的过程，包括人类文化所发生的一切变化，包括文化生活、文化内容、文化制度、文化观念等的变化。自诞生起，文化一直都在经历着发生发展、兴盛衰落，再到重生新生的变迁过程，同时，人居环境也在不断发生着变迁。根据三峡地区的特殊情况，研究认为，三峡地区文化变迁的种类可分为：无意识的变迁与有意识的变迁。

（2）研究分析认为：影响文化变迁的因素有自然、社会、经济、科技等外部因素与人类认知与文化自身的内部因素；在内外因素的共同影响下，形成推动文化向着生命周期正向发展的动力以及延缓文化发展的阻力；文化有着静态传承与动态传承两种传承方式，并发现具有从无意识的被动传承向着有意识的主动传承、从无目标的泛化传承向着有选择的强化传承、从单一的机械传承到多方位的有机传承、从灌输—依赖性的传承到建构—创新性的传承的趋势。

（3）研究从时—空多维角度审视三峡文化地理变迁的机制，总结了三峡地区人们临水而居、人少而杂、务农贫穷等特点，文化地理时空变迁顺水而动、随人而迁以及贫穷是其变迁的最大阻力等。文化变迁除了创新、传播、涵化等普遍机制外，还有以人为主体、在内外因素共同作用下的内外机制。

（4）研究总结了三峡地区古代人居环境建设文化地理变迁的时空延展型的自然式演进模式与当代人居环境建设文化地理变迁的时空压缩型的突变式演进模式，并在此基础上提出了当代城镇适应性规划对策。

6 三峡人居环境文化建设的规划对策研究

三峡地区有意识的文化人居环境建设尚在起步阶段,笔者认为,其文化愿景应该体现为"和谐"、"可持续"与"积极"三个关键词。围绕这三个愿景提出相应的实现思路,着重探讨文化区域与协调、文化生命周期认知与调控、文化价值评估与提升以及规划干预在其中所起到的作用,实现三峡地区文化和谐、可持续与积极的发展。

6.1 三峡人居环境的文化愿景与实现思路

反思外界的发达,三峡的相对落后,三峡人居环境的文化建设需要设定目标。秉承文化的科学发展观,根据对地区文化及其发展的了解,笔者提出和谐文化、可持续文化与积极文化的三大目标。这也是三峡地区人类社会发展的美好愿景(图6.1)。

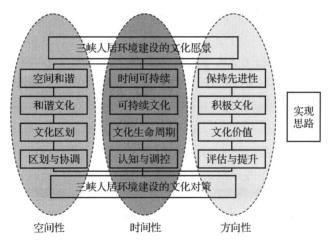

图6.1 三峡人居环境建设的文化愿景及其实现思路示意图　图片来源:自绘.

6.1.1 和谐文化——文化区划

孔子曰:"君子和而不同。"儒家提倡"礼之用,和为贵"。儒家的和谐社会理念有其历史局限,但李存山认为在其和谐社会理念中也蕴含着恒常的、可贡献于世界的普遍价值[161]。要达到"民主法制、公平正义、诚信友爱、充满活力、安定有序、人与自然和谐相处"的和谐社会,就要有和谐文化。和谐文化是一种先进文化理念,也是极具中国特色的文化思想。在人居环境建设的文化上,即可理解为既要保持文化的多样性,又能和平共生、协调发展。无论是人与自然和谐相处,还是人与人的团结和睦,抑或社会与经济的协调发展,都离不开和谐文化的支撑。

和谐不是大一统,和谐文化不是一种文化吞并另一种文化,而是以文化差异性的确立为前提的多种文化共存共生。对于地域文化而言,就是既要外部和谐又得内部和谐。如何在承认地域文化差异、保持文化多样性的同时,又做到和平共生与协调发展?文化区划(文化地理区划)则为和谐文化的培育提供了一种方式:将地区文化作为一个整体,按照其特点划分成几个大块,以便进行研究与管理。

区划(regionalization)即为区域的划分,指在某一范围内,根据其地域差异性划分成不同区域,如行政区划、自然地理区划、文化地理区划等。地理区划主要指空间上的区域划分。当然,还有时间上的区划,在此不作详细论述。那么文化地理区划(以下可简称"文化区划")则是指根据文化的地域差异进行地域空间的划分,是一种尊重文化差异的体现。其作用在于有利于发掘文化特色,促进文化交流,便于文化管理与协调,有利于形成和谐文化的人居环境氛围,实现空间和谐。

文化地理区划将为人居环境建设的文化发展指引提供区别对待的基础,为实现和谐文化的愿景提供可操作的空间依据。

6.1.2 可持续文化——文化生命周期

文化的可持续发展是人居环境可持续发展的重要内容,亦是人类可持续发展的重要部分。关于人类改造自然利用资源的思想观念与行为方式,能否进行可持续发展,文化起着至关重要的作用。要持续发挥文化的生力作用,就需要有可持续文化,这亦是三峡地区文化发展的一大愿景。

文化存在于时间与空间的几维坐标中。在漫长历史演进过程中,各种地域文化不断与周边文化交流、融合,经历种种磨合、碰撞、嬗变、创新与重构。可持续文化的内涵就在于文化的不断扬弃、不断融合、不断创新、不断发展,如同人类的生命一样生生不息。鉴于此,笔者引入生命周期理论,试图用该理论来解释地域文化现象,研究地域文化的变迁过程,诠释文化变迁规律。

三峡码头文化的兴盛到衰败与新码头文化的建立,三峡旅游文化的兴起与发展,巫、鬼文化的流传等,种种迹象表明文化生命周期的存在,只是生命周期长短各有不同。正确认识地域文化的生命周期,进行文化生命阶段的判断,把握其发生发展规律,能使人们更好地了解文化所处的生命阶段,有利于进行文化发展引导与控制,取精华弃糟粕,实现地域文化的时间可持续,更好地使文化成为地域发展的有效动力。

6.1.3 积极文化——文化价值

文化有积极的,也有消极的。积极文化能促进社会发展,提高人们的思想境界,使人向上;消极文化,会给社会发展带来消极的影响和邪恶,使人们丧失前进的正确方向,使人丧失与自然斗争的勇气[162]。先进文化是适应先进生产力发展需求、代表最广大人民群众根本利益、符合人类文明发展趋势的文化。积极文化、先进文化具有正面的导向功能,帮助人们在具体的条件下形成积极的目标、信仰与行为准则;同时具有凝聚功能,对地域的价值观念、精神风貌、道德规范产生认同感;还能起到约束与激励作用,具有协调、融合与辐射功能。三峡地区要在全球化与信息化的浪潮中求得长期的生存与发展,就需要拥有积极向上的文化。

文化将直接影响人的价值理念与行为准则。长期以来,不区别积极文化和消极文化,使人难辨,从而造成对积极文化发扬不力,对消极文化视而不见的结果,不利于地区的可持续发展。要区别积极文化与消极文化,需要引入一种相对客观的评价机制,因此,我们提出"文化价值"的概念。文化是有价值的,一种文化往往呈现出多种价值,或称多元化价值。文化价值可体现在哪些方面? 文化价值如何评判? 文化价值的大小又能对人类生活与地区发展起到何种作用? 这些都是后文将要探讨的问题。

对文化价值进行评估,可区别积极文化与消极文化,分辨先进文化与落后文化,帮助人们立足于现实,从多元化价值中树立正确的价值取向,形成自己应有的人生价值观与文化价值观,从而主动地、有选择地发展先进文化,倡导和营造一种积极、健康、和谐的文化氛围,提高地区软实力,实现人类社会的和谐持续发展。

6.2 空间和谐:三峡地区的文化地理区划与协调

区划是指在全球、国家或地区范围内,根据其地域差异性划分成不同区域。那么这里所涉及的文化区划就是在地区范围内,根据文化地域性差异划分成不同区域。而地域文化区往往是对内具有共性,对外具有个性。简而言之,文化地理区划即为根据文化差异划分文化区。

周振鹤先生在《中国历史上自然区域、行政区划与文化区域相互关系管窥》一文中指出:"行政区划是国家行政管理的产物,由法律形式予以确认,有最明确的边界与确定的形状;自然区域是地理学家对自然环境进行的科学性的区划,不同的科学家与不同的地理观点,形成互有差异的自然区划方案。文化区域则是相对较不确定的概念,一般由文化因素的综合来确定,具有感知的性质,主要是人文地理学者研究的对象。"[163][164][165]

文化区的形成往往会受到多方面的制约与影响,而这些制约和影响又会随着时间而改变。因此,文化区是一个相对的、动态的概念,同一个地区在不同的历史时期可能存在不同的文化类型,属于不同的文化区。

研究三峡地区的文化地理区划,有助于明确地域特色,找准文化竞争力的核心;同时可进行分区指引,协调发展,从而达到空间和谐的目的。

6.2.1 文化区的划分

"圣王序天文,定地理,因山川民俗以制州界。[①]"文化区(Culture Regions)指某种文化特征或具有某种文化的人在空间上的分布。文化区一般有三种概念:形式文化区(Formal

---

① 《汉书·王莽传》。

Culture Regions）、功能文化区（Functional Culture Regions）和乡土文化区（Vernacular Culture Regions）。形式文化区是一种或多种相互有联系的文化特征所分布的地域范围。功能文化区是指某种受政治、经济或社会功能影响的文化特征的空间分布，如各级行政区。乡土文化区（亦称感觉文化区），即存在于人们头脑中的区域意识，这种区域意识是在对当地民间文化的感性认识中产生的。三种文化区有区别，也可能有重合或重叠[166]。

不同学者提出了不同的文化区划分原则。司徒纪尚提出：较为一致的文化景观、同等或相近的文化发展程度、类似的区域文化发展过程、文化地域分布基本连片、有一个反映区域文化特征的文化中心。张伟然提出发生学原则、综合分析原则与主导因素原则、相对一致原则、区域共轭性原则。蓝勇则对政区、移民、方言、民俗、民风与文化区域的关系进行分析，提出西南文化区的划分。

文化区并非一个单纯的空间概念，而是一个随历史发展而不断变化的空间单位。因此，在划分文化区时，需要综合考虑文化差异、文化特征与其历史演变过程。

1）文化区的划分依据

文化区是人类根据文化地域差异进行划分的，当选取不同的文化因子作为划分文化区的标准时，其范围也会不同。因此，文化区的划分是相对的而非绝对的。一般来说，有一级区划、二级区划甚至三级区划之分，即有文化大区、文化亚区等不同层级的划分。相邻的文化区会相互影响。

2）文化区的划分步骤

文化区划分的步骤大体为：

（1）总结地域文化差异

文化现象具有相似性与差异性，而文化现象在地域分布上的差异性是文化区划的基础。如自然环境、经济发展水平、土地利用方式、行政区划、交通条件、移民等要素的差异。卢云在《文化区：中国历史发展的空间透视》中指出："文化区域生成演变受到自然环境、行政区划、经济类型、移民及城市发展等5方面因素影响。"[167]地域文化差异包括内部差异与外部差异。总结地域文化的差异，区分文化特征是文化区划的前提。概括区域文化特征，就要进行区域文化比较，方可总结地域文化差异。

（2）寻找地域文化边界

在充分总结文化特征、准确把握文化差异的基础上，寻找文化边界（cultural boundary），是进行文化区划第二步。文化边界是不同文化综合现象空间分布的界线，是文化区划分的直接分割线。然而，在现实中，文化边界并非一根准确的线条，往往是模糊的，甚至是重叠的。这与文化现象分布的特性有关，地域文化常常是互相交融的状态存在。因此，准确地寻找文化边界，界定文化现象的分布范围并非易事。

（3）划分文化地理区划

在基本明确地域文化边界后，可根据边界进行文化地理区划的划分。一般来说，文化区的划分通常是在一定的范围内进行的，如在某个行政边界的范围内，或在某个自然边界的范围内。划分文化地理区划是在文化差异与文化边界的基础上进行的，但并非完全与文化边界重合，可能是某条文化边界，也可能是多条文化边界间的某个界限，需要对多个文化边界与文化特征进行综合考虑,有时也需要对必要的地理区域进行适当重叠。

(4) 修正文化区边界

通过以上三个步骤,已基本对地域文化进行区划,最后还需要根据实际情况对文化区边界进行修正,以期达到最好的区划效果,便于今后文化发展战略的制定与导向。合并细碎区域、与其他边界(如行政区边界、自然地物界限等)的整合等,都是修正文化区边界的方式。

6.2.2 三峡地区在中国文化区中的位置

"生在一种文化中的人,未必知道那个文化是什么,像水中的鱼似的,它不能跳出水外去看清楚那是什么水。"[168] 只有跳出局限,将三峡文化放到更大的区域中进行研究,才能更好地透视其文化本质,探寻变迁规律,把握其发展方向。因此,探清三峡地区在中国文化区中的位置,对三峡地域文化的持续协调发展有重要意义。

1) 中国文化区的划分

文化区是具有相同文化特征的地理区域。中国文化区经过数千年时间过程,逐步形成一个区域系统。吴必虎先生等根据对影响文化形成的诸因子的综合研究,提出中国文化区的划分方案。中国文化的地理分布可以笼统地划分为东部农业文化区和西部游牧文化区两大部分。

根据中国地理学界的传统习惯,常常从黑龙江省的黑河到云南省的腾冲之间作一连线,将我国版图划分为东、西两大部分。东半壁以平原、丘陵和海拔 2 000 m 以下的高原、山地为主,盛行季风气候,是我国比较发达的农业区;西半壁以草原、沙漠、高山和高寒高原为主,属大陆性气候,是我国主要的游牧区。中国东、西之间的农业和牧业两种不同性质的产业文明的分异,代表了汉族集聚区和少数民族集聚区(或曰内地与边疆)的分域。与农牧分界线相重合或近似的自然或人文界线,包括 400 mm 降水量线、农业气候界线、自然地理区界线、明代长城、人口和经济区界线、胡焕庸线等。除河西走廊凸出西北,农牧区分界与上述诸要素的界线颇为一致,显示出中国文化地理区中农业、牧业之间的极大差异[169]。

2) 三峡地区在中国文化区中的位置(图 6.2)

在中国文化区中,三峡地区几乎位于几个交界线上,其文化现象带有极强的过渡性,但主要还是属于农业区。

从大文化区来看,三峡地区位于扬子文化区与西南文化区的交界处,这与一、二级阶梯的地形分界点的自然地理位置高度吻合;从二级文化区来看,三峡地区则位于荆楚文化区与巴蜀文化区的交界处;再往下,在荆楚文化区中,更偏重于楚文化,在巴蜀文化区中,则更偏重于巴文化。因此,有学者也称三峡地域文化为"巴楚文化";更细分,三峡地区属于川东峡谷文化区与鄂西少数民族文化区的交汇处。因此,三峡文化作为一个整体,是一种跨界文化,其文化地理变迁也是一种跨界变迁。

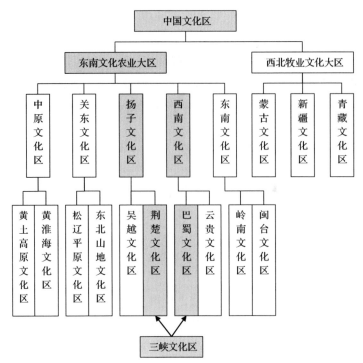

图 6.2　三峡文化区在中国文化区、文化亚区划分体系图的位置图
图片来源：根据周尚意等《文化地理学》P238 图 7 - 3 改绘.

6.2.3　三峡文化区内亚文化区的划分

以和谐、可持续发展理念为指导，以改善人居环境质量、提升人居环境品质为目的，在充分认识地域文化空间分布与历史演化规律的基础上，进行区域内部文化区划，为人居环境规划与管理方案的制定、优秀传统文化的保护与管理提供科学依据，为区域社会、经济、环境的发展提供科学基础，促进地域文化资源的整合、开发与利用，提高人居环境品质与人民生活水平。作为对三峡地区文化地理研究的总结，笔者对整体文化进行综合分析研究，试图提出当代三峡地区综合文化区划方案。

1）三峡文化区内部文化亚区的划分依据与原则

三峡文化区内部的文化亚区划分的依据是一定历史时期内文化景观的相似性与差异性，简而言之，即为区内相似、区间差异。其划分原则主要有：自然环境相似性原则、文化景观相似性原则与风俗习惯一致性原则以及发生学与区域共轭性原则。

本研究采用 GIS 空间分析的方法来辅助进行文化区划。先建立三峡地区文化空间数据库，通过特征识别与提取，进行空间特征分析，生成文化区边界；再通过边界形成文化区；最后对文化区进行修正与微调。

2）三峡文化区内各文化亚区的特点及其关系

根据三峡地域内的文化空间分异与文化相似性以及以文化景观为主的地域组合，我们将三峡地区划分为四个文化亚区（图6.3）。每个文化亚区内部文化的发生历史、形成过程与文化特质都具有极强的相似性。

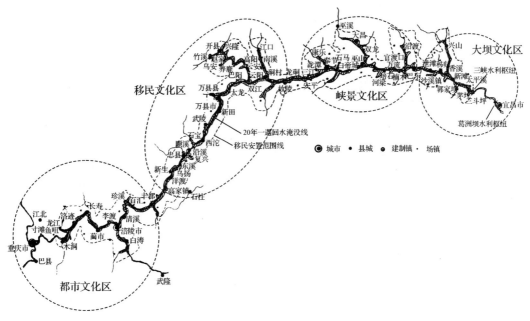

图6.3 三峡文化区内各文化亚区分布示意图 图片来源:自绘.

（1）以三峡大坝为核心的大坝文化区

大坝文化区是以三峡大坝为核心、以现代水电文化为主导的文化区,位于三峡地区的东部,是长江三峡段的下游部分(图6.4)。从行政区上来看,都在湖北省境内,包括秭归、兴山、宜昌三个县级行政区。

这里有占地15.28 km²的"三峡大坝旅游区",目前对游客开放了坛子岭观景点、185平台、近坝观景点、坝顶和截流纪念园五个观景点。借用旅游景点解说词可以大致了解其文化特色:登上4A级旅游景区坛子岭观景点你能鸟瞰三峡工程全貌,体会毛主席诗句"截断巫山云雨,高峡出平湖"的豪迈情怀;站在185平台上向下俯瞰,感受中华民族的伟大与自豪;走进近坝观景点,你能零距离感受雄伟壮丽的大坝;登上坝顶你能直面雷霆万钧的泄洪景观;来到截流纪念园欣赏人与自然的完美结合,仿佛置身于"山水相连,天人合一"的人间美境。同时,景区还有反映三峡文化和大河文化的三峡大坝旅游区大型情境演出。

三峡坝区中的办公生活区总建筑面积为54.6万 m²。办公生活区建有三峡工程大酒店、三峡工程展览馆、三峡工程建设指挥中心、环保公园和现代化生活小区等。未来的三峡坝区将成为国家级森林公园,将宏伟的现代化工程与自然生态有机融合。

图6.4 三峡大坝

图片来源:自摄.

（2）以大小三峡为核心的峡景文化区

峡景文化区是以大小三峡为核心、自然生态文化为主导的文化区,位于三峡地区的中部,是长江三峡段的中游部分。从行政区上来看,包括湖北省境内的巴东、重庆市境内的巫山、巫溪、奉节等四个县级行政区。

大三峡雄伟险峻,小三峡幽深秀丽,小小三峡绮丽迷人,宛如三条山水画廊,浓墨重彩地呈现着各自的迷人风采(图6.5)。大三峡是瞿塘峡、巫峡、西陵峡的总称,分别以雄、秀、险著称,上起重庆市奉节白帝城,下至湖北宜昌南津关,全长192 km,是世界上著名的山水画廊。小三峡在大宁河谷,是龙门峡、铁棺峡和滴翠峡的统称,南起巫山县,北至大昌古城,全长约60 km。大宁河发源于陕西省平利县的中南山,流经崇山峻岭和大小峡谷,一路容纳百川清流,穿过巫溪、巫山之间的云崖险峰,注入巫峡西口的浩浩长江。大宁河千姿百态,神秘莫测,过去长期隐匿无声,近年由于我国旅游事业的发展,它初露容颜,即一鸣惊人。有人赞颂它"不是三峡,胜似三峡","神矣绝矣,叹为观止矣"。小小三峡在小三峡的尽头,是在大宁河的支流马渡河上,由长滩峡、秦王峡、三撑峡组成。这里水浅峡窄,风景旖旎,小木船才可驶入。

图6.5　三峡风光

图片来源:自摄与收集整理.

（3）以库区第二大城市万州为核心的移民文化区

移民文化区是以库区第二大城市万州为核心、以移民文化为主导的文化区,位于三峡地区的西部,是长江三峡段的中上游部分。从行政区上来看,包括重庆市境内的万州、云阳、开县、忠县、石柱、丰都、涪陵等七个县级行政区。

以万州为中心的三峡移民文化区,在近20年的时间中移民潮涌。以万州为例,这是一个典型的移民城市,有80%的人口是移民(图6.6)。万州位于重庆主城至宜昌的中点,是库区的中心。两次移民大潮使得这座城市有极强的文化包容性。湖广填四川时,来自长江中下游的移民通过三峡,经过巫山、奉节,发现峡江两岸高山险阻,几无落脚之地,于是继续前行,进入河谷肥沃、相对开阔、以丘陵为主的万州地界,落户生根。而今的三峡移民,更是使得这座城市人口激增,城市规模急剧扩大。万州现在的天城、五桥、龙宝新城区中的居民,绝大多数都是从巫山、巫溪、城口等库区县和湖北利川、四川达州市等组成的"新移民"。随着库区及周边地区"新移民"的涌入,三峡文化、土家文化、巴蜀文化、荆楚文化等,都开始集聚到这座城市里来,丰富着万州的城市文化内涵。而在万州如今的城市建设中,先后建成的高笋塘商业广场、龙都广场、心连心广场、三峡移民广场等城市大型广场,已经成为移民文化集中展示的平台。每天早晚,以移民为主体的数以万计的万州市民,在这些广场上演唱《三峡梦》《三峡小雨》《三峡我的家》等万州人创作的三峡移民歌曲,跳起移民舞蹈。三峡文艺工作者自编自演的话剧《移民金大花》也受到了好评。

图 6.6　万州移民新城

图片来源：自摄.

（4）以重庆市主城区为核心的都市文化区

都市文化区是以重庆市主城区为核心、以陪都文化为主导的文化区，位于三峡地区的西南部，是长江三峡段的上游部分。从行政区上来看，包括重庆市境内的重庆渝中区、巴南区、渝北区、沙坪坝区、江北区、南岸区、九龙坡区、北碚区、长寿区、江津区等十个区县（图 6.7，图 6.8）。

以重庆主城区为核心的都市文化区，作为三峡地区的起点是三峡文化的集中体现之地，中国三峡博物馆就在此。中国三峡博物馆是保护、研究、展示重庆和三峡地区历史文化遗产与人类环境物证的公益性文化教育机构，是弘扬和培育民族精神的重要文化基础设施。重庆中国三峡博物馆与重庆市博物馆合并共建，它位于 20 世纪亚洲十大经典建筑的重庆人民大礼堂的正西端，两者中间为 4 万 m^2 的重庆人民广场，三者共同形成"三位一体"的城市标志性建筑群，使这里成为一个文化含量极高的片区。它将成为收藏、研究、展示重庆及三峡地区历史与文化的科学殿堂，成为进行爱国主义教育的基地，成为重庆与国内外进行文化交流的重要平台和中外游客参观、学习、游览的场所，成为市民引以为自豪的标志性文化建筑。目前拥有各类文物近百万余件，各类珍贵图书、资料十万余件。其中馆藏文物约 10 万多件，资料 5 万多件，具有重要历史、艺术价值的珍品有：四川旧石器 500 多件，巴蜀文物 1 000 余件，汉画像石、画像砖 100 多件，历代名窑陶瓷器 4 000 多件，宋元以来名家书画 5 000 多件。该馆还藏有著名历史人物明玉珍、张献忠、秦良玉、邹容等人的遗物手迹以及齐白石、张大千、徐悲鸿、朱宣咸、苏葆桢等杰出画家的作品。近现代文物约 3 万件，其中有太平天国、重庆教案、辛亥革命、五四运动、红军长征、抗日战争等重大历史事件的文物资料。此外，还有西南民族文物,包括羌、藏、彝、苗、土家等族的工艺美术品 5 000 多件①。

图 6.7　重庆磁器口码头

图 6.8　重庆主城区夜景

6.2.4　文化区划与人居环境规划的协同

文化区划是文化地理学研究文化的空间分布规律的重要落脚点之一;规划是人居环境科学研究人类聚居的重要落脚点之一。长期以来,文化地理学家与人居环境规划师都各自关注自己的专业领域,分别从各自的研究体系开展研究。笔者认为,文化区划与人居环境规划二者可协同进行,互为补充,用学科交叉来完成更为准确、科学性更强的研究成果。

1) 文化区划与人居环境规划的协同方式

文化区划与人居环境规划的协同方式有两种:一是在文化区划的基础上开展人居环境规划;二是二者同时进行。

如在人居环境区域发展规划、战略规划、城镇体系规划或总体规划之前,充分了解地域文化社会情况,先进行文化区划,再将文化区划结果作为人居环境规划的基础要素之一,可使得人居环境规划更为科学合理,更符合地方发展需求,也更易被地方人民接受。当然,也可二者同时进行,人居环境规划为文化区划提供修正依据,文化区划为人居环境规划提供决策基础。

---

① 数据来源:中国三峡博物馆 http://www.3gmuseum.cn/

2）人居环境规划促进文化区发展的内外协调对策

为实现文化区的协调与发展，人居环境规划既要注重外部协调，抓住三峡地区文化特色，提升三峡地区文化价值，打造三峡地区文化品牌，扩大三峡地区文化影响力；又要注重内部协调，统筹三峡地区内部各个文化区之间的发展关系，理顺发展次序，突出各自的发展重点，统筹规划。

（1）外部协调——抓住特色，提升价值

与外部文化区域的协调，总而言之是抓住文化特色，提升文化价值。其具体步骤：一是了解外部文化特点及其发展趋势，二是认清与本区文化的异同，三是制定互补式的发展策略，四是开展多种形式的文化交流。

抓住文化特色，是在完成一、二步后，在知己知彼的基础上进行的自身文化资源的挖掘，文化特色的彰显。提升文化价值，则是三、四步的主要目的。地域文化的发展，既不可被外部强势文化吞噬，完全丧失自我，也不能故步自封，唯我独尊。要以开放的、客观的、宽容的态度去看待外部环境；以择优兼容的方式去吸取外部文化的精华为我所用。这样才可做到区内区外协调发展。

（2）内部协调——和而不同，统筹发展

三峡地区的四大文化区各自有着不同的特点与境况，又有着诸多类似之处。因此需要统筹发展，既不可一概而论，亦不能分而治之，而是需要在相互尊重的基础上、朝着共同的整体目标进行各有主题各有主体的文化发展之路。

笔者试提出各区的文化发展指引：大坝文化区发展以"水电文化"、"名人文化"为主的新兴文化与传统文化；峡景文化区发展以"自然风光"、"旅游文化"为主的绿色生态文化；移民文化区发展以"新城风貌"、"古镇特色"为主的移民城镇文化；都市文化区则是发展以"快捷高效"、"经济文化"为主的都市现代文化。

6.3 时间可持续：文化生命周期的认知与调控

前文说道，文化是一个动态的历史过程，有着其产生、发展、变化与消亡的过程与规律。尽管某个具体的文化类型有其产生的早晚、发展的快慢，但我们可将其当作一个个生命体来看待，文化亦有其生命周期。按照生命周期的时期来进行划分，可将文化分为：建立期、成长期、成熟期和衰败期四个大的阶段。生物体的行为模式是可以随着生命周期的变化而预知的，那么文化模式也可通过对文化所处周期的阶段而预知、引导的。在大环境迅速突变的条件下，如何根据文化生命周期来判断文化的生命力，正确引导文化的转型，使之适应新的环境并得到更好的发展，是本节的目的所在。

6.3.1 生命周期理论及其在人居环境领域应用的可能性

"生命周期"（Life Cycle）是生命科学领域中常用的术语，用来描述某种生物从出生到灭亡的过程。生命周期理论则是揭示各种生命过程规律的理论，在物种的繁衍、进化、更替中起着重要的作用。

生命周期本是对生命而言,但许多非生命事物的兴衰过程具有与生命类似的变化过程,故其他许多学科借用生命周期理论来解释其现象,指导其实践。

不同的研究领域对生命周期有不同的界定。如人类学领域,"田野"研究提出的生命周期是指人类从出生到死亡的不同阶段;家庭研究领域,生命周期是指一系列根据家庭结构与规模变化划分的为人父母的不同阶段;心理学领域,则强调按自我同一性的发展来划分不同阶段;旅游学领域,则提出了"旅游地生命周期"(Resort Life Cycle,简称 RLC)或"旅游产品生命周期"的概念来诠释旅游地或旅游产品的发展演化;对于某个产品而言,则有产品生命周期(Product Life Cycle,简称 PLC)一说,就是从自然中来回到自然中去的全过程,也就是既包括制造产品所需要的原材料的采集、加工等生产过程,也包括产品贮存、运输等流通过程,还包括产品的使用过程以及产品报废或处置等废弃回到自然过程,这个过程构成了一个完整的产品的生命周期;从系统工程的角度看,生命周期是将生命视为一种随个体或组织的发展,社会关系或角色的不断转换循环的过程和阶段。

目前生命周期的概念应用很广泛,特别是在政治、经济、环境、技术、社会等诸多领域经常出现,其基本含义可以通俗地理解为"从摇篮到坟墓"(Cradle-to-Grave)的整个过程。

笔者认为任何一个事物都有其内在的生命周期,都有其发生——发展——成熟——消亡的过程,作为人类聚居地的城市与乡村亦然。

1)生命周期现象存在的普遍性

生命周期现在不仅存在于生物的生命过程上,还存在于其他事物上,具有相当大的普遍性。如,一种食物,通过制作加工成为一种可食用的食物,并被食用者分解、消化、吸收,从而完成其生命历程;又如一个电器,从其设计、加工、制造、成品、交易、使用至其报废,也有着一个类似的生命过程;再如一个文学作品,有其创作、发行、被阅读、被品评、最终淡出人们关注的过程。同样,一座建筑物,也有其设计、建造、使用、废弃、摧毁的过程;一个国家亦有其建立、发展、兴盛、衰落的变化过程;地球、太阳系等也有其产生、发展、消亡的过程。

因此,生命周期现象在宇宙中是普遍存在的,它表现为在时间上的周而复始,也表现在空间上的扩张,同时还表现在人类思维上的影响。每个事物都有其生命周期,只是周期的长短不一、周期各个阶段的表现形式与持续时间不同,且对人类生存和发展的作用不同。

2)生命周期研究方法的跨行业适用性

生命周期理论认为,任何事物都有一个产生、发展、成熟乃至衰退的演变过程。基于生命周期理论,有许多研究方法,如生命周期评价法①、生长曲线预测法②等。由于生命周期现

① 生命周期评价起源于20世纪60年代,由于能源危机的出现及其对社会产生的巨大冲击,美国和英国相继开展了能源利用的深入研究,生命周期评价的概念和思想逐步形成。国际标准化组织1993年6月成立了负责环境管理的技术委员会(ISO/TC 207),负责制定生命周期评价标准。继1997年发布了第一个生命周期评价国际标准 ISO 14040《生命周期评价原则与框架》后,先后发布了 ISO 14041《生命周期评价目的与范围的确定,生命周期清单分析》、ISO 14042《生命周期评价生命周期影响评价》、ISO 14043《生命周期评价生命周期解释》、ISO/TR 14047《生命周期评价 ISO 14042 应用示例》和 ISO/TR 14049《生命周期评价 ISO 14041 应用示例》。

② 生长曲线预测法也称生长曲线模型(Growth Curve Models),是预测事件的一组观测数据随时间的变化符合生长曲线的规律,以生长曲线模型进行预测的方法。一般来说,事物总是经过发生、发展、成熟三个阶段,而每一个阶段的发展速度各不相同。通常在发生阶段,变化速度较为缓慢;在发展阶段,变化速度加快;在成熟阶段,变化速度又趋缓慢,按上述三个阶段发展规律得到的变化曲线称为生长曲线。

象在宇宙时空中普遍存在,因此基于生命周期理论的研究方法具有跨行业的适用性。

如在投资贸易学中的"产品生命周期"(Product Life Cycle,简称 PLC),是产品的市场寿命,即一种新产品从开始进入市场到被市场淘汰的整个过程。

产品生命周期理论是美国哈佛大学教授雷蒙德·弗农(Raymond Vernon)1966 年在其《产品周期中的国际投资与国际贸易》一文中首次提出的。弗农认为[170]:产品生命是指市上的营销生命,产品和人的生命一样,要经历形成、成长、成熟、衰退这样的周期。就产品而言,也就是要经历一个开发、引进、成长、成熟、衰退的阶段。而这个周期在不同的技术水平的国家里,发生的时间和过程是不一样的,期间存在一个较大的差距和时差,正是这一时差,表现为不同国家在技术上的差距。它反映了同一产品在不同国家市场上的竞争地位的差异,从而决定了国际贸易和国际投资的变化。为了便于区分,弗农把这些国家依次分成创新国(一般为最发达国家)、一般发达国家、发展中国家。

3) 人类聚居地生命周期现象的显著性

人类自进化之后,便有群居之习。早期的人类,居无定所,随遇而栖,三五成群,渔猎而食,但在对付个体庞大的凶猛动物时,三五个人的力量不足以应付,只有联合其他群体,才能获得胜利。随着群体的力量强大,收获也就丰富起来,抓获的猎物不便携带,需找地方贮藏起来,久而久之便在某地定居下来。起初以血缘关系进行聚居,形成聚落,共同生活。大凡人类选择定居的地方,都是些水草丰美、动物繁盛的处所。定居下来的先民,为抵御野兽的侵扰,便在驻地周围扎上篱笆,形成早期村落。这是自然状态下,人类聚居地生命周期的第一个阶段——萌芽阶段。由于尚无城乡的划分,此时的村落还不能称作乡村。

随着生产力的发展、聚落人数的增加,聚落逐渐演化为种族、部落,并出现等级、分工。在部落与部落之间不断的思想交流和商品交换的过程中,形成了大大小小的交易市场。当农业逐渐占据了生产中的主导地位时,出现了相对固定的生活场所与交易场所。至此,作为人类聚居地的城市与乡村开始产生,大河流域城市相继出现①。城市出现的同时,乡村也出现了,二者是相对的概念,均是人类聚居地在不同空间上、不同形式上、不同功能上的体现。此为人类聚居地生命周期中的第二个阶段——产生阶段。

随着生产力的进一步发展,工商业发展迅速,城市开始壮大,城市文明开始传播,人们向城市聚集,城镇化进程开始。于是人类进入人类聚居地生命周期的第三个阶段——发展阶段。在这个阶段中,城市与乡村都有所发展。从规模上来说,城市以迅速扩张为主,而乡村则相对稳定。乡村不断向城市输送人口,同时也开辟出新的乡村,新城的城市也在逐渐形成。从农业社会到工业社会期间,都是城乡的发展阶段。

直至工业革命时期,许多大城市已经发展到一定阶段,城市文明高度发达,人类聚居地生命周期进入第四个阶段——成熟期。在这个阶段,城市和乡村都有其明显的特征,有相对独立的体系,能够按照各自的规则运转,同时仍然在不断的发展。城市繁荣、乡村恬静是这

---

① 公元前 3000—前 1500 年,是城市产生的主要时期。在亚欧非大陆上,城市文明蓬勃地兴盛起来。城市的出现是人类史上的一次革命,公元前 3500—前 3000 年间,先是在尼罗河流域,然后是两河流域,出现了人类历史上的最早一批城市。公元前 3000—前 2500 年,两河流域地区开始了最初国家的形成过程,并且出现了很多城市。公元前 2000 年左右,在小亚细亚和地中海东部沿岸也开始出现城市。而在亚洲,中国以及印度河流域是人类文明的发源地,约公元前 2500—前 2000 年,出现城市的雏形。

个阶段的写照。

然而,城市与乡村的生命历程并非同步。城市与乡村的性质不同,发展历程亦不同,因此,其生命周期各个阶段的长短也不一致。可能某个乡村已经进入成熟期,而其临近的城市仍在发展期;也可能某个城市已经到达成熟期,而当时某个乡村刚刚形成。笔者认为,尽管城市与乡村的生命周期现象显著,在部分时期有可能同步,但各自生命周期特征,可适当分开进行研究。

人类聚居地的第五、第六阶段,即衰败期与灭亡或重生期,城乡有着不同的情况,需分别讨论。如工业革命后期,大城市开始出现过度拥挤、交通混乱、环境污染、人们压力过大、犯罪率上升等一系列现代城市病。城市已不能像前几个阶段一样向前发展,而处于停滞或者衰败的状态。此时城市进入第五个阶段——衰败期。在这个阶段,城市面临着两种出路,一是没落消亡,二是重振重生,进入新一轮的生命周期。如沙漠中掩埋的城堡,显然是消亡城镇曾经辉煌的印迹;而大多数城市在经历了衰败期之后,走上了重振重生的道路。乡村在经历了成熟期后,可能由于各种因素人去村空,成为空村而消亡;也有可能随着城市的扩张,融入城市之中,使得原有的乡村不复存在;也有乡村进行经济转型,开始新一轮的生命周期。

通过对城乡发生发展过程的研究,笔者认为,以乡村、城镇为典型的人类聚居地具有显著的生命周期现象,可以用生命周期理论及方法来对其过程进行描述、解释和预测,为创造更优的人居环境提供科学依据。

6.3.2 文化生命说

文化就如同一个生命体,有着自身诞生、成长、成熟、衰退、死亡的过程。在人类文化研究的许多学说中都有文化生命周期的体现,事实也证明文化是具有生命力的,文化生命周期是客观存在的。准确把握文化生命周期有着重要的意义与作用。

1) 与文化生命周期相关的理论

关于人类文化的研究有多种学说,多种学说都或多或少地印证了文化生命周期的存在,如进化论、代谢论、循环论、自组织理论等。

文化进化论,受达尔文生物进化论的影响,将进化论从生物界移植到人类社会来阐释文化的各种现象与问题。文化进化论认为:人类社会文化是不断地由低级阶段向高级阶段发展的,各地区各民族的文化发展经历大致相同的过程。其贡献在于,在复杂的文化现象中,以简驭繁,以动态的发展观点去看待各种文化。主要代表作有泰勒的《原始文化》[40]与摩尔根《古代社会》[171]。新进化论的代表者美国塞维斯的《文化进化论》[172]与哈定的《文化与进化》[173]区分了一般进化与特殊进化。

费孝通在《文化的生与死》一书中指出"任何文化事物都有一定的生命周期,都经历由起到落、由生到灭、由新到旧的过程。新事物的不断产生,旧事物的不断淘汰,形成连续的新陈代谢过程"[174]。熊彼特①在《经济周期循环论》一书中提出"经济周期循环论"[175]。他认为经济周期都要经历"繁荣、萧条、衰退、复苏"循环往复的运动,提出是什么力量在推动周而复

---

① 熊彼特(Joseph Alois Schumpeter,1883—1950),美籍奥匈帝国经济学家,当代资产阶级经济学代表人物之一。

始的衰退与繁荣,并指出"如果一个人不掌握历史的事实,不具备适当的历史感或所谓的历史经验,那么,就不可能理解任何时代的经济现象"[176]。文化亦然。

2)文化生命力的体现

文化何以在漫长的历史洪流中延续至今?这是文化生命力最直接的体现。不同的文化有不同的发育程度,有不等的生命力。有些文化可以经历世事变迁依然被保留、被传承,在当今社会生活中起到相应的作用;而有些文化则被淘汰、被遗忘,消逝在历史的长河中。

文化看似无形,却可以内化为精神,转化为价值观,指导人们行动,成为社会发展的牵引力。文化是具有生命力的,其在现实社会中的适应力、凝聚力、创造力、亲和力与向心力都是生命力的体现。文化主体会随着环境的变化而发生自动调适,这就是文化生命力中生存适应力的表达。

3)文化生命周期的存在

"生命周期"(Life Cycle)最早是生物学领域中的专业词汇,用来描述某种生物从出现到最终消亡的演化过程。文化的产生与消亡过程正如生命的产生与死亡过程一样,拥有"从摇篮到坟墓"的全过程。不同的文化生命周期长短不一,有的可能仅有几十年,而有的文化可能会延续几千年甚至上万年。因此,笔者认为文化生命周期客观存在,可被认知、判断、度量与调控。

4)把握文化生命周期的作用与意义

文化生命周期理论可对文化演变过程进行描述,它为研究文化的发展演变并采取不同的应对对策提供了一种有效的工具和手段。

处在某个生命周期阶段的文化具备特定发展阶段的特征,发展规划或策略应与特定的演进阶段相对应。在不同的生命阶段,地域文化会面临不同的形势,宜采用不同的发展策略。因此,准确判断地域文化所处的生命周期阶段,对地域文化的可持续发展具有很重要的意义。

6.3.3 文化生命阶段的判别与调控

如果将三峡地域文化视为复杂的生命系统,其演进受到诸多要素的影响。以下就笔者的认识来讨论一下文化生命周期的阶段划分、判别与调控。

1)地域文化生命周期模型

美国作家盖瑞·祖卡夫在《灵魂之心》中指出,精神性正在取代生存需要成为人类最重要的需求[177][178]。换而言之,人民的文化需求正在逐步超过物质需求,成为人类最重要的需求。

(1)文化生命周期内涵与模型

文化作为人类物质与精神财富积累的总和,其生命周期跟人类作为一个整体的生命周期相当;某种文化则可类比于某个人类群体,而当将某种文化要素单独来看时可类比于人类个体,是具有明显生命特征的。许多个人可组成团体、民族、党派、国家等群体,而许多群体则组成整个人类社会。与人类社会相似,文化要素组成某类文化,而所有文化类组成人类文化整体。文化生命的内涵在于:文化或者文化要素都有着从发生、发展到兴盛、衰亡的生命过程;不同的文化生命过程长短不一,周期不等;文化生命周期受到诸多因素的影响,是可控可调的弹性过程。

常用的生命周期模型有发展阶段模型、绩效模型、平衡模型以及共生模型等。按照生命周期理论的研究范式,一般选用发展阶段模型,便可较好地解释文化周期、文化共生、文化兴衰、文化自组织与自适应等现象。

(2)生命周期的阶段划分及阶段特征

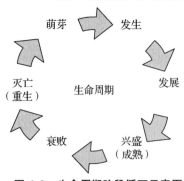

图6.9 生命周期阶段循环示意图

图片来源:自绘.

地域文化的生命周期(图6.9)大致可划分为文化萌芽、发生、发展、兴盛(成熟)、衰败、灭亡(重生)等6个阶段:

文化的萌芽阶段,具有一些文化发生之前的共性特征。对于文化整体而言,自人类诞生之日便开始萌芽。人与人之间的咿呀交流、肢体动作,人在自然之中的取食、行走,这些活动的开始,便是文化之萌芽。对于文化个体而言,都是基于一定的人群及其社会活动而生的。如三峡的川江号子文化,是三峡纤夫背着纤绳在抢滩拉船的劳动中产生的。在这种劳动发展之初,并无川江号子,只是人们各自用力拉绳,然后慢慢发现各自拉绳的效果不如大家一起发力拉的效果好,便想办法如何统一大家的行动,一起喊诸如"嘿"之类的口令,这就是川江号子的萌芽。

文化的发生阶段,是文化发生、成型的阶段,这个阶段文化变化速度较为缓慢。对于人类文化整体而言,在群居生活中人与人之间的相互交流,逐步达成认识、行为等共识,形成一定的组织关系,如语言的出现、部族的出现等;人们在采摘渔猎的生存过程中,逐渐形成对自然界的认识,如知道哪些植物动物能作为食物,哪些不可为食。这些人类认知与行为逐渐形成了早期文化。这些的发生就是文化的发生。对于文化个体而言,文化雏形的出现,就是文化发生阶段。如川江号子作为一种文化形式,在纤夫的劳动过程中,有规律有组织进行统一口号的喊出,来统一力量协调行动,就可以认为文化已发生。

文化的发展阶段,是文化不断发展的阶段,其变化速度较快。对于人类整体文化而言,直至现在都还处在发展阶段,各种文化现象层出不穷,文化不断积累、不断丰富。对于个体文化而言,则是文化内容丰富、文化形式多样化的一个过程。以川江号子文化为例,人们在具体的劳动实践中,根据不同的情况编出不同的号子,如抢滩号子、过湾号子等;根据不同的劳动分工,号子的唱词也有分工,如掌舵的领号、拉绳的跟号等,号子的内容、形式都大大地丰富了。

文化的兴盛(成熟)阶段,是指文化的形式与内容能有效推动社会的进步与发展,具有很广的影响力与很高的价值。对于人类整体文化而言,保持文化多样性、文化生态,多种文化和谐共存,人类文明高度发达,人类社会高效运转的相对稳定、繁荣的状态就表示进入文化兴盛(成熟)阶段。对于个体文化而言,则是文化最为盛行,受众最多,并且对当时社会发展起到积极的推动作用。如川江号子文化在其兴盛时期,传唱于三峡劳动人民之间。几乎所有的纤夫在拉纤时,都会要唱川江号子,而且代代相传。号子的节奏会随着水势不同而不同;号子的腔调也会随着不同的情形而变化;号子的唱词也是丰富多样,根据不同的劳动状态有不同的内容。如过险滩时,要唱"绞船号子"、"交加号子",此类号子音调激烈而雄壮,充满力量;闯滩时,唱"懒大桡号子"、"起复桡号子"、"鸡啄米号子",此类号子具有强烈的劳动节奏特点,以适应闯滩的行船需要;船行上水拉纤时,要唱"大斑鸠号子"、"幺川江号子"、"二三号子"、"抓抓号子"、"蔫泡泡号子",此类号子一般旋律性强,可缓解紧张情绪、统一脚步和集中力点;船行下水或平水时,要唱"莫约号子"、"桡号子"、"二流摇橹号子"、"龙船号子"等,此类号子音调悠扬,节奏较慢,适合扳桡的慢动作,也是船工在过滩、礁的紧张劳动后,在体力精力上的劳逸调剂。在川江号子兴盛时期,这些种类众多的号子发挥着各自的作用,推动着社会的发展。

文化的衰败阶段,指文化经过兴盛(成熟)期,文化作用逐渐减弱,文化受众逐渐减少,文化价值逐渐降低的阶段。对于人类文化整体来说,这个阶段是人类走向灭亡的阶段,但短时期内不太可能会出现。而对于文化个体来说,文化衰退现象就很常见了,不同文化应时而生,也顺时而衰,此消彼长,此起彼伏。以川江号子为例,随着生产力的发展,木船逐渐被机动船所替代,以人工为动力的船只在一些干流河湾和支流小河中运行,纤夫的数量在减少;而随着三峡地区几处险滩被销毁,需要纤夫拉纤抢滩的机会也在减少。因此,会唱川江号子的人数在逐渐减少,它在社会发展中所起的作用也在逐步减小,川江号子文化进入衰退阶段。

文化的灭亡(重生)阶段,指文化现象消失或以另一种形式出现的阶段。对于人类整体文化,这个阶段尚遥不可及,在此不做讨论。文化个体的灭亡与重生现象则一直在不断上演。还是以川江号子为例,三峡工程始建前后,几乎不再需要纤夫拉纤,三峡水库蓄水之后,纤夫便成为历史角色,随之,川江号子也不再在峡江响起。川江号子可能就这样被历史所淘汰,就此灭亡。作为劳动号子的川江号子确确实实地退出了历史的舞台,然而,川江号子中蕴含的劳动人民面对险恶的自然环境不屈不挠的抗争精神与劳动人民粗犷豪迈中不失幽默的性格特征却永远留在人们的心中。如今,川江号子作为一种民间艺术形式走上了重生的道路。文化工作者找寻老船工,记录他们的声音、他们的号子,主动保留、抢救,使得川江号子文化得以传承,并且以另一种形式发挥其作用,展示其艺术价值。"巴渝民间艺术大师"陈邦贵1954年将《川江号子》正式搬上舞台,1956年陈邦贵又带着《川江号子》到首都剧场参加工人文艺调演;1987年7月25日,在法国阿维尼翁工学院演出;为了祝贺三峡大坝成功蓄水,他完成了新作《高峡出平湖》,他还创办了川江号子传习所,使得这一文化形式得以传承[179]。2012年2月,陈老先生辞世。2006年5月20日,川江号子经国务院批准列入第一批国家级非物质文化遗产名录。川江号子进入重生阶段,开始新一轮的生命周期(图6.10)。

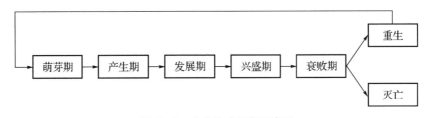

图6.10 文化生命周期示意图

图片来源:自绘.

2)文化生命阶段的判别

通过对三峡地区文化发生发展过程的研究,笔者认为,地域文化具有显著的生命周期现象,可以用生命周期理论及方法来对其过程进行描述、解释和预测,为创造更优的人居环境提供科学依据。文化生命阶段的判别,需要在较为准确地把握文化生命全过程的情况下,借助特征化模型与文化生命周期曲线,进行文化特征的比对,最终确定文化生命周期阶段。

(1)确定地域文化生命周期阶段特征辨析指标

首先需要构建地域文化生命周期阶段特征辨析指标体系,如受该种文化影响的人群数量、文化经济价值、文化社会价值、文化推动社会发展作用力等;其次,借用数学与计算机等现代科技方法,提出每种指标的具体测算数值方法与定量标准;接着对照指标和标准提取需要评价的文化基础数据;最后对数据进行指标模型分析,得出生命周期阶段结论(表6.1)。

表6.1 地域文化生命周期阶段特征指标示意表

周期阶段 \ 特征	文化特征			
	影响人群数量	经济价值	社会价值	推动社会发展的作用力
萌芽阶段(设想)	少	低	中	低
产生阶段(发生)	中	低	中	低
发展阶段(发展)	多	中	高	中
成熟阶段(兴盛)	极多	高	高	高
转型阶段(衰落)	中	低	低	中
重生阶段(重生)	少	低	中	低

资料来源:据相关资料整理而成.

(2)绘制生命周期曲线

按照生命阶段发展规律得到的变化曲线称为生命周期曲线,也称生长曲线。生长曲线模型(Growth Curve Models)是预测事件的一组观测数据随时间的变化符合生长曲线的规律,以生长曲线模型进行预测的方法。通过生命周期曲线可以形象地表达文化生命周期各个阶段。以时间为横轴,以某一特征表象(或多种特征表象,或综合值)为纵轴,形成二维曲线图。如以文化影响人群数量变化来模拟文化生命周期,可得到如下曲线图(图6.11)。

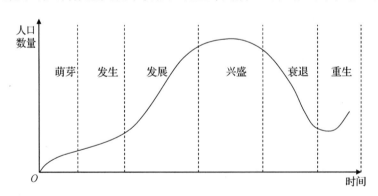

图6.11 以人口数量为表征的生命周期曲线图

图片来源:自绘.

对于地域文化来说,生命周期并非一次性,可能会出现周而复始的多周期进化,也可能出现多生命周期重叠现象。如每个文化个体有其自身的生命周期,个体文化组成的文化群又会有一个组合的生命周期,即大的生命周期中套叠有若干小的生命周期。因此,文化的发展不是简单的过程,优秀文化之所以流传至今,是要经过每个生命周期环节的考验。

综上,可利用生命周期曲线进行情景分析,比对文化周期特征,确定文化生命阶段。

　　3)文化生命周期的调控因素及调控方法

　　掌握了文化生命周期规律,了解了文化生命周期特征,可引人人工规划干预,适时适当地对其进行调控,使之向着有利于人类社会发展的目标行进。进行文化生命周期调控,可扩大积极文化的影响面与持续时间,可合理规避消极文化,减小其负面影响,可保障地方社会、经济的可持续发展,对地域发展起着很大的作用。

　　三峡文化的现状是自身活力与突变的时代不相适应,处于停滞、僵死、失传的境地;文化传承途径单一,发展环境脆弱,缺乏文化生命力。而文化发展绝非单纯的破旧立新,也非一味固守传统。在三峡地区文化生命周期理论发展动态分析基础上,应用文化生命周期模型对三峡地域文化的发展现状、历程和影响人群数量变化状况进行分析,结合典型案例分析,编制地域文化生命周期曲线,分析影响曲线的因子,探寻文化生命周期的调节机制,提出调控地域文化生命周期的途径、方法及对策。强化文化可持续发展的观念,加强对三峡地区优秀传统文化的保护,塑造鲜明的地域文化形象,调整文化产品结构,优化文化资源组合,加大文化宣传力度,改进文化发展工作,推动区域优势互补,加强区域文化交流。研究结果表明:三峡地域文化正处于文化生命周期的重生阶段。随时间推移,三峡文化逐渐复合化,文化的调适和创新伴随三峡地域文化发展的全过程(图6.12)。

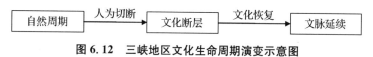

图6.12　三峡地区文化生命周期演变示意图

图片来源:自绘.

6.3.4　文化生命周期与人居环境规划生命周期的协同

　　前文充分说明文化是有生命周期的,且其阶段可判别可调控;规划亦有生命周期,若将二者协同,则可更好地为人类创造舒适的人居环境。

　　1)生命周期理论在城乡规划领域应用的可能性

　　城乡规划是一种研究城乡的未来发展、城乡的合理布局和合理安排城乡各项工程建设的综合部署,原则上应发生在城市与乡村的形成之初。一个城市或者乡村应先有规划设计,再按照规划进行建设,逐步发展,形成规模,到稳定运营,再到衰亡或重生。这是一种理想的城乡规划建设周期状态。

　　然而在现实中,城市和乡村都会自发地生长,规划作为一种正确引导城乡发展的手段是在人类文明达到一定程度后才出现的。因此,在规划尚未全覆盖的情况下,城乡规划在城市与乡村的生命周期的任何一个阶段都有可能介入。而分清要规划的城市或乡村正处于生命周期的哪一个阶段,对于正确地判断发展方向、合理地规划蓝图有着重要的作用。

　　如要新建一座城市,即在此城生命周期的起始阶段进行规划设计,根据生命周期原理和其他相关理论预测其未来的发展,并制定相应的发展规划。又如在城市的发展期对其进行规划,则要充分了解其发展条件与潜力,合理规划促使其顺利地向着好的方向发展,顺利走入成熟期。而当城市已经开始出现衰败,在这个时期开始编制规划,则是一个城市重生的开始。乡村亦然。

尽管各个城乡的生命周期各有不同,但生命周期理论可以在城乡规划领域得到应用,有助于分析城乡现状及发展趋势,从而使规划更为合理。

2)人居环境生命周期阶段特征与影响因素

(1)城乡生命周期各阶段特征辨析

不同的人居环境(如城市与乡村)在生命周期各阶段有着不同的特征,建立人居环境生命周期阶段特征辨析指标,有助于分清其所处的阶段,从而制定适合的发展策略。

首先需要构建人居环境生命周期阶段特征辨析指标体系,如人口聚集度、设施完善度、生活幸福度、经济发达度等;其次,借用数学与计算机等现代科技方法,提出每种指标的具体测算数值方法与定量标准;接着对照指标和标准提取需要评价的城市基础数据;最后对数据进行指标模型分析,得出生命周期阶段结论。乡村生命周期阶段特征辨析过程类似(表6.2)。

表 6.2　城乡生命周期阶段特征指标示意表

周期阶段 \ 特征	城市特征				乡村特征	
	人口聚集度	设施完善度	生活幸福度	经济发达度	人口	产业
萌芽阶段(设想)	低	低	中	低	少	农业
产生阶段(发生)	中	低	中	低	少	农业
发展阶段(发展)	高	中	高	中	中	农业
成熟阶段(兴盛)	极高	高	高	高	多	多种
转型阶段(衰落)	中	高	低	中	少	其他

通过生命周期曲线可以形象地表达人居环境生命周期各个阶段。以时间为横轴,以某一特征表象(或多种特征表象,或综合值)为纵轴,形成二维曲线图。如以人口的数量变化来模拟人居环境生命周期,可得到如下曲线图(图6.13)。

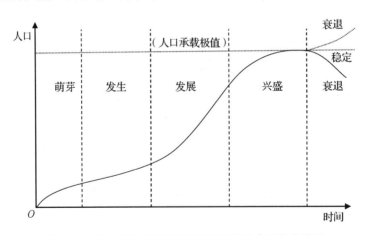

图 6.13　以人口数量为表征的人居环境生命周期曲线图

图片来源:自绘.

对于人类聚居地来说,生命周期并非一次性,可能会出现周而复始的多周期进化,也可能出现多生命周期重叠现象。如每个城市和乡村有其自身的生命周期,各个城市和乡村组成的城市群或者是地区,又会有一个组合的生命周期,即大的生命周期中套叠有若干小的生命周期(图6.14)。

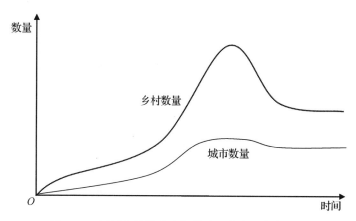

图6.14　以城乡数量为表征的地区生命周期曲线图

图片来源:自绘.

城市与乡村并非孤立存在,个体之间、群体之间都相互影响,相互渗透,共同组成有机的人居环境系统。

(2)人居环境生命周期影响因素

不同的人居环境在不同的阶段有着不同的发展条件与机遇,使得每个个体城市或乡村的每个阶段经历的时间并非一致,都有其自身的特点。影响人居环境生命周期的因素多种多样,影响力也有强有弱,根据对生命周期的作用方式大体将影响因素分为自然过程因素与非自然过程因素两大类,其中自然过程因素指的是没有干扰的情况下自然演变中的影响因素,包括城乡的区位、发展条件、自然环境、道路交通、基础设施等;而非自然过程因素则是突变性的时空压缩因素,如突发灾害、政策调整、战争等。

这些因素又有可控与不可控之分,一般而言,非自然过程因素大多为不可控,如自然灾害等,但可预测以最大限度地减小损失;自然过程因素中,如区位、自然环境等因素是不可控的,但基础设施、道路交通条件等是人为可控的,这些条件的改善能够影响生命周期的进程,同时也是城乡生命周期过程中的一部分。

各种因素共同作用于人居环境生命周期,使得生命周期随时间滚动。剖析生命周期影响因素,分清哪些可控,哪些不可控,可有效控制生命周期进程,能够为人为调节生命周期阶段过程提供帮助,使之朝着有利于人类整体生存与发展的方向前进。

3)人居环境规划生命周期解析

不仅是城市与乡村的人居环境有其生命周期,就规划本身而言亦有其周期,有其准备期、规划构思期、规划编制期、规划执行期、规划实现期(图6.15)。准备期即对应生命周期的萌芽阶段,需要进行现场调研、踏勘,收集各方相关资料;规划构思期应用于生命周期的发生阶段,即一个规划的正式开始,需要分析各种情况形成发展思路,在此期间,对规划对象的生命周期阶段判断则能够为规划决策提供较为准确的判断;规划编制期对应于生命周期的发展阶段,即规划成果的形成期,需要规划者们运用专业知识进行专业编制;规划执行期对应于生命周期的成熟期,即对规划的落实,在规划的指导下进行开发建设,是规划发挥其最大作用的时候,在此期间,可能会根据实际情况对规划进行修正和调整,以便更好地结合实际;规划实现期对应于生命周期的消亡阶段,规划已经实现了,规划本身就失去了价值,成为了历史。这时原有规划已经完成其历史使命,需要新的规划指导今后的建设发展,另一轮规划的新的生命周期即将开始。在规划生命周期的不同阶段,规划有着不同的使命,起着不同的作用。厘清规划生命周期,有助于正确地看待规划,从而有效地指导实践。

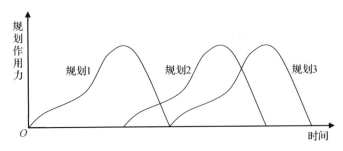

图 6.15　规划生命周期示意图　图片来源:自绘.

4)文化生命周期与人居环境规划生命周期的协同方式

将文化生命周期与人居环境规划生命周期协同,首先需要充分认识某地域的文化及其生命周期进程与所处阶段,根据阶段特点进行人居环境规划与设计;其次,掌握规划生命周期特点,遵循生命周期规律,减少不必要的人工干预,适时进行规划或规划调整,加以正确的人居环境建设指导。

6.4　保持先进性:文化价值的评估与提升

文化是有价值的,先进的文化能够引领人类社会朝着更好的方向发展。

价值理论是价值以主体为转移的,所谓好坏要看对谁而言,它不是事物本身的属性,它就是事物与人之间的关系状态。文化是以价值为核心的一种生活样式和体系,衡量一种文化是否先进,这个先进性是指是否有利于主体的生存和发展。我们要以文化主体的生存和发展为根据,看它对主体的意义。如果一种文化能够反映主体社会发展的要求、主体的根本利益和长远利益,能够为主体的生存发展提供最大的资源,那么它就是先进文化,它就具有很高的文化价值。江泽民同志在十六大报告中明确指出:"在当代中国,发展先进文化,就是发展面向现代化、面向世界、面向未来的,民族的科学的大众的社会主义文化,以不断丰富人们的精神世界,增强人们的精神力量。"

关于文化价值的评估,是以一定的文化价值观为前提的。价值理论认为:价值与人们的日常生活密切相关,人的一切行动、思想、情感和意志都以一定的价值为原动力;价值关系是人类一切社会关系的基础与核心,可作为确立文化价值的理论基础与依据。马克思劳动价值论认为,商品有两种属性——价值与使用价值。价值是凝结在商品中的一般的无差别的人类劳动,商品的价值量是由生产商品所消耗的社会必要劳动时间的多少决定的,价格是商品价值的货币表现形式,商品价格以商品价值为基础,随着商品价值、货币价值及市场供求情况的变换而变化。而商品的有用性使其成为使用价值。边际效用价值论认为商品的价值是人对物品效用的感觉和评价;效用随着人们消费的某种商品的不断增加而递减;边际效用就是某物品一系列递减的效用中最后一个单位所具有的效用,即最小效用,它是衡量商品价值量的尺度。商品的价值取决于效用,并以稀少性为条件;价值尺度是边际效用;不能直接满足人的欲望的生产资料的价值,由最终消费品的边际效用决定;市场价格是买卖双方物品效用主观评价彼此均衡的结果[180]。市场价值论认为商品的价值是由市场供需平衡决定的。当供远大于求时,价格就降低;当供远小于求时,价格就上涨;供求基本平衡时,就确定了市场均衡价格。有学者指出,不同地域有不同的特点及文化价值,认为文化是可持续发展的灵魂,提出文化价值观[181][182]。

文化价值评估对确定文化保护与发展力度、文化战略决策起到很重要的作用,也为人居环境建设提供很好的决策支持。因此,有必要构建文化价值评估体系,对三峡地区文化价值进行评估,以更好地促进优秀地域文化的大发展。

6.4.1 文化价值评估的作用

在文化变迁中,人们首先面临的问题就是对不同文化进行怎样的价值判断。价值判断直接影响着人们采取怎样的方式引导和促进文化变迁。是取代,是抵制,还是可各取所长,互补其短,实现有机融合?因此,在引导和促进文化变迁过程中,人们对新旧文化所持有的价值判断立场至关重要。

地域文化对于人类社会的发展具有很重要的价值,那么在肯定地域文化价值的同时,如何衡量文化价值的大小,如何促使文化价值最大化,如何发扬先进文化是摆在我们面前的重要课题。

1) 文化价值评估是地方决策的重要前提,是地方管理的需要

只有正确认识了地域文化的价值,对地方文化及其发展方向有了较为科学全面的把握,才有利于地方规划等决策的制定。管理,是一种社会组织中为了实现预期的目标,以人为中心进行的协调活动。它受行为主体与客体的思想认知水平影响很大。有了正确的文化价值评估,才有可能形成正确的文化认识。如有学者对某城市各个辖区内的历史文化资源进行系统评价[183],为城市文化发展战略提供依据。文化价值评估有助于建立一种管理模式与激励机制,充分发挥文化目标的向导与核心作用。同时,针对地方文化的管理,量化文化价值,制定相应的文化保护、促进政策或措施,形成科学合理的发展决策,实现动态科学管理,从而有利于地方管理的进行。

2) 文化价值评估是扩大地域文化影响力、保持文化多样性、促进文化交流的需要

地域文化的形成,都经历了漫长的岁月积累,具有无可取代、独特的历史文化价值。进行文化价值评估可在一定程度上扩大地域文化影响力,展示文化实力,增加地域凝聚力。在区分先进与落后、有益与有害、健康与腐朽、正确与错误文化的基础上,使民族文化与外来文化、传统文化与现代文化、高雅文化与通俗文化在交流中融合、促进,有利于各种文化相互借鉴、相得益彰。尊重文化多样性,各种文化形式、门类、形态各展所长,在尊重差异中扩大社会认同。

3) 文化价值评估是人们了解文化活动效果、检验文化活力、促进文化产业发展的需要

文化价值评估是人们了解文化的一种渠道,同时可以检验文化活力、文化需求,等等。张森在《兰州学刊》上撰文指出,产品市场价值的确定对文化产业的发展意义重大[184]。一方面,市场价值的确定是文化产品进行市场交易的基础和前提。与普通产品相比,文化产品具有双重性质。相当一部分文化产品具有很强的"公共性"。同时,文化产品主要价值是承载部分文化的非实体性,价值判断弹性增加了文化产品价值评估的难度。另一方面,市场价值的确定是对文化产品进行投资的重要依据。文化产业是世界范围内公认的朝阳行业,事实

证明我国当前也存在大量的社会资金缺乏适当的投资途径。但文化行业却长期面临资金短缺的局面,其根本原因仍是文化产品的市场价值难以得到有效评估。确立相对科学的文化产品市场价值评估标准与程序,有助于探索文化项目扶持与鼓励的依据,提高社会资源在文化领域的使用效率,对促进文化产业投融资、文化企业做大做强具有十分重要的意义。

6.4.2 文化价值评估体系的构建

构建一个稳定性高、操作性强、评估指标齐全、相对规范的文化价值评估体系,需在总结现行文化价值评估经验的基础上,以指导评估实践为根本目的,构建适应文化价值评估的理论及方法体系,明确文化价值评估对象,厘清其空间层次,找准文化价值评估依据,建立评价指标体系,构建文化价值评估模型,再进行具体的数值计算,得出相对公正的评价结果。进行文化价值评估首先需要明确文化价值的评估目的、对象及其空间层次。就地域文化而言,根据不同的文化目标需求,有四类价值评估:一是某种文化要素在特定的几种约束条件下的某种价值评估;二是同一约束条件下不同文化要素的某种价值评估;三是某种文化要素在不同时期所发挥的综合价值评估;四是不同空间的文化要素在某方面的综合价值评估。

1) 某种文化要素在特定的几种约束条件下的某种价值评估

如同对于"文化"概念的界定一样,"价值"的概念界定也是众说纷纭,莫衷一是。物理学中的价值就与经济学中的价值不一致,而哲学中的价值又是另一种解释。因此,在对某种文化要素进行文化价值评估时,可针对其在不同约束条件下所具备的某种价值进行评估。此类评估结果是在几种不同的约束条件下,这种文化要素的某种价值进行大小对比,从而为决策者选择某种价值最大化提供条件。基本步骤为:明确评估目的→提出条件假设→确定约束原则→选取评估因子→确定评估方法→得出评估结果。

以历史文化古迹张飞庙的搬迁选址为例,首先评估目的是最大限度地保护历史文化遗迹,发挥其内在的文化功能,为后人留下宝贵的文化基因。在明确的目的下,提出条件假设。可能有,假设1:原址不动;假设2:就地后靠;假设3:上迁至新县城长江南岸;假设4:上迁至新县城北岸;假设5:下迁至某平坝等多种假设。然后根据不同假设可能产生的后果进行评估,得出价值评估结论,最终确定某种假设方案。在张飞庙古建筑群的搬迁的实际工作中,经历了近10年的广泛论证。论证的焦点是选址和环境再造这一主要中心问题,在此过程中确实产生过就地后靠、上迁、随新县城迁至北岸等多种方案,最后通过大量的评价和勘察工作,确定新县城对岸磐石镇为搬迁新址。根据"张飞庙搬迁保护必须突出对原有环境的再现和文化价值的保护"总体原则,不仅要求97.8%以上的木结构部件不得损坏,以保证张飞庙的完整性,而且要求包括原址内所有设施、植物、栏杆、部分地下构件和馆藏文物等必须完好搬迁归位。因此在解体古庙的过程中,按照屋面、墙体、装修、大木、台基、基础的顺序依次对每一个部件进行了编号。据统计,拆除工作共涉及构件10万余件。复建过程,对拆下的每一部件进行了防腐、防虫处理。同时126株古树、200余株花草也按原位移栽到新址。

当然,在张飞庙搬迁的实际操作过程中工程违规发包转包、偷工减料以及建成后庙址东侧滑坡、沉降等问题,以及由此而造成的严重后果与巨大损失,是值得我们深思的问题。笔者认为,管理混乱、责任心不强、利益驱使和缺乏有效的监督管理是造成这些问题与后果的原因,使得实际情况与预期愿望相背离。

2)同一约束条件下不同文化要素的某种价值评估

在实际文化工作中,常常需要对文化要素进行选择,这就需要对比在同样约束条件下不同文化要素的文化价值。因此,解决同一约束条件下的不同文化要素的某种价值评估就成为这种对比与选择的基础。如要在某时某地开展文化节,需要选择有显著地域特色文化进行展示,那么就需要针对文化节的主题,对地域内所有文化进行价值评估。此类评估结果是在同样的约束条件下,评价参选的文化要素的某种价值大小,从而为决策者按照价值高低选择一种或多种文化要素进行下一步实践。基本步骤为:明确评估目的与约束条件→选择参评文化要素→选取评估因子→确定评估方法→得出评估结果排序。

以每年9月28日在云阳举办的三峡移民文化节为例,要确定文化节的文化活动项目,需要对各项文化活动进行价值评估,选取文化经济价值、社会价值与生态价值都大的文化活动,如登梯大奖赛、文艺表演、摄影艺术展、经贸洽谈、商品展销等文化商贸活动。表6.3为2009年9月28日重庆云阳第六届三峡移民文化节时间安排表。

表6.3 重庆云阳第六届三峡移民文化节时间安排表

序号	项目(子项目)		牵头单位	时间	地点	备注
1	第六届三峡移民文化节开幕式		县委宣传部、县文广新局	9月28日上午	移民中心广场	
2	第二十五个教师节庆祝活动	篮球邀请赛	县教委、县体育局	9月4、5、6日	杏家湾小学	
		文艺晚会	县教委	9月9日晚	初三中	
		书画摄影展	县教委、县文联	9月9日全天	初三中	
3	第二届张飞庙庙会周		县旅游局、县文广新局、文管所	10月16日至10月22日	张飞庙	
4	一封家书征集		县委宣传部、《云阳报》报社、县电视台	8月—10月		媒体
5	一首赞歌征集		县委宣传部、县文广新局、县文联	8月—10月		媒体
6	第九届《锦绣云阳》文化艺术展		县委宣传部、县文联、县文广新局	9月28日至10月5日	群益广场	9月28日下午3点开展仪式
7	"祝福祖国"广场红歌展示		县委宣传部、县文广新局、县文联	9月29日晚	咏梧广场	
8	全国登梯邀请赛		县体育局	9月27日上午	登云梯	
9	第一届农民运动会		县体育局、县人武部、县农办	9月16日—24日	县体育场	
10	首届摩托车城市登梯赛		县旅游局、县体育局	9月25日(训练)—26日(开幕式、比赛)	登云梯	
11	经贸洽谈会及招商引资签约仪式		县投资促进局、工业园区管委会	9月28日上午	三峡风	
12	小商品及农副产品展销会		商务局、农业局、工商局	9月28日至10月7日	两江广场	
13	第二届云阳名特小吃美食节		商务局、工商联	9月28日至9月30日	外滩广场	
14	移民文化理论研讨会		县委宣传部、县移民局、县文广新局、县文联	8月—10月		

资料来源:云阳网 http://www.yyxw.net/content/2009-09/02/content_348428.htm

3）某种文化要素在不同时期所发挥的综合价值评估

在地域文化研究中,往往以时间为纵轴,研究某种文化要素在不同时期所发挥的作用;结合文化生命周期理论,进行文化生命周期阶段的判别,并根据其综合价值的大小,确定其在今后发展的可能措施。此类评估主要是为制定文化发展战略,提出文化保护与发展对策而进行的。基本步骤为:明确评估目的→划分评价周期→确定评价时间段→选取评估因子→总结各因子的评价时间段内的特征→确定评估方法→得出评估结果。

如通过川江号子在不同历史时期的综合价值评估,可了解其在不同社会背景下所发挥的作用,以预测将来可能产生的价值,以便进一步明确其保护与传承的措施以及发展的方向与战略。

4）不同空间的文化要素在某方面的综合价值评估

与时间段上的评估、比较相对应,在空间上的评估与比较也具有现实意义。在作文化的横向对比研究时,需要按某个地域空间为单元,进行文化价值的比较,从而确定文化资源的分布情况,为分区进行文化管理与制定文化发展策略提供依据。此类评估结果是同一时间段内,不同空间的多种文化价值的综合评价。其基本步骤为:明确评估目的与对象→确定评价空间单元→选取评估因子→确定评估方法→得出评估结果。如在作三峡地区旅游发展规划时,需要进行三峡地区不同行政单位文化资源的旅游价值评估。

最后,根据实际需求,针对各类评估的结果,制定文化发展规划,提出相应的文化价值提升策略。要对现有的地域文化进行定期的诊断、评价和测量,使之量化,从而准确呈现现有地域文化的特征,比较现实与期望的差异,比较本地区与全国的差异,衡量地域文化创新、变革的方向与地域长期发展战略的适应性。测量、评价、再测量、再评价,对于制定区域文化建设的战略与策略起着重要的作用。

6.4.3　文化价值评估与人居环境规划的协同

1）文化价值评估与人居环境规划的关系

文化价值评估人居环境规划的重要决策依据,是人居环境规划合理性的评价标准之一。同时,通过人居环境规划,可改变地域文化价值评估结果,优化地域文化构成,促进地域文化发展。二者可共同为地方可持续地健康发展起到积极的作用。

2）文化价值评估与人居环境规划的协同方式

文化价值评估对地方发展有着重要的作用,若能将文化价值评估与人居环境规划加以协同,势必能加强规划的合理性与实用性。笔者认为,可以将二者协同,在人居环境规划前进行文化价值评估,有助于选择代表人类先进文化发展方向的文化类型,将其纳入规划;在规划方案形成后进行文化价值预测,可对比多种规划方案对于地域文化发展的作用与效果,从而有助于选择最佳规划方案;在规划后的人居环境建设中,定期(可按照文化生命周期,也可以以人们习惯的年份为周期来)进行文化价值评估,掌握文化价值变化动态,可通过分析影响价值变动原因对其进行取舍或调控。

6.5 本章小结

本章在前几章的研究基础上提出了三峡地区人居环境建设的文化发展对策,即三峡地区文化地理区划与协调、文化生命周期的认知与调控、文化价值的评估与提升,最后提出从物质空间规划到文化空间规划的技术思路,以实现三峡地区文化和谐、可持续与积极地发展。

(1) 研究秉承文化的科学发展观,提出了三峡地区人类社会发展的和谐文化、可持续文化与积极文化的三大目标愿景,并分别对应文化区划、文化生命周期以及文化价值三种实现思路。

(2) 从地域文化的空间和谐、时间可持续与保持先进性三个方面提出了三峡地区文化地理区划方法、文化生命周期调控方法与地域文化价值多维评估方法等理论与方法。在文化地理区划上,三峡地区在中国文化区中处于荆楚文化区与巴蜀文化区相交接的位置;而三峡文化区内部又可划分为大坝文化区、峡景文化区、移民文化区和都市文化区四个亚区;对外要抓住特色、提升价值,对内要和而不同、分而治之。在文化生命周期上,提出地域文化生命周期模型以及文化生命阶段的判别与调控方法。在文化价值评估上,初步建立了文化价值评估体系,提出四种不同的文化机制评估模型。

7 从物质空间规划到文化空间规划——三峡地区人居环境规划案例与实践

城镇、街区与建筑是三峡文化的具体人居环境空间体现,是人类聚居的直接组织形式,也是传统历史文化在空间上的宏观到微观的物质载体。不同的空间尺度运用不同的规划方法,将传统文化规划观念融入其中,因地制宜地进行规划设计,形成不同层次的人居环境空间,是文化空间规划与人居环境空间规划相结合的宗旨。在长期跟踪三峡地区的人居环境建设研究中,笔者所在团队开展了各个层次的人居环境规划,本章仅以几个典型城镇的总体规划、历史文化古镇规划、重庆市大型居住区规划以及古建筑保护规划设计为例,来阐述文化对策在人居环境规划中的贯彻。

7.1 文化对地区发展的重要性与传统空间规划文化性的缺失

文化是一个地区的灵魂,对地区的发展起着不可忽视的作用。然而,传统空间规划文化性的缺失是与这种重要性不相符的。重形态、轻文化,重表面、轻内涵,重视觉、轻功能,重技术、轻感受,重速度、轻质量的现象在当代城乡规划与人居环境建设中依然普遍存在。

7.1.1 文化对地区发展的重要性

地域文化对一个地区的发展起着导向、凝聚、约束、激励、协调、融合、辐射的重要作用,是地区的综合实力的重要标志之一。

文化是地区经济发展水平的重要体现,也是社会文明程度的显著标志。一个地方的文化水平是当地经济水平的直接体现。大凡经济发展好的,其文化也必定不弱。文明程度在一定程度上反映经济水平的高低,但在现实中并不一定完全匹配。文化对地区经济社会的影响潜在于人们的文化心理结构中,它通过人的活动发挥作用。对于一个区域来说,决定其竞争力与综合实力的不仅有经济、科技等硬实力,还包括文化软实力。先进文化不仅能为区域现代化发展提供广泛的智力支持,而且能使一个区域形成独特的文化气质、浓郁的文化氛围等,使一个区域的人们形成较高的文明素质、健康的生活方式、良好的精神状态等,进而形成该区域特有的文化软实力,成为推动区域发展的强大动力。有人说"地域文化就是地区生产力",是促进地区发展的内在动力。

文化给人居环境物质空间带来温暖与色彩。文化有利于增强地区凝聚力。文化的凝聚力是人类社会性的体现。一个蓬勃发展的地区,必定是思想活跃、团结和谐、有效有序的地区。文化也是社会文明程度的显著标志,它可增强地区认同感,创造地区形象,形成集体认同,从而形成强大的发展力量。一般来说,文化越发达,社会文明程度越高。

文化可激发人们的潜能,最大限度地调动人们的积极性与创造性。道德信仰可以激发人们的奉献精神、牺牲精神;科学信仰可以激发人们的创造热情。在特定条件下,人们巨大的精神能量的释放与创造力的爆发都与文化激发有着密切的关联。"文化是控制城市的一种有力手段。"[185]

文化具有向导性。文化所形成的"集体无意识"是区域发展的强大惯性。一个地区的地理环境和经济社会发展态势在长期的历史积淀中形成的特定人文历史条件下所形成的地域文化,会对该地域人们的思维方式和心理素质产生累积性影响,形成该区域具有普遍性的思维模式和心理定式,这就是地域的"集体无意识"。这种"集体无意识"在相当程度上影响着人们的生活习惯和行为方式,成为该区域人们的对外形象和外界对该区域人们的基本评价,它不以个别人的意志为转移,单凭个体力量也无法改变,从而在区域发展中呈现强大惯性,促进或阻碍该区域经济社会的发展①。良性的人文氛围、道德环境,会导向人们对高品质精神与物质的追求,从而促进区域社会的健康发展。

因此,在区域发展中,应注重对文化的传承、创新与整合,有助于营造良好的发展环境和氛围,提升区域综合竞争力,从而促进整个区域经济发展和社会进步。

7.1.2 传统空间规划文化性的缺失

传统空间规划过于注重空间形态或经济,社会文化往往被忽视。因此结果使得人居环境建设特性模糊,个性缺失。吴良镛在谈到新时期的建筑文化危机时指出了欣欣向荣的建筑市场中地域文化的失落[186-188]。正是由于传统空间规划对文化的漠视,使得人居环境建设在国际化、全球化等影响下,在洋建筑奇形怪状与超越民族大体量诱惑下,城市文化严重失态。建筑学界也在呼吁审视建筑文化[189],规划学界更应重视文化。中国国际城市主题文化设计院院长付宝华说:"中国城市规划设计队伍中的文化集体迷失是当今城市传统规划文化缺失的重要原因。因为传统城市规划没有城市文化的概念,没有特色文化的概念,更没有城市主题文化的概念,所以规划出来的城市只能是千城一面、特色危机。城市规划,应真正表达城市的特色文化,而不是到处照搬、模仿、拼贴、移植与城市文化不相关的东西。"②还有学者在研究小城镇特色问题的时候指出:"小城镇特色是小城镇物质形态特征和社会文化特征的综合反映。"[190]特色创新的关键在于特色文化继承基础上的发展以及时代特征的体现。

三峡人居环境尚好,并未出现怪异建筑,但普遍存在的城镇面貌雷同、集体记忆丧失、传统文化空间被湮没、人居环境失去文化的皈依的问题。地域文化常常反映一个地区最真实的面貌。曾经的三峡人居环境特色鲜明,码头、古镇依山就势临水而居,吊脚楼、青石梯相映成趣。而今天,体现地域文化特色的人居环境建设却日渐稀少。

尽管传统空间规划并不注重文化,但或多或少都有文化的表达,如对传统行为习惯的尊重,对历史建筑的保留,对文化交往空间的塑造等。有学者曾提出过三峡小城镇"渐变"式城市设计方法[191][192],注重了传统文化的空间延续。随着人们对文化认识程度的加深、认知水

---

① 王建润《论区域经济社会发展背后的"文化"大手》。

② 中国城市主题文化网,http://citysuc.com.

平的提高,重形态、轻文化,重表面、轻内涵,重视觉、轻功能,重技术、轻感受,重速度、轻质量这些在当代城乡规划与人居环境建设中普遍存在的现象正在逐步得到改观。

7.2 从物质空间规划到文化空间规划的方法探讨

文化是地域之"魂",而人居环境则为地域之"形",如何让"形"具有"魂",将"魂"融入"形"中,规划是方法之一。显然,传统的物质空间规划很难将地域文化精髓完全融入空间中。于是有学者提出"文化规划"的思路与方法。如清华大学的黄鹤在《文化规划:基于文化资源的城市整体发展策略》一书中采用城市规划的视角,从发展目标、体系方法、空间实践和支撑体系方面对文化规划的理论及方法进行了建构和探讨,并以相关案例进行说明。在发展目标上,文化规划致力于社会目标、经济目标和美学目标的并重;在方法体系上,除与城市规划方法的一脉相承外,文化规划还有着自身的特色;在空间实践上,文化规划需要考虑文化资源和文化活动的合理空间布局;在支撑体系方面,管理体制、法律支撑、政策保障、资金来源以及技术支持等都是文化规划得以顺利实施的保障[193]。尽管此书在学界颇有争议,但仍然对人居环境文化规划与建设起到了积极的作用。笔者认为:在当代的人居环境建设背景下,"文化规划"很难单独存在,而"文化空间规划"对应于物质空间规划,比文化规划更易将"文化"落实在人居环境空间上,使得"魂"可触、可视、可感,使得人居环境神形兼备。本节提出从物质空间规划到文化空间规划的思路与方法:首先建立文化地理数据库,形成地域文化地理图谱;其次开展文化空间规划,提升物质环境的文化功能;最后构建公共文化服务体系,保障人们的文化需求。

7.2.1 建立文化地理数据库,形成三峡地区文化地理图谱

在当代,实现三峡地区文化和谐、持续、积极发展的基础是地域文化变迁过程的全程信息化,可借助 GIS 技术建立文化地理数据库,形成三峡地区文化地理图谱。

1) 建立文化地理数据库

文化数字化、文化信息化离不开数据库的建立。借助 GIS 技术与平台,可将文化地理信息输入文化地理数据库,便于文化资料的调取与查询,有利于文化遗产的保护与传承。GIS是兴起于 20 世纪 60 年代的一门新兴技术,是描述、存储、分析和输出空间信息的理论和方法的一门新兴交叉学科;是以地理空间数据库为基础,采用地理模型分析方法,适时提供多种空间和动态的地理信息,为地理研究和地理决策服务的计算机技术系统,是国家信息资源的重要组成部分,也是信息产业的重要组成部分。经过近 50 年的发展,地理信息技术已经渗透到社会的各个方面,促使人们生产、生活方式发生深刻变化。

将 GIS 与文化地理学研究方法相结合,建立地域文化 GIS 数据库,通过景观复原、地图再现、空间分析和景观分析与空间可视化和交互等方法,可研究文化景观演变、空间格局及其社会文化空间形态。早在 2008 年,约旦就提出建立全国性古文化遗址地理数据库,将全国性古文化遗址信息纳入其中进行管理,以期更好地保护丰富的历史财富。我国也有多地进行了文化地理信息数据库建立的尝试,如"民国时期北京都市文化的历史地理信息数据

库"、"佛山市历史文化名城城市文化景观文化地理学地理信息技术 GIS 数据库"、"湛江地方文化特色数据库"、"客家文化数据库"、"内蒙古阴山文化数据库"、"惠州龙门农民画数据库"与"海西服饰文化数据库"等。要更好地开展三峡地区文化地理研究,实现三峡地区文化和谐、持续、积极发展,有必要建立"三峡人居环境文化地理数据库"。由于数据库的建设任务庞大,在此仅提出设想,望在后续研究中获得更多的支持。

2) 构建文化地理图谱

图谱是一种源远流长的中国传统方式,主要运用图形语言进行时间与空间的综合表达与分析;地学信息图谱则是应用地学分析的系列多维图解来描述现状,并通过建立时空模型来重建过去和虚拟未来。它是现代技术和方法与我国传统研究成果相结合的产物。它的发展经历了 4 个阶段:景观制图实验、图谱概念的提出、图谱方法的应用和地学信息图谱理论的形成。1961 年,陈述彭先生通过对地图学发展的分析,提出了图谱的概念。地学信息图谱由征兆图、诊断图和实施图组成,具有以下重要功能:借助图谱可以反演和模拟时空变化,即可反演过去、预测未来;可利用图的形象表达能力,对复杂现象进行简洁的表达;多维的空间信息可展示在二维地图上,从而大大减小了模型模拟的复杂性;在数学模型的建立过程中,图谱有助于模型构建者对空间信息及其过程的理解。已有研究表明,地学信息图谱概念的提出对于地理科学自身及与地理科学密切相关的城镇规划、环境保护、国土、河湖流域开发和治理等专业的发展、提高有重大的科学意义和应用价值。与人类进行了几十年的基因图谱系统研究相比,地学信息图谱的研究还刚刚开始。将信息图谱的研究方法引入三峡库区人居环境建设的研究中,是人居环境研究技术手段的又一次革新。

文化信息图谱是应用 GIS 技术对文化空间信息与属性信息的一种图示化表达,将文化信息脱离文字的束缚,方便各类人群的科学应用。将 GIS 及其相关技术应用到三峡库区人居环境的文化地理研究中,无疑会提高研究的科学性和准确性。通过从文化数据库中的文化信息的分析,可形成文化征兆图,即反映文化特征的系列图,类似于规划中的现状图。通过文化征兆图谱以及影响其变迁的因子,进行文化分析与诊断,形成文化诊断图,即为判断文化发展方向,明确存在问题的系列图谱;最后,结合地区实际情况与发展战略,形成文化发展的实施图,可理解为文化规划图。这一系列的图构成文化地理图谱。构建三峡人居环境的文化地理图谱,有利于三峡地区文化历史的传承与发展、人居环境品质的提升以及为城乡规划的编制与实施提供科学依据和技术措施,减少各种开发建设对库区文化的遗失与破坏,促进库区的社会、经济与环境及文化的协调持续发展。

7.2.2 开展文化空间规划,提升物质环境的文化功能

长期以来,在三峡地区的规划与建设中,文化建设的内容与需求被忽略,使得地区特色泯灭,地方文化的作用难以发挥。为了提高人居环境品质,提升物质环境的文化功能,笔者提出开展文化空间规划的设想。

1) "文化空间规划"的提出与尝试

目前国内外尚无"文化空间规划"一说,但在人居环境规划设计与建设实践中,有相关或相似的做法与尝试,如"文化规划"、"文化空间设计"与"城市空间文化规划"等。

关于"文化规划"在国外很早就被提出。20 世纪 70 年代开始,国际上已有城市规划机构和设计人员对"文化规划"的定义和涵盖内容进行界定。"文化规划"正式提出始见于 1979 年经济学家和城市规划师哈维在《用艺术提升城市生活》一文中。从 1982 年到 1990 年文化规划得到快速发展;20 世纪 90 年代后,对于文化规划的讨论和研究在北美、澳大利亚和欧洲开始广泛兴起。西方国家城市规划学科发展的历程表明,注重文化规划阶段是其发展的最高阶段[194]。

而"文化空间设计"主要集中在特定的文化主题公园与剧场、图书馆、博物馆等文化建筑的规划与设计上。如《中国新文化空间设计》[195]一书中,讲到从建筑环境到建筑外观到室内空间,包括总体规划、设计方案、模型、效果图、实景照片等。

重庆大学的黄瓴博士在研究中提出"城市空间文化规划",认为:城市空间文化规划并不等同于更广义的城市文化规划,后者是一个政府主导的,应由文化主管部门牵头、多部门参与的专项规划,而城市空间文化规划是在现有城市规划体系中明确提出文化目标,并在城市空间布局中落实各个文化单元和建立优化的城市空间结构,是从空间规划上给予保障和配合。城市规划与设计逐渐从经济效益(房地产业)导向转向文化导向(culture-oriented)的理念和具体实践[196]。

列斐伏尔提出了社会、历史和空间三种分析方法并重的"三重辩证法"。认为空间性不应仅被视为历史和社会过程的产物和附属,应把历史和社会视为具有内在空间性的。在列斐伏尔看来,强调空间性的纬度既不会减损历史性与社会性的意义,也不会遮蔽在其实践和理论理解过程中发展起来的创造和批判想象;相反,空间性的纬度将会在历史性和社会性的传统联姻中注入新的思考和解释模式,这将有助于我们思考社会、历史和空间的共时性及其复杂性与相互依赖性[197]。

沙朗·佐京在《城市文化》中提出了"谁的文化? 谁的城市?"的问题,强调文化的建构性力量[198]。他认为:文化无疑是控制城市空间的一种有力手段,与意象、记忆相关的城市生活体验,显然与特定的城市空间的认同密切相关。这就很好地解释了为什么城市的宣传者越来越热衷于提升城市空间作为文化创新中心的形象,因为通过体育赛事、餐饮休闲、先锋表演与建筑设计等吸引的并不仅仅是投资与旅游者的金钱。

各类文化空间规划的尝试表明,人们已逐渐认识到文化对于地区发展的重要性,认识到应该科学地进行文化空间规划,指引地方文化的发展。人居环境建设需要文化创新,需要敢于从不适应时代发展的文化观念中解放出来,确立与社会发展相适应的新的文化观念与规划观念;需要敢于开创基于人居环境空间规划的文化发展新路。

因此,笔者提出"文化空间规划"的设想,将文化引入城乡规划,将文化内涵更明确而有机地融入规划与设计的所有物质空间对象,做到经济、社会、环境和文化目标的统筹,完善人居环境空间规划体系,这与广大人民群众日益增长的物质文化与精神文化需求是相吻合的。

2)文化空间规划的方法与步骤

三峡地区移民迁建规划目标趋同、手法趋同、功能重复、产业同构,这直接导致在移民新城的建设中,简单地将城镇硬件建设作为工作重心,忽视了文化建设。城市空间结构与文化结构失衡,使新城建设以城市特色文化无节制毁灭为代价,新城面貌趋同、形象单一、特色全无、个性丧失。因此,文化空间规划并非可有可无。对于地域文化的管理局限在文化部门,而未得到规划与建设领域的重视；文化规划对于城镇发展的重要性未得到应有的认识。城乡规划与建设中的文化要求，缺少相应的与必要的法律依据，使其不得不在当下的经济利益面前不断让步。文化规划成为城乡规划的边缘规划或者附带规划，抑或沦为城市形象与城市品牌的商业宣传与营销。

文化规划并非文化部门的报告或者策划部门的策划方案，那些只是对文化规划的研究与策划。文化空间规划也并非简单的景观设计或建筑设计，而是需要将文化精神贯穿于宏观到微观的整个过程，不仅要把文化元素融入设计空间，还需要把握文化历史脉络，合理进行空间组织。文化空间规划是一种高知识、高技术、高能量的规划，需要知识跨度大、创新性强的新型人才。文化空间规划的任务是：协调文化组织（物质空间组织与非物质活动组织）与空间组织，协调社会关系。笔者试图在城乡总体规划和镇、乡、村的规划中加入文化空间规划的内容，沿着由梳理、建构空间文化单元到空间文化结构的路径，建立城乡一体的文化的人居空间体系。

文化空间规划不仅是物质环境的规划，而且是要用文化理念注重文化内涵，对城市特色文化进行定位，对特色功能进行培育，对特色空间规划进行通盘考虑；渗透到总体规划到详细规划的技术过程中，同时考虑城市特色的实际效果，避免文化剥离或文化商业。其规划可分为文化目标的确定、文化资源的挖掘、文化结构的选择、文化空间的塑造与文化策略的制定等五个步骤。

（1）文化目标的确定

文化空间规划的首要任务是明确文化目标。不论文化空间规划范围如何确定，其目标都需要分空间层次，可突破规划范围的限定。一般来说，文化空间规划的文化目标可大体分为"宏观—中观—微观"三个空间层次：宏观层面确定文化发展的方向，考虑与整个区域相协调；中观层面确定文化发展的主题，考虑与周边地区的发展协调；微观层面确定文化空间具体设计目标，与宏观、中观的目标相符，是宏观与中观目标的承接与细化。

（2）文化资源的挖掘

挖掘文化资源，梳理文化脉络，整理文化资料。要进行文化空间规划，掌握规划范围内的文化资源是基础。可以通过查阅文史资料，走访居民、文化部门、文化机构等途径了解、收集情况和资料。再将这些资源分类整理，思考如何结合当地发展实际情况，在文化空间规划中得以展现。在人居环境建设快速推进的今天，在规划中若遗漏某个小的文化项，很有可能造成不可挽回的损失。

（3）文化结构的选择

在明确文化目标、掌握文化资源的前提下，进行文化结构的选择，以便文化空间的组织与协调。这里所说的文化结构，是指不同的文化元素或文化丛之间具有一定秩序的关系。文化物质系统的结构可分为空间结构和时间结构；非物质系统的结构则主要指要素之间相对稳定的联结关系的总和。著名历史学家钱穆将文化结构分为三个阶层：物质文化结构、社会文化结构与精神文化结构。而文化空间的组织，需要考虑到这三个层面的文化机构尽可能地满足大众的需求，服务于更多的人群。

（4）文化空间的塑造

文化空间的塑造是文化空间规划的核心内容。对应着不同空间层次的目标，文化空间规划也分为区域性的文化空间规划、城市(镇)的文化空间规划与社区文化空间规划。区域性的文化空间规划的空间塑造重点在于突出各类文化区的特征;城市(镇)的文化空间规划的空间塑造重点在于协调传统文化与新兴文化之间的关系;而社区文化空间规划的空间塑造重点则要结合社区公共服务与休闲娱乐区将文化结构落实在具体的空间中,形成可以指导人居环境建设的文化空间组织方案。在此过程中,需重视人居环境建设的文化体验性。

(5) 文化策略的制定

文化空间规划要得以顺利实施,还需要一定文化策略作保障。因此,根据实际情况制定相应的文化策略,保证在一定的时期内,文化空间规划能够实施,能促进文化发展。当然,文化策略具有时效性,随着时间的发展,情况的变化,文化策略也需与时俱进,适时调整。

党的十七届六中全会指出,当今世界正处在大发展大变革大调整时期,文化在综合国力竞争中的地位和作用更加凸显,越来越成为民族凝聚力和创造力的重要源泉,越来越成为综合国力竞争的重要因素,越来越成为经济社会发展的重要支撑,丰富精神文化生活越来越成为我国人民的热切愿望[199]。

7.2.3 构建公共文化服务体系,保障人们的文化需求

文化是社会文明进步的重要目标,直接关系民生幸福。党的十七大报告提出把公益性文化事业作为保障人民文化权益的主要途径,让人民共享文化发展成果。十七届五中全会进一步提出繁荣发展文化事业和文化产业,强调以农村基层和中西部地区为重点,继续实施文化惠民工程,基本建成公共文化服务体系。因此,构建公共文化服务体系是实现和谐、可持续与积极文化发展的重要举措。

1) 公共文化服务体系构建的意义

包亚明在《文化:城市中隐没的纬度》一文中说到:公共文化其实是建立在社会的微观层次上的,它由那些我们感受到的城市公共生活空间所组成,是由街道上、商店里、公园内的日常生活的社会交往所产生[200]。置身于这些空间,以某些方式利用它们,并在此基础上形成自己的社区的感觉,这一过程产生了一个处于不断变化之中的公共文化。我们在占有城市空间的同时,反过来也被城市空间所占有。国家发展和改革委员会经济体制与管理研究所研究员齐勇锋在《构建公共文化服务体系探索》一文中说到:公共文化服务事业是指与经营性文化产业相对应,主要着眼于社会效益,以非营利性为目的,为全社会提供非竞争性、非排他性的公共文化产品和服务的文化领域,它涵盖了广播电视、电影、出版、报刊、互联网、演出、文物、社图和哲学社会科学研究等诸多文化领域,与整个文化领域可以实行市场化、产业化的经营性文化产业一道构成国家文化建设的完整内容[201]。因此,公共文化服务事业既是国家文化建设的有机组成部分,同时也是国家整个社会公共服务事业(包括教育、医疗卫生、社会保障、环境等)的一个重要方面。公共文化服务事业在积累、传承、创新和发展民族文化,落实公民文化权力和满足城乡居民日益增长的精神文化需求,提高全民族的思想道德和科学文化素质,发展和繁荣社会主义先进文化,构建社会主义和谐社会以及促进国际多样化的文化交流等方面都发挥着不可替代的重要作用。

然而,现实情况却是公共文化服务事业投入不足,文化基础设施落后、覆盖面窄,城乡之

间文化发展的差距日益拉大,国有文化事业单位机制不活以及公共文化产品和服务供给不足,严重影响和制约经济社会全面、协调和可持续发展。党的十七届六中全会在明确文化大发展大繁荣的任务时,强调在构建公共文化服务体系时,一定要"发展现代传播体系,建设优秀传统文化传承体系,加快城乡文化一体化发展"。因此,有必要从地方做起,从基层做起,构建具有地域特色的公共文化服务体系。

2) 各地开展公共服务体系构建的经验借鉴

国外很重视公共服务。伦敦已经明确提出了创建"创意城市"的主张[197],突出强调了两个核心内容:文化与创意性,并将触角延伸到了城市环境、工作与家庭生活模式、人与人之间的沟通方式、旅游的体验、享受科技的种种便利、日常文化休闲娱乐活动等各个城市生活环节。英国创意城市研究机构 Comedia 的创始者兰德瑞(Landry,2005)认为:城市要达到复兴,只有通过城市整体的创新,而其中的关键在于城市的创意基础、创意环境和文化因素。如伦敦南岸艺术区,就是这种文化创意的集中体现(图 7.1)。

图 7.1　伦敦南岸艺术区

图片来源:http://www.gotoningbo.com/jqjd/gwlyjd/201005/t49177.htm.

在国内,沿海发达地区也已开展公共服务体系构建的尝试,如北京、上海、广州等。2007年起,北京市文化局加大公共文化服务体系四级网络建设,公共文化服务资金投入逐年递增。2012 年北京市发展和改革委员会称,北京已在全国率先建成市、区县、街道(乡镇)、社区(行政村)四级公共文化服务体系和网络,多项文化设施和运营水平位居全国前列。2008年上海开展了《完善公共服务体系研究,促进和谐社会建设》的课题调研,公布的《完善公共服务体系研究报告》有教育篇、卫生篇、人口与计划生育篇等;2012 年,上海市又提出"建设国际文化大都市"的目标,排出"十二五"期间重大公共文化设施项目建设时间表①。广州市近年先后出台《关于继续解放思想深化文化体制改革推动文化事业和文化产业加快发展的决定》《广州市加快公共文化服务体系建设实施意见》和《广州建设文化强市培育世界文化名城规划纲要(2011—2020)》等文件;2009 年召开公共文化服务体系建设现场会;2010 年 4 月召开广州市公共文化服务体系建设座谈会;2010 年开展广州亚运旅游公共服务体系构建等。

国内其他地区也在积极推进公共文化服务体系建设。中华人民共和国文化部 2011 发文《各地公共文化服务体系建设研究工作稳步开展》,其中广西壮族自治区人民政府于 2010年 12 月 24 日下午召开全区村级公共服务中心建设工作会议;吉林省完成了吉林省公共文

① 上海元代水闸遗址博物馆 2012 年下半年开馆。上海自然博物馆地下结构基本完成,2013 年底开馆。上海市历史博物馆、上海非物质文化遗产展示传承中心等正在筹备。

化服务体系建设情况调研;四川省开展了《公共文化服务经费保障机制研究》举办的全市基层文化专干培训班等①。

3) 公共文化服务体系构建的要素

随着社会的发展,人们的"文化权利"意识已逐步觉醒,人们要参与文化的创造,享受文化的成果。而公共文化服务体系是人们基本文化权利的重要保障。

公共文化服务体系是以政府部门为主的公共机构提供的、以保障人民基本文化生活权利为目的、向人民提供公共文化产品与服务的制度和系统的总称[202]。公共文化服务体系构建的目的是为了适应社会对文化的公共需求、完成政府承担的文化义务,对公共文化服务提供有效的保证[203]。公共文化服务体系具有公益性、多样性、便利性、公平性、普及性、均等性等特点。而地域公共文化服务体系应具备风格突出的特色与内外兼济的功能。立足本土,放眼世界,唯有本色方可屹立。对内,积极保护文化遗产,开发文化资源,推动文化共享与文化创新,凝聚核心价值,加强文化认同,促进社会和谐;对外,则应利于传播文化理念、开展文化交流,塑造文化形象,提高文化实力,增强文化影响力。

笔者认为,公共文化服务体系构建的三大要素简而言之,就是人、财和物。

此处所谓"人",即公共文化服务的人力资源,包括公共文化产品的研发与制造人员、公共文化的服务提供人员以及公共文化服务体系的管理监督人员。加强基层文化队伍建设,发挥各组织在文化建设中的作用,文化管理部门转变作风,深入基层,广泛动员与组织群众参与文化建设,是公共文化服务体系的基础。

而"财"就是公共文化上的财政投入及其相关政策与制度,包括政策上的支持与制度上的执行。加大对文化建设的投入,保证经费及时到位,才能有效支撑公共文化服务体系的构建与运行。

"物"则是指提供的公共文化产品和公共服务场所。公共文化产品可以是有形的物,如公共图书等文化实物;也可能是无形之物,如公共演出等文化活动。公共服务场所也称文化基础设施,是开展文化活动的阵地与场所,是贮藏与展示文化的空间,是文化精神的物质体现,是提高文化素质的重要物质载体。公共服务场所可分为大型公共文化空间或建筑,如大型广场、博物馆、图书馆、音乐厅、剧院、展览馆、体育馆、会展中心等;以及小型的日常公共文化场所,如小型广场、小型阅览室与演出空间等,追求高质量、高品位的文化活动,已成为人们生活中必不可少的精神食粮。

因此,人力资源、财政投入、产品与场所供给是公共服务体系构建不可或缺的三大要素,共同发挥文化服务功能。在人、财、物的协同的情况下,还需注重法规、政策、制度与机制(包括公共文化服务的投入机制、供给机制、日常管理运作机制与绩效评估机制)的保障,形成公共文化的服务组织机构、服务提供者、公共服务制度、公共服务场所、公共服务形式、公共服务渠道、公共文化产品等一个完整的公共文化服务体系。

4) 三峡地区公共文化服务体系的构建

由于长期以来行政管理的分割,三峡地区尚无统一的公共文化服务体系。但三峡地区

各省市及其区县都在进行不同程度的公共服务体系构建尝试,并取得了一定的效果。湖北省宜昌市文化局称"十一五"期间,覆盖城乡的公共文化服务体系框架基本建立。

重庆市立足建设城乡统筹发展的文化强市,按照"公益性、基本性、均等性和便利性"的要求,坚持以政府为主导,以公共财政为支撑,以基层特别是以农村为重点,着力构建公共文化服务体系,使文化成果惠及城乡千家万户。2006年起,重庆市在全国率先实施农村电影放映惠民工程,组建惠民农村数字电影院线有限公司,成立农村放映队伍721支,累计放映惠民电影93.5万场次,观众达2.89亿人次,农村群众足不出户就能看到新片和大片。2008年重庆市社科规划办设立"营造创新开放的文化发展环境与重庆文化软实力培育研究"课题(项目编号:2008—ZX13),提出三峡库区实现城乡文化统筹发展,需构建三峡库区农村公共文化服务体系。

近年来,重庆市高度重视文化建设,投入上百亿元新建市级大型文化设施,建成了重庆大剧院、重庆图书馆、重庆中国三峡博物馆、重庆川剧艺术中心等市级重大文化设施,总面积达到40万m²。国泰艺术中心、重庆市自然博物馆、重庆国际马戏城等在建大型文化设施项目也在有序推进。重庆市先后在全市启动了文化信息资源共享、综合文化站、农家书屋等文化建设项目,使全市公共文化资源互联互通、共建共享,让文化发展的成果惠及城乡群众。同时,重庆市大力推进公共文化服务体系基层网点建设,目前乡镇综合文化站已经实现全覆盖,建成街道文化中心164个、农家书屋9 699个、书屋外借点29 047个,极大地方便了广大群众享受文化生活。同时,在"广播村村响、电视户户通"攻坚行动中,重庆市发放彩色电视机11.39万台,安装广播终端8.3万个,发放直播卫星接收设备112万套,全面实现农村广播村村响,家家户户看上电视。

此外,重庆市财政每年为主城九区以外的区县各支持3 000万元,主要用于文化馆、图书馆、博物馆、影剧院等"四大件"建设。各区县近年来累计新建大型文化设施119个,总建筑面积117.75万m²。重庆市万州区提出切实加强公共文化服务体系民生工程建设,推动文化大发展大繁荣,满足城乡居民不断增长的公共文化需求,使全区公共文化服务体系建设与打造"500亿万州"、实现"135"目标任务相适应[1]。

同时,重庆市还大力开展送文化下乡活动,推动基层文化建设内容形式创新。市财政每年拨出1 000万元专款,积极实施"城乡文化互动工程",组织专业文艺院团演员深入移民小区、农村院坝、城镇社区、建筑工地、部队军营、学校医院等生产生活第一线,演出1 000余场次,组织区县特色文化节目到主城展示100余场次,促进了城乡文化统筹。市新建了142条全民健身登山步道;在2 950个行政村建设一个篮球场和两个乒乓球台在内的农民体育健身工程项目,累计已建成5 350个;新建乡镇农民体育健身广场153个;累计建成塑胶跑道运动场1 172片;已在各区县(自治县)建成体育场28个,体育馆33个,游泳池24个。据统计,目前重庆市人均体育场地面积已由原来的0.51 m²增加到1.0 m²,增长0.49 m²,增幅近1倍,高于全国平均增幅[2]。

然而,在三峡地区公共文化服务事业取得一定成绩的同时,仍然存在不少问题。文化管

---

[1] 2008年11月3日万州区委三届第67次常委会议。

[2] 重庆日报集团《重庆商报》2012年6月7日。

理大多以行政区划为单元,较为分散,如党委宣传部负责文化思想工作的宏观指导与协调,文体广电旅游局是具体的文化行政管理部门,负责新闻出版、广播电视、文化艺术等;在财政投入上,相对其他类别,文化建设的投入相对较少;在人才资源上,缺乏人才的有效整合,缺乏专业专职的公共文化服务队伍;在文化设施上存在数量少、种类少、缺乏标志性等问题;服务体制与机制还有待进一步完善;公益文化活动类型不够丰富,层次较低,内容老化,缺乏吸引力,文化服务群体单一,社会参与渠道不畅;大型文化设施超出公众的消费能力,公益性被淡化等。

要解决这些问题,就要打破条块分割,整合各类资源;对优秀民间艺术进行普及性的培训与创新性的传承。因此,政府要尽快形成市、县(区)、镇(街道)、村(社区)四级公共文化服务网络,充分激发人们参与公共文化事业的热情,调动人民群众的积极性与创造力,创新公共文化服务方式,扩大公共文化服务体系覆盖面和服务质量,为不同群体提供多样化、多层次的公共文化服务,并吸引更多优秀人才投入文化事业的发展与建设中。

7.3 三峡地区人居环境规划的实践与案例

三峡人居环境文化地理变迁从理论研究到实践案例都开展了大量的工作,笔者从人居环境宏观到微观的空间层次以几个库区代表性的城市、古镇、住区以及建筑为案例进行文化策略贯彻与规划实践。

7.3.1 注重空间和谐与城乡统筹的城市(镇/乡)总体规划案例与实践

对城市文化地理形态的研究在人居环境总体规划层面,将文化区划、生命周期理论以及文化价值评估等对策与规划决策相结合,注重空间和谐与城乡统筹。本节选取库区第二大城市万州与工业大区长寿为典型案例,对其总体规划进行文化地理解析。

1) 以移民文化为主的万州区城市总体规划

重庆市万州区地处三峡库区腹心,长江中上游结合部,因"万川毕汇、万商云集"而得名,是长江十大港口之一,有"川东门户"之称。境内山峦起伏,丘陵交错,街道楼房背山面江,故又称"江城"(图7.2,图7.3)。

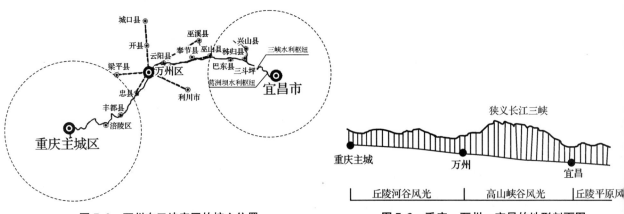

图 7.2　万州在三峡库区的核心位置　　　　图 7.3　重庆—万州—宜昌的地形剖面图

图片来源:自绘.

（1）历史上的万州

万州历史悠久，文化积淀深厚。早在西周，其地属秦，置巴郡[204]。秦一统天下后，分置三十六郡，川东始置县。夏商属梁州地，周属巴子国，秦属巴郡朐忍县。东汉建安二十一年（216年），刘备分朐忍地置羊渠县，治城今长滩，为万州建县之始。蜀汉建兴八年（230年），省羊渠置南浦县，治城迁至今万州区南岸。西魏废帝二年（553年），改南浦为鱼泉县，徙治江北（今万州区环城路），始建万县城垣，系土城。北周时期（557—581），先改鱼泉县为安乡县，为信州和万川郡治。隋初废万川郡，开皇十八年

图7.4　万州同治年间治城位置图

图片来源：《万县市志》第35页.

（598年），改安乡县为南浦县。大业三年（607年），废信州置巴东郡，南浦县属巴东郡。明成化二十三年（1487年），知县龙济续修城高为一丈二尺。正德六年（1511年）知县孙让增高三尺。嘉靖二十三年（1544年）扩大城垣规模，知县成敏贯重修周围五里，长九百丈，高一丈五尺，设三门（会江、会府、会省）。其后历经重修和淹坍，乾隆五十四年（1789年）知县孙廷锦劝捐修复，并改题三门：朝阳门、迎薰门、瑶琨门。另置小南门、小西门。民国十四年（1925年），万县开辟商埠，修筑马路，堕去城堞八百九十五个，拆毁东西城垣三百二十丈，及正东、正南、正西三处兵房五十所，湮塞小西小南二民，其值万余，补充于修建大桥（万安桥）经费[205]（图7.4～图7.6）。

图7.5　万县商埠时代城区图（1929）

资料来源：《万县市志》.

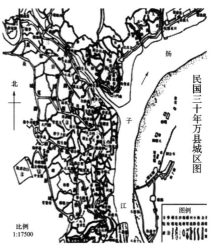

图7.6　万州抗战时期城区图（1941）

图片来源：《万县市志》.

　　万州区历来是川东重镇和人文荟萃之地。经文物普查,考证鉴定古遗址、古墓葬、摩岩造像及石刻、古建筑及历史纪念建筑物、革命遗址及近现代史迹建筑物共 106 处。除此之外,还有园林、建筑、遗址、墓地、石刻、教堂寺庙、历史纪念碑等人文历史景观。历史上万州的城市建设集中在海拔较低的滨水地区,三峡水库蓄水以后,对万州的历史文物造成了比较大的影响,文物部门采取了各种抢救性保护措施(图 7.7～图 7.12)。目前万州区有省(市)级历史文物保护单位 4 处,分别为:西山碑、库里申科烈士墓、西山公园钟楼、天生城;另有市(区)级历史文物保护单位 30 处。

图 7.7　1950 年代的万州城区

资料来源:三峡都市报社等编《老万州》第 175 页.

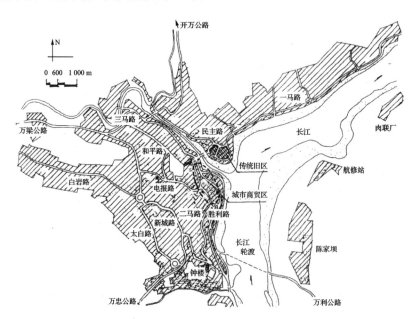

图 7.8　万州 1982 年建城区图

资料来源:《三峡工程与人居环境建设》第 229 页.

图 7.9 失去的精美建筑——20 世纪初的万县文庙
资料来源:万州区文管所

图 7.10 原 17 码头大梯子和候船的旅客
资料来源:三峡都市报社等编《老万州》

图 7.11 1920 年代的钟鼓楼
资料来源:三峡都市报社等编《老万州》

图 7.12 1920 年代的万县图书馆
图片来源:自摄.

（2）万州历年总体规划评述

建国以来,万州(县)曾做过 9 次城市总体规划(表 7.1),对万州的城市建设起到了重要的作用,但也因为种种原因有自身的局限性。

表 7.1　万州历年城市总体规划编制情况一览表

次数	年份	城市规模		城市性质	备注
		人口（万人）	用地（km²）		
第一次	1959 年	10.45	11.79	万县地区的工业中心	此次编制的城市总体规划因三峡工程未定，未上报批准实施
第二次	1961 年	编制的规划主要内容是以改造旧城为主，亦称"万县市旧城改造规划"：城区 200 m 以上的区域，道路规划红线总宽度 18 m，沿街建筑物控制在 4～5 层。标高 200 m 以下区域，道路规划红线宽度 15～17 m，建筑物控制在 3～5 层			
第三次	1976 年	15	13.63	万县地区的政治、经济、文化中心；四川省第二水陆联运的重要港口；以轻工业和为农业服务的机械工业、化学工业为主的综合性工业城市	此次规划亦系三峡水库 200 m 水位的高坝方案，然而由于三峡工程水位不能确定，故此方案亦未能上报审批
第四次	1979 年	20	19.39	以农业为基础，工业为主导，搞小城市	城市建设用地发展方向：新城选址以江北龙宝区域为好
第五次	1985 年	24	50		城市结构形态属沿江呈带状组团式结构，或称串珠式结构
第六次	1990 年	40	29.75	确定万县市为长江中下游结合地带的中心城市，长江三峡风景名胜区，旅游服务基地，以发展盐气化工为主的工业城市	以长江为轴线，依托旧城（市中心）以龙宝为重点，向长江南岸百安坝、陈家坝发展
第七次	1993 年	50	48	三峡工程库区的开发开放经济区，长江中上游结合地带的水陆交通枢纽，长江三峡风景名胜旅游服务基地，以盐气化工等为支柱产业的综合工业、商贸城市	城市用地布局以长江为轴线，沿铁路、公路采用三片区六组团一工业点的分片组团式布局结构
第八次	1999 年	52.5	58	重庆东部政治、经济、文化信息中心和长江三峡库区水陆交通枢纽，长江三峡风景名胜区旅游和服务基地，是库区重要工业、商贸和移民城市	
第九次	2003 年	70.2	60	重庆市第二大城市，三峡库区经济中心城市	多中心组团式布局结构，每个组团有独立的对外联系出入口，组团间有明确的隔离

对比历次万州城市总体规划的城市人口与用地规模（图 7.13），可发现，二者基本呈相关上升趋势，稳步发展，但也有明显不合理之处，如第五次规划（1985 年）用地规模明显过大。从规划规模来看，三峡移民搬迁之后，人口增长速度明显较之前加快。

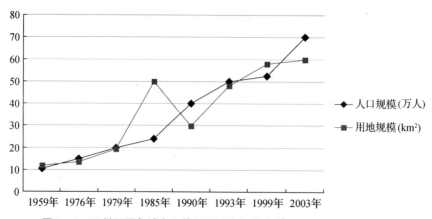

图 7.13　万州区历年城市总体规划城市规模变化图　　图片来源：自绘.

　　从历次规划的城市定位来看,从1959年的"万县地区的工业中心"到1976年的"万县地区的政治、经济、文化中心",1990年"长江中下游结合地带的中心城市",1993年"三峡工程库区的开发开放经济区",1999年"重庆东部政治、经济、文化信息中心",直至2003年"重庆市第二大城市,三峡库区经济中心城市",可见行政区划变化以及国家重大工程对万州定位的影响很大。从历次规划的交通地位变化来看:从1976年"四川省第二水陆联运的重要港口"到1993年"长江中上游结合地带的水陆交通枢纽",再到1999年"长江三峡库区水陆交通枢纽",从"重要港口"发展成为水陆交通枢纽。从历次规划的城市性质变化来看:1976年"综合性工业城市";1990年"长江三峡风景名胜区,旅游服务基地,以发展盐气化工为主的工业城市";1993年"长江三峡风景名胜旅游服务基地,综合工业、商贸城市";1999年"长江三峡风景名胜区旅游和服务基地,是库区重要工业、商贸和移民城市"。从工业城市到工业商贸直至现在的工业商贸和移民城市,可以看出随着时代的变迁、城市性质的变化。

　　其中对万州人居环境建设影响最大的是1993年、1999年、2003年三次总体规划,也基本确定了万州现代的空间结构形态与发展方向,影响久远。这3次城市总体规划确立了万州沿江两侧展开、组团式发展的空间格局,对功能布局也不断进行调整,逐渐合理化。万州的近十年发展,也基本按照了城市总体规划的要求进行建设,城市总体框架和发展模式较为合理,总体规划的重要作用体现明显(图7.14,图7.15)。

　　万州总体规划也在不断修订发展,反映出社会经济发展和规划思想的演化,也反映了传统的总体规划思路和方法在经济社会转型中,以功能主义分区理论应对城市复杂发展因素的种种不适应。1993年总体规划确定的组团式发展得以实施,尤其在其指导下的移民新区规划与建设,实现了城市空间结构的重大改进。但规划规模预测偏低,功能布局有较多的不合理,如陈家坝作为工业用地等,仅实施5年就需要修编;行政管理体制的调整、原规划存在的不足,修编制定了1999年总规,对城市空间框架和功能布局进行了较大调整,考虑更全面科

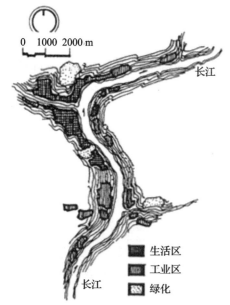

0　1000　2000 m

长江

生活区
工业区
绿化

长江

图7.14　万州1993年建城区图

资料来源:赵万民《三峡工程与人居环境建设》第230页

1:50000

图7.15　万县市1993年城市总体规划总平面图

资料来源:万州区建委

学,万州的高速发展阶段均按此规划实施,启动了行政中心南迁,对各组团进行调整补充,但规划本身也存在发展规模预测偏低、发展动力因素考虑不够、部分功能设施布局欠妥等不足,因此修编制定了2003年规划;新总体规划在前版总体规划的基础上,进行了调整完善,重新确定了城市性质和规模,扩展了城市空间,正在有效实施,但也存在很多现状和遗留问题无法调适,如旧城疏散的目标难以实施、对一些复杂的遗留问题处理简单化等不足(图7.16,图7.17)。

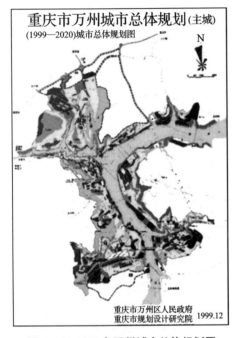

图7.16　1999年万州城市总体规划图

资料来源:1999年万州总体规划图,重庆市规划院

图7.17　2003版万州城市总体规划用地布局规划图

资料来源:2003年万州总体规划图,中规院

(3)以移民文化为主的万州城市总体规划修编

三峡工程时期,万州动态移民26.3万,占三峡库区的五分之一,占重庆库区的四分之一。可见,这里是移民大区。天津市向万州区援助500万元资金用于对口支援项目建设。2006年游客达到了10万人次以上。2007年万州始发游客首次超过了主城朝天门,万州已成三峡库区游客集散中心(图7.18)。

图7.18　万州　图片来源:自摄.

2007年,为顺应时代的发展,紧跟国家的政策,体现移民的文化,满足人民的需求,万州区进行总体规划修编。此次总体规划修编坚持"以人为本"、"协调发展"、"保护特色"的原则,充分关注城市市民的需要,维护人民大众的根本利益,合理安排城市各项建设用地,保证公益性公共设施和基础设施的布局和建设,为城市市民提供方便、舒适的人居环境,促进城市文化的全面发展;在规划中充分考虑城市与乡村、新区与旧城、经济发展与环境保护、现实与未来、整体利益与局部利益等方面的关系,协同文化区划,努力推进城乡协调发展、区域协调发展、经济社会协调发展、人与自然协调发展;同时针对万州的特性进行总体规划修编工作,充分发掘万州特有的山水、人文景观资源,创造万州城市特色,同时避免在规划中为追求特色强求特色,真正体现出移民文化城市的精神面貌。

根据万州的实际情况,本次规划修编重点解决以下几个方面的内容:对城市科学定位,根据移民文化大区的特点进行城市产业发展研究;科学确定城市人口发展规模,合理确定人均城市建设用地水平,创造适宜的人居环境;综合考虑安全、工程、基础设施条件等各种因素,合理选择城市发展用地;对城市各项功能进行合理布局,使各片区有机结合,形成高效率运转的城市;对城市各类对外交通设施进行有机整合,最大效益地发挥对外交通系统的综合效益;对城市文化景观进行文化价值评估与生命周期阶段认定,引入城市设计手法,创造独特的城市景观风貌,充分体现万州山水移民城市的特点。

万州一直是库区重要的文化中心,早先建设的大量文化设施,储备的科教文化人才,在现在的建设中发挥着重要的作用。万州区在 2005 年文化广播电视新闻出版局工作会议上,明确了加快建设万州"文化强区"步伐的目标,指出万州将加快公共文化服务体系建设,完善基层文化站建设,强化地上地下文物保护工作;强调文化产业是支撑"文化强区"的关键,建立万州文化产业统计体系等一些举措。万州坚持历史文化保护与老城改造、移民新城建设相结合,延续地方特色文化,塑造有深厚文化底蕴的移民新城形象,提高城市建设水平,实现城市的有机更新。万州重视城市文化,使得历史文化遗产得以保护,人们的城市文化生活进一步丰富。现代文明与库区勇于拼搏的精神有机结合,形成新的城市精神(图 7.19)。

图 7.19　西山钟楼是城市的标志
资料来源:自摄.

在万州的人居环境规划与建设中注重加强人文关怀,体现移民精神,如周家坝的移民新区建设中充分尊重人民的生活习惯,依山就势造城,同时将移民精神等文化元素融入城市建设中,如移民精神浮雕墙的建设等(图 7.20)。

在本次总体规划修编中,还着重进行了历史文化空间保护规划,从"点—线—面"三个空间层次进行保护。严格保护各级历史文物保护单位,根据实际情况在保护单位周边确定风貌控制范围;挖掘代表地方传统城市特色的片区,形成历史文化保护片区和特色风貌保护片区,改善基础设施条件,推进传统建筑的私有化和有效利用;坚持"整旧如旧"、"维护历史真实性"的原则,尽可能在原有历史建筑的基础上进行局部修葺和完善,实现"有机更新",避免出现"仿古一条街"等伪传统文化的情况;注重非物质的传统文化保护,在历史文化片区保留原住民的传统生活方式,推进地方民俗的市场化。

2011 年 3 月,重庆市万州区城市总体规划(2003—2020)修改方案在重庆市政府第 96 次常务会审议上通过。至此,万州区城乡规划编制体系初步形成,城市规划不断完善,村镇规划着力加强,风景名胜区规划初步完成。

图 7.20　周家坝移民新区与移民精神浮雕墙

资料来源:自摄.

2) 以城乡统筹文化为主的长寿城乡总体规划

长寿地处重庆腹心地带,襟长江而临重庆主城,居渝东而挟三峡库区,史称"膏腴之地,鱼米之乡";因其"东北有长寿山,居其下者,人多寿考"而得名(图 7.21)。地处重庆市中部,东南接壤涪陵区,西南与渝北、巴南区为邻,东北接垫江县,西北与四川省邻水县相接。辖区南北长 56.5 km,东西距 57.5 km,总面积 1 423.62 km²,有"沙田柚之乡"、"夏橙之乡"的称号。

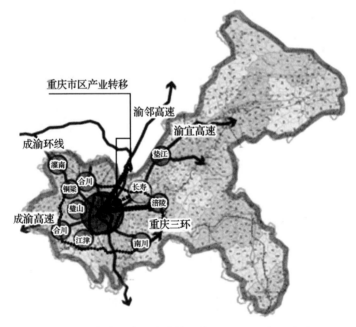

图 7.21　长寿区在重庆市的区位图　　图片来源:自绘.

(1) 历史上的长寿

据史料记载:早在七千多年前,长寿境内就有土著民族居住。至周代(公元前 11 世纪),巴人在四川东建立巴国,定都今重庆。长寿时称巴国枳邑。秦惠王更元九年(公元前 316 年)灭巴,建巴都郡(今重庆),在枳地(今涪陵城东枳里乡)置枳县,今长寿地属枳县。蜀汉

(221—263年)巴郡益州治江州县,先帝刘备在今长寿城附近设常安县(属枳县)。北周保定元年(561年)废枳县,其地并巴县。唐代武德二年,因其地常温,禾稼早熟,民乐之,故定名为乐温县,隶属涪州。元末明玉珍及其子明升踞蜀十年(1361—1371年),建立农民政权,国号夏,都重庆。明代洪武六年九月,明玉珍以"县北有长寿山,居其下者,人多寿考"将乐温县改名长寿县。2001年12月25日,经国务院批准撤县设区。2002年4月9日,重庆市长寿区成立[206]。

关于长寿得名,有一个广为流传的故事:明代洪武年间,当朝宰相戴渠亨,一次下乡察访民情,路过今长寿区新市镇河石井,突遇大雨滂沱,便在酒店歇息躲雨,得见酒店对面一家庭院张灯结彩,鼓乐齐鸣,笙歌不辍,人来客往,十分热闹。正待问个究竟,却见一位老翁,满头白发,银须齐胸,年约九十有余,来店沽酒,自称是给爷爷做寿。这位宰相听后,兴趣油然而生,便向老翁问道:"令祖父高龄几何?"老翁笑答:"我的祖父正满一百五十岁。"宰相越发惊奇,正欲细问,又见一个年约四十多岁的中年人来到老翁面前,口称爷爷,给送来雨伞。片刻,又有一个儿童蹦蹦跳跳欢天喜地前来,称送伞者为爷爷,要他回去拜寿行礼。宰相在这里再也按捺不住,于是亲赴寿翁家祝贺。宾主寒暄中,主人察言观色,深感来人谈吐不凡,遂取出文房四宝,请其题词留念。宰相亦不推诿,接过笔来,龙飞凤舞地写下"花眼偶文"四个大字。主人不解其意,向他请教,宰相便以每个字为句首,写下四句诗:

花甲两轮半,眼观七代孙;偶遇风雨阻,文星拜寿星。

下方落款是:"天子门生门生天子"。主宾们恍然大悟,方知客人是当朝宰相,又是皇帝的老师,大家不由肃然起敬。戴渠亨通过察访,了解到乐温县土地肥沃,物产丰富,山清水秀,景色宜人,民风淳朴,热爱劳动,百岁老人比比皆是。他便回朝奏明天子,从是年九月开始,遂改乐温县为长寿县。

(2)近年长寿规划情况概述

近年来,长寿区城乡人居环境建设发展速度快,规划也在持续跟进。2008年8月重庆市政府批复《长寿区城市总体规划(2005—2020年)》,该规划确定长寿区城市性质为长寿区政治、经济、文化中心,是以化工和建材为主的重要工业城市;至2020年,中心城区城市人口规模为50万人,城市建设用地规模为65 km²。

2008年9月重庆大学城市规划与设计研究院开展长寿城乡总体规划编制的前期研究工作;2009年12月,基本完成《长寿区城乡总体规划研究》及5个专题研究报告;2010年长寿国家级经济技术开发区成立;2011年《重庆市城乡总体规划(2007—2020年)》(2011年修订)定位长寿区为重庆市的六个大城市之一;受国家和地方重大项目在长寿城区的落地需求,分别于2011年10月和2012年3月完成了《长寿区城市总体规划(2002—2020年)》两版局部修改工作;2011年11月完成了总体规划的实施评估报告,获批通过;2012年2月27日重庆市批复同意长寿区进行城市总体规划编制;2012年5月《重庆市长寿区长寿湖周边地区村庄综合整治规划》《重庆市长寿区空间发展战略规划深化研究》和《重庆市长寿区大洪湖片区发展规划》三个项目在长寿区规划局组织的成果验收会上获得通过,长寿将按照"向西融入重庆主城、向东对接涪陵,依托过江通道、江北纵向通道向南延伸"的大交通发展战略,全力打造公、铁、水立体交通网络,构建6条大通道,加快融入主城。2012年2月间,长寿区正式启动"长寿城乡总体规划(2011—2030年)"的编制工作,5月至7月间,重庆市规划局、长寿区规划局组织专家和各个职能部门对"长寿城乡总体规划(2011—2030 年)"的 8 个专题研究报告,尤其是人口和城乡建设用地两个专题研究报告以及规划初步方案进行了多次论证,并召开了专家评审会,获批通过。7 月底,《长寿区城乡总体规划(2011—2030 年)》编制方案通过了长寿区组织的专家和部门审查,并向长寿区人民代表大会做了成果汇报,完成了规划方案的公示和征求意见等工作。

(3)以城乡统筹文化为主的长寿城乡总体规划编制

长寿位于重庆"一小时经济圈"内,处于重庆三环十射重要的位置;同时长寿属于三峡库区重点发展位置,成为库区人口疏散的重要承接地。重庆"十二五"规划纲要中提出"科学构建以主城特大城市为核心,6 大区域性中心城市为支撑,一小时经济圈城市群为主要空间载体,沿长江及渝宜高速、乌江及渝湘高速带状绵延的'一核六心、一圈双带'的城镇化空间格局",长寿区在"一核六心、一圈双带"格局中,承担化工、物流业、旅游服务等主要职能,定位长寿区为重庆市六个大城市之一。在最新修订的《重庆市城乡总体规划(2007—2020 年)》(2011 年修订)中,长寿区被正式确定为重庆六个大城市之一,为重庆主城区重化、冶金产业转移主要承接地,我国西部地区重要的石油、天然气化工基地(图 7.22)。

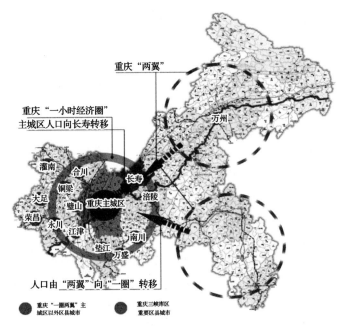

图 7.22　长寿与重庆市主城区的区位关系图　　图片来源:自绘.

重庆市长寿区在发展的过程中城乡发展的矛盾较为突出,主要面临产业进程的瓶颈、建设用地的短缺、城乡社会的分异等问题。长寿工业与农业及第三产业的脱节不仅使长寿产业很难形成自身的产业生长点,而且导致现代服务业始终缺乏发展动力,逐步萎缩;工业项目扩张迅速,已批建设用地已不能满足要求;传统农业生产与农村居住的单位面积效率低下,单位面积的土地效能不足;快速的工业化进程大幅提高了城镇居民收入,但传统的农业生产模式以及第三产业的滞后不能快速增加农村居民收入,城乡社会分异严重。统计资料显示长寿城乡社会差距不断加大。究其原因,依然是快速的工业化进程大幅提高了城镇居民收入,但传统的农业生产模式以及第三产业的滞后不能快速增加农村居民收入。缩小长寿城乡社会差距的主要途径应该是加速推进传统农业生产模式向现代农业生产模式的转型,积极鼓励发展第三产业,真正实现长寿城乡统筹发展的目标。长寿是重庆城乡统筹改革试验区中重要的地区,因此,需要对长寿区进行城乡统筹规划,协调城乡发展。

长寿城乡总体规划编制过程中,以城乡统筹文化为指导思想,注重与上位规划及相关规划的衔接协调;注重产业发展规划与生态环境建设保护的相互协调;注重城市公共服务配套规模与城市发展规模的相互协调;注重近期建设规划与长远建设规划的相互协调。

此次长寿城乡总体规划充分吸收和借鉴社会、经济、产业、国土资源、交通、市政及生态环境等多专业的调查报告、研究报告以及专项规划成果,多专业协同规划配合,综合编制长寿区城乡总体规划。同时开展区域规划与城区规划合二为一的规划成果创新探索。在技术体系层面在原有的城镇体系及城市总体规划的基础上探索重点强调城乡统筹发展下的城乡空间框架重构与整合;在成果体系层面探索将城镇体系规划成果和城市总体规划成果整合形成城乡总体规划成果体系(图 7.23)。

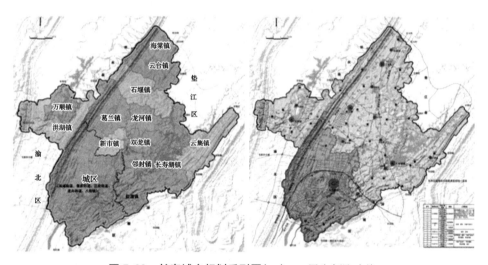

图 7.23　长寿城乡规划系列图(一)　　图片来源:自绘.

本次规划本着城乡统筹的思想,结合长寿现状城乡二元化问题,尝试以改革城乡二元体制为目标的城乡统筹新框架与新思路,从城乡产业结构互动、城乡框架调整及城乡居民生活的融合三个技术层面实现长寿城乡统筹发展。产业结构的互动:传统农业向精准农业转型,发展精准农业,建立农业园区,使传统粗放型农业生产向农业集约化生产转变,打破城乡二元结构;整合钢铁化工产业,积极发展其上下游产业,改变目前产业结构单一的缺陷,提升长寿产业的综合竞争力;大力发展现代服务业、物流业、旅游业等第三产业,提高城市人民生活质量。城乡框架的调整:实现长寿区城乡统筹发展,调整城乡框架,一方面城镇建设用地的集约化扩张,即组团扩张,另一方面农业非建设用地的集约化收缩,即组团收缩。"组团扩张",即依据长寿山地城市的特点和城市发展扩张的需要,城市建设用地采用组团式集约高效发展模式。"组团收缩",即创新农业用地的概念,农业用地作为和城市建设用地等同思考的用地,统筹城乡发展,农业用地组团式发展,发展现代农业产业园区。居民生活的融合:城市建设以现状山水为绿色基底,保留组团间的绿地作为其生态廊道,形成绿带围绕并联系各个组团,使之提供新鲜空气、食物、体育、休闲娱乐、安全庇护以及审美和教育,建立健全城市绿地系统、森林生态系统、农田系统及自然保护地系统,为城市居民提供一个良好的生态环境;合理规划构建功能完善的区域基础设施体系,引导区域设施相对集约布局,力争建成具有开放系统特性的、城乡共建共享的区域基础设施网络,满足城市可持续发展。集中建设农村居民点,加强农村市政设施建设的投入,保证农民享有同等生活条件,受教育条件,提升农民素质,加大城乡交流,实现城乡一体化发展。根据全区生产力布局和城镇空间发展规律,依托交通干线优化城镇布局,点轴式发展,城镇群集合。根据城镇发展区的不同发展阶段,形成城镇空间核心、空间节点、发展轴线有机联系的城镇网络,形成"一城四区、一轴两翼三廊"的长寿区城乡空间结构(图7.24)。

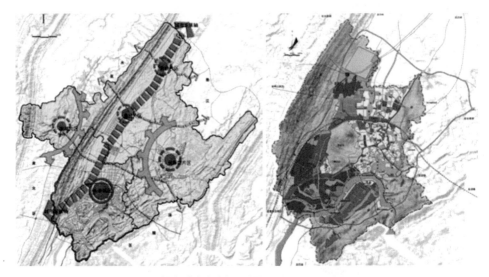

图 7.24　长寿城乡规划系列图(二)　　图片来源:自绘.

长寿统筹发展策略中的文化教育策略是挖掘长寿历史与人文资源,维护城乡建设的山水景观,提高长寿城区的整体形象和品质,塑造地域文化空间格局。以职业技术教育、成人专业教育和农村就业培训为重点,推进城乡文化产业和教育科研事业的发展。与之对应的文化空间规划建议完善区、镇(街道)、村(社区)三级文化网络,将多种同性质的公共服务设施集中布置。

◆ 城乡文化设施

规划范围内的城市文化中心主要布置在凤东、凤西组团中心区以及桃东、桃西组团中心区。桃西组团目前有区文化馆、区图书馆;凤城、晏家、江南街道等18个街镇综合文化站项目建设全面展开,每个站的建筑面积均在 300 m² 以上;长寿区已建成并投入使用 228 个村文化室(农家书屋)、20 个社区文化室。现有文化娱乐设施按规划实施较好,文化娱乐设施档次有所提高,已基本能满足居民日常生活之需求。但是数量较少,分布过于集中在老城,大部分建设年代久远,已存在严重安全隐患;文化设施规模偏小,档次偏低,尚缺乏成规模的综合型文化设施。

规划范围内的文化设施按大城市、中心镇和一般镇组成三级文化设施配套。长寿城区级文化设施主要集中于长寿城区,主要有综合性文化活动中心和图书馆、博物馆、音乐厅、文化宫、科技馆、青少年文化中心等;在中心镇相对集中布置文化设施,作为各中心镇的主要公共文化功能支撑和对区级文化设施的重要补充,在中心镇葛兰镇、长寿湖镇、云台镇、洪湖镇各规划一座文化站;在一般镇按照国家规范要求配套建设相应的文化设施,满足日常文化生活的需要,在一般镇规划一座文化站。

◆ **城乡教育科研设施**

落实教育优先发展战略,稳步推进素质教育,协调发展基地教育、成人教育。全区现有职业中学 2 所,普通中学 28 所,小学 74 所,幼儿园 67 所。全区在校生有 11.1 万名。小学适龄儿童入学率达到 100%,初中入学率达到 99.9%,初中升入高中的升学率达到 85% 以上。长寿区有科技领导机构 1 个,管理和服务机构 2 个,研究机构 15 个。总体而言,教育科研类重大项目实施进展较为顺利。从近期来看尚能满足城市要求,但由于城市建设的迅速扩张,现状教育科研类项目仍无法满足城市的远期需要。

推进义务教育,基本普及高中阶段教育,建立和完善农村劳动力实用技术培训、农村劳动力转岗就业培训、农技服务人员知识更新培训和农村后备劳动力战略培训等三大具有地方特色的培训体系和框架模式,提升农村劳动力的综合素质。在长寿城区分别规划小学 31 所、初级中学 17 所、完全中学 7 所以及职业院校 2 所,服务于整个长寿城区;在葛兰镇、长寿湖镇、云台镇等中心镇分别规划小学、初级中学和完全中学,为各个中心镇的教育服务;在一般镇分别规划小学、初级中学和完全中学;在邻封镇、双龙镇、万顺镇、海棠镇、石堰镇、龙河镇等八个一般镇分别规划小学和初级中学。

◆ **城乡社会福利设施**

规划范围内现状基本无社会福利设施,不能满足长寿城乡居民对养老、托老以及儿童福利院的需要,在规划中要适当地设置一些。

在长寿城区规划一处养老院;在云台镇、葛兰镇、长寿湖镇等中心镇各规划一所养老公寓和两处区级社会福利设施;在万顺镇规划一所养老公寓;在石堰镇、龙河镇、双龙镇、云集镇、邻封镇和但渡镇等一般镇分别规划一处托老所。

◆ **城乡文物古迹保护**

长寿区有着丰富的文物古迹资源。包括一些村镇发掘的化石、长寿境内发现的新石器时代人类聚落遗址、明清城墙遗址、古寨遗址等,以及古墓、有价值的古建筑、石刻和重要文物保护单位。

文物保护单位按照《中华人民共和国文物保护法》及实施条例进行保护。对未定级但具有保护价值的文物古迹保护点,应制定保护措施,实行挂牌保护。

◆ **城区历史文化保护**

长寿地处重庆腹心,古属巴国枳邑,是古老文明之地。长寿区级文物保护单位有 8 处:① 桓侯宫:位于凤东组团白塔村,是市级历史文物保护单位。桓侯宫是为纪念蜀汉名将张飞(封桓侯)所修建的,故又称张飞庙。始建于明英宗正统年间(1436—1449 年),清康熙四十八年(1709 年)和咸丰七年(1857 年)两次改建。1985 年长寿县人大常委会公布其为县级文物保护单位。2009 年,重庆市人民政府公布其为市级文物保护单位。② 东汉崖墓群:位于长寿中学外古县城水东门,东汉至六朝古墓葬。1985 年 10 月 25 日,长寿县人大十届十次常委会确定其为文物保护单位;2004 年 10 月 13 日,长寿区人民政府第 38 次常务会重新将其命名为区级文物保护单位。③ 王爷庙:位于江南镇扇沱村,清代建筑,三重殿四合院。1985 年 10 月 25 日,长寿县人大十届十次常委会确定为文物保护单位;2004 年 10 月 13 日,长寿区人民政府第 38 次常务会重新将其命名为区级文物保护单位。④ 县城西岩观城门:位于凤东组团西岩,清代建筑,拱券式城门,占地 100 m²。1985 年 10 月 25 日,长寿县人大十届十次常委会确定其为文物保护单位;2004 年 10 月 13 日,长寿区人民政府第 38 次常务会重新将其命名为区级文物保护单位。⑤ 石佛寺:位于长寿区凤东组团街道办事处校园路,清乾隆时期石刻。2004 年 6 月 14 日长寿区人民政府第 31 次常务会议确定其为区级文物保护单位。⑥ 林庄学堂:位于凤东组团林庄村,清代建筑,仿日小学图式四合院,占地 10 000 m²。1994 年 12 月 9 日,长寿县人民政府县长办公会确定其为文物保护单位;2004 年 10 月 13 日,长寿区人民政府第 38 次常务会重新将其命名为区级文物保护单位。⑦ 文峰塔:位于凤东组团白塔村,清代建筑,七层楼阁式砖塔,占地 100 m²。1985 年 10 月 25 日,长寿县人大十届十次常委会确定其为文物保护单位;2004 年 10 月 13 日,长寿区人民政府第 38 次常务会重新将其命名为区级文物保护单位。⑧ 聂氏祠堂:聂氏宗祠又名聂家祠堂,位于重庆市长寿区晏家组团晏家社区十九组,始建于明代,民国时改建。坐西向东,为四合院建筑。上厅和北面厢房以及戏楼上部保存完好,但风化较为严重,牌坊上有文字题刻。2011 年,长寿区人民政府公布其为区级文物保护单位。

三道拐历史文化街区:位于长寿城区西南部,居长寿城区中心半坡之间,属清朝建成的商家民房古街。一条石板大道贯穿整个古街,全长 2.5 km,沿山势而筑,由 3 000 多级石梯蜿蜒曲折拾级而上,因转三个急弯,得名"三道拐"。民房均为典型巴渝特色的竹木夹壁结构,堪称三峡库区唯一现存古街。三道拐依山傍水,江水共长天一色,沿途古迹和传说甚多。古街巴渝市井文化、民俗文化、乡土宗教文化、码头文化、三峡文化交相辉映,以历史场景演变为主线,风貌质朴,是一个影视拍摄、怀旧体验、民俗采风、观光休闲等综合性的旅游佳地。

坚持历史文化保护与城市建设相结合,延续地方特色文化,塑造有深厚文化底蕴的城市形象,提高城市建设水平,实现城市的有机更新。严格保护各级历史文物保护单位,根据实际情况在保护单位周边确定风貌控制范围;坚持"整旧如旧"、"维护历史真实性"的原则,尽可能在原有历史建筑的基础上进行局部修葺和完善,实现"有机更新",避免出现伪传统文化的情况;注重非物质的传统文化保护,在历史文化保护区域保留原居民的传统生活方式,推进地方民俗的市场化。桓侯宫规划为市级历史文物保护单位,重点保护歇山重檐木结构工艺与浮雕艺术;东汉崖墓群规划为区级历史文物保护单位,重点保护其反映当时宗教信仰、石刻工艺的历史环境;王爷庙规划为区级历史文物保护单位,重点保护其反映当时宗教信仰、建筑艺术的历史真实载体及环境;西岩城门洞规划为区级历史文物保护单位,重点保护其历史景观、古代文明标志及历史环境;文峰塔规划为区级历史文物保护单位,重点保护石刻艺术及历史环境;石佛寺、聂氏宗祠规划为区级历史文物保护单位,采取"原貌结构、材料、工艺不变"的修缮和维护,保护其历史真实载体及历史环境;规划"三道拐历史文化街区",主要保护该区内具有代表性的民居、梯道、古树、水井,周围建设工程应与历史环境相协调。三道拐街区保护范围为 2.5 km 街道的区域,对此区域内的街巷和民居不宜大拆大建,对原建筑做到"整旧如故,留存其真",维护街巷的传统格局和建筑风貌。周边 50 m 的范围为控制协调区,协调区内的建设应和三道拐的历史建筑保持一定的延续性。

7.3.2 重在保护与发展的三峡历史文化古镇人居环境规划实践

对历史文化古镇形态与变迁的系列研究是三峡人居环境文化变迁研究的重要部分。作为三峡传统文化最具代表性的人居环境物质载体,三峡古镇具有独特的魅力。近7年来,笔者持续关注三峡古镇的变迁,积极参与古镇调研与古镇保护规划,将地方传统文化与时代新诉求相结合,重在保护与发展古镇,优化古镇人居环境,延续古镇文脉,提升古镇品质,形成了一套研究体系(图7.25)。

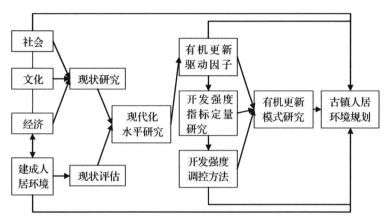

图 7.25 古镇人居环境规划研究体系示意图 图片来源:自绘.

古镇社会、文化、经济现状研究:一是梳理当地的社会现状,包括人口数量、人口构成、人口增长状况、人口的从业分布、生活方式、生产方式等;二是理清城市(镇)的文化特征,包括宗教信仰、传统习俗、传统技艺等;三是认识当地的经济发展水平,包括经济总量、人均经济指标、经济结构、经济增长状况等。古镇建成人居环境现状评估研究:建立综合评价方法,分成建筑物评估、管线现状评估和街巷评估等3个分项及16个子项。古镇现代化水平研究:建立城市建设现代化评价指标体系,从城建规划控制、城建设施水平、城建综合管理、城建资金人员4个角度评价城市建设的现代化水平,包括4个子系统,29个指标。古镇有机更新驱动因子研究:探讨不同地域背景下城市旧城区有机更新的自然条件、经济投入、管理体制与水平、物质环境等因素因子。古镇开发强度指标定量研究:确定城市旧城区建设开发容量,推测各类建筑的需求数量和比例;划分城市旧城区土地等级,确定相应土地价格;将城市旧城区的各类建筑总量分解到对应的各等级的土地分布上,形成城市旧城区的基准密度分区;计算既定地价下的地块最低经济容积率并对基准密度分区进行修正,形成城市旧城区开发强度分布的模型。然后重点展开论述城市旧城区土地等级评价、基准密度分区和既定地价下最低经济容积率测算三个主要方面的内容和方法。古镇开发强度调控方法研究:开发强度调控方法包括规划单元开发控制、容积率奖励、开发权转移和政府参与土地增值分配,并提出控规应进行动态修正及建议年限。古镇有机更新模式研究:总结出以市场机制为主导的新旧拼贴模式,以"再现和延续"历史风貌为主导的特色延续模式,以传统文化生活方式保护为主导的综合保护模式,以内部功能置换、外部表皮保护为主导的功能置换模式,以可持续更新为主导的渐进更新模式等多种有机更新模式,并选取适用模式进行人居环境规划实践。

1) 以"巫盐文化"为主的巫溪宁厂古镇规划

宁厂古镇以巫盐文化著称。古镇位于重庆巫溪县县城北部大宁河畔,依山傍水而建,是我国历史上的早期制盐地,是巫巴文化的孕育地,同时也是重庆市政府公布的首批历史文化名镇。古镇地处渝陕鄂三省交界处,大宁河支流后溪河畔,南距县城 10 km,古有"巴夔户牖,秦楚咽喉"之称(图 7.26)。东邻雄奇险峻的大关山和清澈透底的大宁河,西有明代状元罗洪先隐居的仙人洞,南接明末李自成部将贺珍坚持抗清斗争 18 年的军事据点女王寨,北毗闻名遐迩的宝源山和耸立在孤峰之巅的桃花寨。还有著名的盐泉、神鹿、剪刀峰、女儿寨、灵巫洞等[207]。

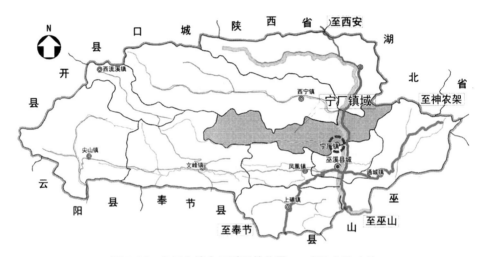

图 7.26　宁厂古镇在巫溪县的位置　图片来源:自绘.

(1) 历史上的宁厂古镇

宁厂古镇有 4 000 多年的制盐史,远古时期是"不绩不经,服也;不稼不穑,食也"的乐土,在唐尧时期就是极盛一时的巫咸国的本土和首会所在地,并因盐而兴,有过"一泉流白玉,万里走黄金","吴蜀之货,咸荟于此","利分秦楚域,泽沛汉唐年"的辉煌。《华阳国志校补图注》:"当虞夏之际,巫国以盐业兴",距今约 5 000 年之久。天然盐卤泉自镇北宝源山洞流出,即"白鹿盐泉"。关于宁厂古镇的白鹿盐泉还有一段美丽的传说。这里是我国早期制盐地之一。在清乾隆年间,有盐灶三百三十六座,煎锅一千零八口,号称"万灶盐烟"。从先秦盐业兴盛以来,宁厂古镇因盐设立监、州、县,明清时成为全国十大盐都之一。因此,宁厂古镇是三峡地区古人类文明的发祥地和摇篮,堪称世界的"上古盐都"和世界手工作坊的"鼻祖"。而 1506 年爆发在这里的盐场灶夫起义,比欧洲产业工人运动早 300 多年,更应是世界工人运动之源流。因此,宁厂古镇是中国的"上古盐都,巫巴故乡"。

宁厂古镇文化底蕴深厚,民风民俗古朴,山水灵秀幽静,青石街、吊脚楼、过街楼等古建筑和民居沿后溪河蜿蜒延伸,镇中有"七里半边街",镇南有"女王寨",镇西有"二仙山"、"仙人洞";古镇的建筑多为斜木支撑的"吊脚楼",临河而建,古色古香。

宁厂古镇是三峡工程建成后三峡库区内唯一一个保存完整的古镇,现古造盐作坊遗址保存完好(图 7.27)。

图 7.27　今日宁厂古镇　图片来源:自摄.

图片来源:自摄.

(2)"巫盐文化"对宁厂古镇的影响

人类嗜盐,人类与食盐的关系十分密切。哪里先发现食盐,古人类就会先集聚生存在那里。根据有关历史文献记载和史学家考证以及出土文物的佐证,宁厂古镇是川东地区人类历史的发源地和文化摇篮。早在新石器时期,先民就在这里繁衍生息,其中在"大溪文化遗址"的发掘中,发现鱼殉葬,其腌鱼由盐史学家考证只能是巫溪古盐场生产的食盐。古代,川东井盐未开发之前,以长江三峡为轴心地带的整个川陕鄂地区,皆仰食得天独厚的巫溪盐泉(图 7.28)。

图 7.28　天然盐泉　图片来源:自摄.

宁厂古镇盐文化的产生与发展过程充满着神奇的色彩。有逐鹿得泉之说,又有龙君庙与猎神像。相传上古时代,这里有一片茂密的森林,奇花异草,遍地药材,是鸟兽栖息之地。一天,一袁姓猎人上山打猎,在两河交汇处发现一只美丽的白鹿。白鹿在前飞快地奔驰,猎人在后穷追不舍,直追到宝泉山下,突然间,白鹿不见了,化作了一个美女,伫立在那清泉流水旁边。猎人一惊,开始感到汗流浃背,喉咙冒烟,于是低头捧起清泉,张口一喝,发现泉水又苦又咸,原来是盐泉。从此,他们就在这里繁衍生息,大宁盐业开发也就从这里开始。这就是流传至今的"逐鹿得泉"的传说,有人又称它为"白鹿引泉"(图 7.29)。发现盐泉后,宁厂古镇日益兴旺起来。盐业生产带动了当地经济,人们过上了富足的生活,为了

图 7.29　逐鹿得泉　图片来源:自摄.

纪念发现盐泉的猎人与白鹿，人们在盐泉的右侧修建了龙君庙以及猎神像。龙君庙坐北朝南，背靠宝源山麓，前临后溪河，庙宇宏伟，十分壮观。但在"文化大革命"时期龙君庙被拆毁了。现在只留下正殿遗址、盐卤分孔板、盐池、龙头雕像遗址。

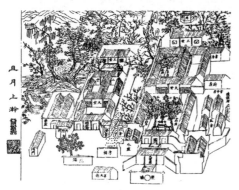

图 7.30　公署图　图片来源：自绘.

宁厂盐文化的发展是建立在盐业生产发展以及盐务与盐卤资源管理制度不断完善的基础上的。早在原始社会末期，宁厂就使用陶器制盐，随着时间的推移，制盐工具不断发展，砂锅盐灶改为大铸铁锅盐灶，后又改为熟铁锅；燃料由木材改为煤；制盐工艺也在不断的改进，先后有土垅、塔炉、烧田等方法，现在制盐工艺流程传承下来的有土垅法、塔炉法。盐作为宝贵的自然资源，自古就被政府严格控制。在秦汉时期，宁厂就已设盐官，唐宋置监，明置盐课司，清设盐大使署，民国初设场知事署，解放初改场署为盐场管理处，随后改称场务所。盐业生产的不断向前发展促进了卤水管理制度不断改进，宋代知监雷说设立盐卤分孔板分配盐卤，在以后的朝代，该制度逐步加以改善(图 7.30)。

盐文化对宁厂古镇人居环境的发展有重大影响。盐业是宁厂古镇的经济命脉。自从有了盐，这块土地就变得繁荣富庶。清清的大宁河水，伴随着清纯的宁厂盐泉，养育了世世代代的宁厂人。"一方人民之所养"，"一泉之利，四方趋之"，"商贸云集，吴蜀之货，荟萃于此"。盐业的发展带动了商业的发展，各地客商均运来本地特色货物以交换宁盐。宁厂古镇也就因此而有"不绩不经，服也；不稼不穑，食也"一说。古镇的居民大多与盐业相关，或为制盐工，或为运盐工，或为伐薪工。有部分还因为盐业的兴旺而迁至此成为宁厂古镇居民。"因盐而盛，因盐而衰"。近年，因生产工艺渐渐落后，大宁盐场出现亏损。至 1992 年，盐业全面停产。从此，千年盐城也随之呈现萧条，商业凋零，人口外迁(图 7.31)。

图 7.31　盐厂旧貌与现状　图片来源：自摄.

盐业的重要性使其渗透到古镇的生活中。相传"龙"是管水的，所以在盐泉之侧建龙君庙以供奉。每年农历六月十三为龙会，会有会首，俗称"头人"。每年办会都由头人主持。头人十户一组，一年一换，依居住地段换次排列。每到会期，即由轮到名下的十人担任，由他们筹集资金，大办酒席，以示庆祝。盐业的各工种也都有各自供奉的神，每到会期，必举行活动庆祝。又如火神会，在夏历二月十五日，火神是盐工(俗称力帮)供奉之神，在每年的会期，有力帮的头人主持，按人收费，对信赖或由普工提升为技工的加倍收费(统统成为香钱)，大摆宴席,热闹非凡。财神会,夏历三月十五日。主办人是各灶的先生(包括管账先生、扫把先生等),灶户也去参加。同设酒席吃喝,借此相聚言欢。猎神会,在会期不办酒席,而是请来道士诵经祷告一番。绞虹节,在每年十月一日更换"篾虹"的同时,县官到宁厂与当地灶商一起,唱歌跳舞以示庆祝(图7.32)。

图 7.32 绞虹工具　　　　　　　　图 7.33 崩塌的山体

图片来源:自摄.

相传在远古时期,宝源山一带森林茂密,郁郁葱葱,奇花异草,遍地药材,是鸟兽栖息之地。而盐业以制盐所用的燃料不同而分为两种,以柴为燃料的叫柴灶,所产的盐叫柴盐;以炭为燃料的叫炭灶,所产的盐叫炭盐。在盐业发展的初期,以熬制柴盐为主。而熬柴盐所用的柴料都是就地取材,靠砍伐树木所得。随着盐业的发展,砍伐量不断增大。树木从山的一端砍到另一端,从盐泉附近砍到远处。日积月累,五千年后的今天,宝源山一带已是秃山一片。到后来树木砍光改用煤熬盐,由于煤中含的硫能腐蚀铁制工具,所以煤燃烧前要混合泥土。所需的泥土主要从山体中挖得。山体在植被破坏后经历了又一次创伤。现在的宁厂两岸山体滑坡、崩塌等地质灾害频发,给当地居民的生活、生产带来很大的影响。20世纪80年代,四川盐务局为挽救宁厂濒危的盐业而购置的真空制盐设备就是在一次山体滑坡中毁掉的。宁厂濒危的盐业最后一次挽救的机会也毁于一旦(图7.33)。从此,宁厂的盐业一蹶不振。盐业给宁厂既带来辉煌,也带来生态的疮疤。受地形限制,古镇的平面形态沿后溪河的走向呈带状发展。就其功能分区而言则深受盐业的影响。位于后溪河上游方向的张家涧以及后溪河南岸的王家滩是制盐车间的主要分布区,但由于近年停止生产,已荒废。早年间,随着盐业的发展,衡家涧汇集了商铺、茶肆、供销社及其他娱乐设施、服务设施,而成为古镇的中心区。同时衡家涧与张家涧也是两个大的居住生活片区,其他地段有散落的居住点。在公私合营前,宁厂基本上家家有盐灶,因此建筑的空间形态也在不同程度上受其影响。很多居民家里配有盐池和盐灶,这样除了居住还有生产功能。

宁厂巫文化的产生有其地域背景,也有着神话传说。食盐和丹砂是巫文化产生的重要物质条件,古代巫溪一带盐场众多,而盐场更得天然盐泉之利,古代巴人在此聚居繁衍,并炼丹于此,这些地域背景促进了宁厂巫文化的产生。

在古代,渝陕鄂边境井盐未开发之前,宁厂这一带地区均食用天然的宁厂盐泉。人类的生存和发展是离不开食盐的,哪里先发现食盐,古人类必然就会集聚生存在那里。史学家任乃强在《四川上古史新探·巫溪盐泉与巫载文化》中指出:"最早被人类发现的地面盐泉,也就是人类文化发源早的地区。巫溪与郁山盐泉所诞育的'巫载文化'与'黔文化'距今五千年前便发展起来了,与中原解池所在地的华夏文化几乎同时。"[208]清光绪时《大宁县志·山川》载:"二仙山,引《名胜志》按,二仙山去盐厂二里,一名王子洞,相传王子炼丹处,即仙人洞也。"又在"仙人洞"条曰:"仙人洞,即王子洞。"[209]。巫溪古盐场周边的古人类活动遗址众多。其中在"大溪文化遗址"的发掘中,发现鱼殉葬,其腌鱼的盐史学家考证只能是宁厂古盐场生产的食盐。《山海经·大荒西经》载:"大荒之中,有灵山,十巫从此升降,百药爰在。"《山海经·海外西经》记载:"巫咸国在女丑北,……在登葆山,群巫所以上下也。""灵"与"巫"古本一字,"灵山"即巫山别称;登,升也,上也。"葆"山,《集解》载:"徐广曰《史记》:珍'宝'皆做'葆',皆宝山别称,疑即巫溪盐场宝源山。"大明《一统志》载:"宝源山,在县北三十里,旧名宝山,……上有牡丹、芍药、兰蕙,山半有石穴,出泉如瀑,即咸泉也。"(图7.34)

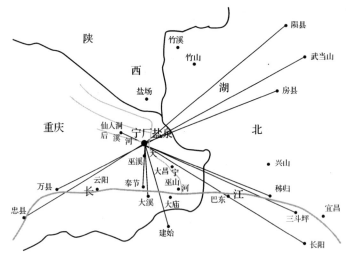

图 7.34　巫溪古盐场周边古人类活动遗址示意图
图片来源:自绘.

图 7.35　灵山十巫
图片来源:自摄.

　　巫文化对宁厂古镇人居环境的发展有着重要影响。巫溪先民信仰崇敬巫术,迷信鬼神,认为"万物有灵"(图7.35)。在日常生活各方面如民居的布局、形态及其装饰等有所表现。宁厂居民在起房造屋选择屋基时,对地势、方位、朝向均很有讲究。民间在选择屋基时,大部分要请地理先生择龙脉建房,动土、下脚、安大门、上梁等也要请地理先生看日子和时辰烧香敬神,以保平安吉祥。宁厂民居的布局流行"屋不离八,床不离九",传统房屋尺寸尾数有个八字,如"一丈五尺八(寸)、一丈六尺八(寸)"等,"八"与"发"谐音,寓兴旺发达之意。"床不离九",即床的长度尺寸尾数必须是九,"九"与"久"谐音,寓夫妻白头偕老、天长地久之意。屋梁分水尺寸,逢中分水民间叫"骑马水",最忌讳。在民间屋梁分水必须是"四六分水","四"寓"四季发财","六"寓"禄位高升"。"四六分水",即前四后六,以檩子步数计,如十步檩子,就是前面四根,后面六根。民居都要用大石做屋基础,屋脊两头翘起,若龙头龙尾,远眺,屋面槽头瓦当,有圆形、扇形等样式。(图7.36,图7.37)

图 7.36　当地民居　　　　　图 7.37　古代房屋石柱础(左)　民居屋顶(右)

图片来源:自摄.

　　巫文化与民间音乐和舞蹈是不能截然分割的。如"跳端公"它有一套固定的模式,实际上就是优美的民间舞蹈。巫医是巫文化中的一个重要组成部分,是最能体现其神力,并使古人迷信的主要因素。人类自古就将"生、老、病、死"归为天意,所以,巫就肩负起为人类治疗疾病的职责。巫师们通过土圭测日影确定四季;为了对天上的恒星进行识别和记忆,分别给它们命取不同的名称,如四象与二十八宿(图 7.38,图 7.39)。古老巫文化的许多内容被后来的儒、释、道三教所吸收,庵观寺庙是"三教"活动的场所。宁厂境内建观庙特多,有吴王庙遗址、观音阁遗址、龙君庙遗址等等。传说巫山人的祖先是"龙蛇",巫重祖先崇拜,喜欢用龙命地名和庙宇;由于巫文化的深入与影响,在语言上民间喜听喜庆吉祥的话,忌讳不吉利的话;宁厂古镇发现一组崖墓群,墓葬形制与长江沿线东汉崖墓基本相同;当地在给小孩起名时喜用"荣华富贵、朝廷栋梁"等吉利名字。

图 7.38　巫巴舞蹈　　　　　图 7.39　二十八星宿

图片来源:自摄.

　　(3) 重在保护与发展的宁厂古镇规划

　　宁厂古镇的规划重在保护与发展,保护整体风貌、传统街区、重点建筑以及传统文化景观,重在保护古镇山水关系及其原生的空间结构;在保护的基础上谋求发展,利用现有的资源拓展诸如旅游产业等无污染产业(图 7.40,图 7.41)。

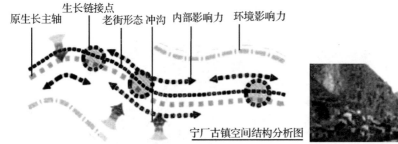

宁厂古镇空间结构分析图

图7.40 宁厂古镇空间结构分析图

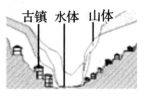

图7.41 山、水、镇剖面构成关系图

图片来源:自绘.

宁厂古镇规划对古镇人居环境进行分级分区保护,在人居环境空间尺度上,分别从宏观到微观,从整体空间、街巷空间到建筑空间进行保护规划;在保护强度层级上,从重点保护到一般保护再到环境协调进行保护规划。

重点保护建筑是指整体风貌保存完好,建筑保护等级最高,古建筑格局最为完整的区域,如龙君庙、秦家老宅、方家大院、向家老屋、方家老宅、盐厂、过街楼等。对于重点保护建筑必须做到对所有建筑本身及环境必须在文物保护法的要求下进行保护,不允许随意改变原有状况、面貌和环境。对必要的大修缮要做到"修旧如旧",并严格按照审核手续进行(图7.42)。

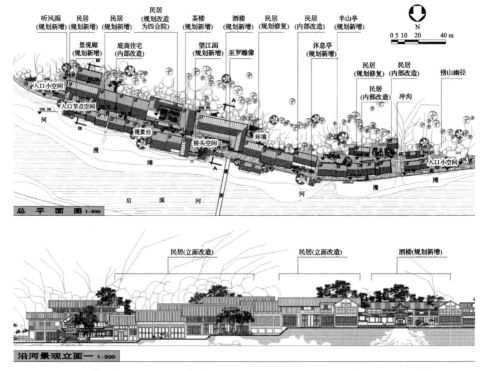

图7.42 古镇街巷规划平面图与立面图 图片来源:自绘.

重点保护区是指为了保护古镇的空间形态、水体体系、建筑群体体系环境而设的法定界限,其保护范围包括盐源街、解放街、中心街以及生产街的沿河地段。在重点保护区范围内应做到严格保护历史形成的空间格局和传统风貌,以求如实反映历史遗存。其保护区范围内严格控制一切改建、扩建、新建,着重在建筑形式、高度、色彩、体量、尺度上追求与古镇协调。主体建筑周边 20 m 范围内严格限制任何新建建筑。

一般保护区指重点保护区周边的地段及保护区周边及宁厂古镇最西的新建区。在控制范围内主要建设镇区内应建而不宜在镇中发展的项目。对需要新建、改建、扩建的建筑必须保持传统风貌,和传统建筑风格协调。

环境协调区是指为求得保护地段与现代建筑空间取得合理的空间与景观过渡而设定的范围,包括宁厂古镇入口及宁河天桥周边。在协调区范围内的建筑物与构筑物应有合理的建筑高度和体量,并协调环境气氛。

为了保护古镇古朴的人居环境,还进行了高度控制规划:重点保护建筑和一级保护区建筑高度控制(包括两个盐厂、龙君庙、过街楼等地块),这些地块的建筑高度控制在 1～2 层(建筑檐口不大于 6 m);沿江老街部分建筑高度控制在 2～3 层(建筑檐口 6～9 m);传统街区保护协调区,层数控制在 3～4 层(建筑檐口 9～12 m);镇中心区少数后退建筑层数控制在 4～5 层(建筑檐口 12～15 m)。(注:这类建筑应严格控制其数量,以免破坏古镇的天际轮廓线协调统一的感觉。)(图 7.43)

为了延续对宁厂古镇影响深远的"盐文化"和"巫文化",规划还专门对巫盐文化的保护与利用进行了详细的安排。重点保护老君庙,修建盐泉广场、盐文化广场与节庆广场,建设盐文化博物馆,进行盐泉水源保护,修复古栈道,保存家庭式盐作坊,重建盐温泉浴场,保护山寨遗址,设立龙舟赛段。

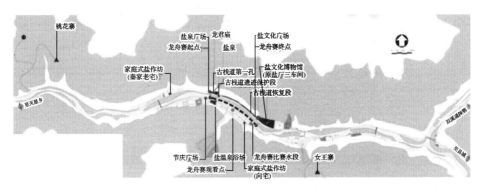

图 7.43 盐文化保护与利用规划

图片来源:自摄.

龙君庙是盐文化的核心区域,在进行盐文化的保护利用规划时,将其作为重要节点处理。首先是保护龙君庙现存的遗址。龙君庙现存的建筑修缮复原,不做大的变动;内部的盐泉龙池和盐卤分孔板,除了修缮不做改造,修缮异形楼梯至二层,可进行体验游。其次是利用龙君庙遗址周边的用地规划修建据史料记载的原有建筑。如在龙君庙北侧山地平坝,新建龙君庙正殿和禅房,但应注意建筑的形式、比例应与周围环境相协调,环境应突出寺庙文化的氛围;修建原有的戏台,并赋予它新的功能:表演当地特色的歌舞以及喜剧;原有的酒楼改修为茶楼,游人可以在茶楼上休憩,观赏盐泉,体验"白鹿引泉"的传说。重建牌坊,将其作为龙君庙地块的入口(图 7.44,图 7.45)。

图 7. 44　龙君庙保护意向图　　图片来源:自绘.

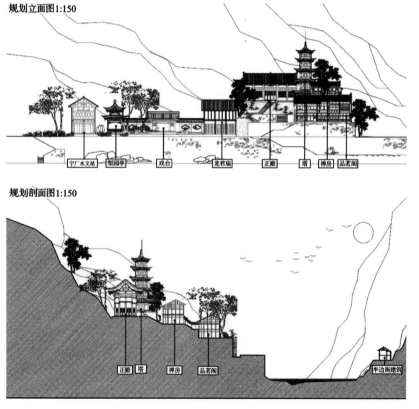

图 7. 45　龙君庙规划立面图与剖面图　　图片来源:自绘.

复苏传统节庆活动:恢复当地盐工的特色节庆——火神会、财神会、猎神会,在节庆的当日在龙君庙进行庆祝活动。盐泉广场:为纪念"白鹿引泉"的传说,在龙君庙南前,修建盐泉广场。广场上布置白鹿、猎人雕像。广场还将作为龙舟赛的起点。盐文化博物馆:随着宁厂古镇制盐业的没落,盐文化的影响逐渐减弱,为了传承盐文化,将已废弃的盐厂三车间改建为盐文化博物馆。盐文化博物馆通过图片展示、文字介绍、播放影音等手段向人们介绍有关制盐历史与古镇发展的关系,制盐工艺的流程,盐制品的销售地区、路线及与之有关的交通形势,盐务与盐卤分配制度的发展历史。陈列制盐工具、盐务票据、熬盐炉灶等与盐文化有关的实物。通过这些实物使人们更直观地了解盐文化。整修原有的熬盐炉灶,人们可亲身体验制盐的过程(图7.46)。

图 7.46　盐文化博物馆规划意向　图片来源:自绘.

　　盐文化广场:位于盐文化博物馆旁。广场上修建盐工制盐雕像,介绍古栈道石碑等,用以烘托古镇盐文化氛围。广场并作为龙舟赛终点场地。**盐泉水源保护:**宁厂的天然盐泉发源于宝源山山麓,为保护盐泉水质,在出水口处结合山体绿化,设置 30 m 的绿化隔离带。保护绿地由专人管理,不得破坏绿化带。古栈道是宁厂特有的人文景观,根据其特点设计了沿后溪河的带状参观线路。位于龙君庙处的古栈道第一孔作为参观古栈道的起点;中间线路、地形条件较好的局部古栈道遗址加以恢复,大部分地段的古栈道将保留其原状,供人们参观,感受盐文化的历史。最后在盐文化广场设立介绍古栈道的壁雕,将其作为参观古栈道的终点(图7.47,图7.48)。

起点——古栈道第一孔
古栈道第一孔位于龙君庙处河岸,将其设立为参观古栈道的起点。

中段——保留与恢复
在现存古栈道遗迹的基础上,在地形条件较好的局部地段加以恢复,恢复可照右图修建。大部分地段的古栈道将保留其原状,供人们参观,感受盐文化的历史。

终点——盐文化广场
在盐文化广场设立介绍古栈道的壁雕,将其作为参观古栈道的终点。

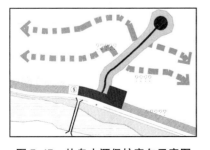

图 7.47　盐泉水源保护意向示意图　　　**图 7.48　古栈道保护与利用意向**

图片来源:自绘.

家庭式盐作坊:秦家老宅——位于古镇西端,建于1920年代。向宅——位于生产街旧办公室后,建筑建于民国初年。这两栋民居原均为制盐作坊,现已废弃。规划时,利用原有的建筑格局,复原制盐作坊。游人可亲身体验古法制盐的工艺方法(图7.49)。

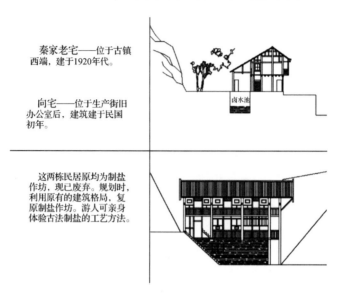

图7.49　家庭式盐作坊规划意向　图片来源:自绘.

盐温泉浴场:利用天然盐泉的保健、美容功能,重新修建龙君庙对岸的农家乐处的盐温泉浴场。盐温泉浴场的形式可参照图示修建,在修建时要考虑到周边环境的建设。盐温泉浴场的风格不应过于现代化。山寨:保留女王寨、桃花寨遗址,修建通往山寨的山道。登临女王寨可鸟瞰全镇;爬二仙山至桃花寨可欣赏四周景色,并可在桃花寨周围山体种植桃花,春天来临时,还可设立桃花节。

节庆广场:为纪念绞虹节而设立的广场。广场上保存着绞虹的遗址,并按原绞虹节习俗,在每年的农历十月一日,在该广场进行庆祝活动。

端午节龙舟赛赛段规划:起点——盐泉广场。在比赛当天,首先在盐泉广场举行仪式,然后在位于盐泉广场的码头开始比赛。终点——盐文化广场。在龙舟到达位于盐文化广场的码头,龙舟赛就结束了,先后在盐文化广场进行庆祝活动。观看龙舟赛的地点设在南岸步行街中放大空间节点内,可在观看比赛的地点设立石座椅,与相应的商业服务设施(图7.50,图7.51)。

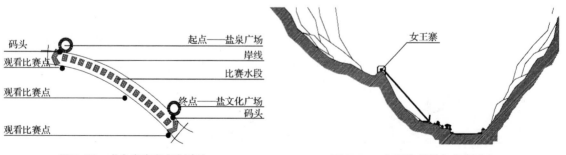

图7.50　龙舟赛赛段规划意向　　　　**图7.51　女王寨保护与规划意向**

图片来源:自绘.

宁厂巫文化的保护与利用规划主要涉及建立巫文化博物馆、设立十巫雕像、保护巫文化影响遗迹、恢复巫文化特色饮食、传承巫文化特色手工艺等。

巫文化博物馆：为传承巫文化，在原吴王庙遗址的基础上修建吴文化博物馆。在设计中按照测绘数据进行规划改建，在规划过程中保留了原有的两座山门及其原有的柱网结构。巫文化博物馆分为四个区域。入口空间设纪念品商店与管理室；由入口进入后，即是表演空间，这块场地主要是用于巫巴舞蹈、音乐表演与古代祭祀模仿表演。正对表演场地的是十巫殿，里面供奉十巫像以及神像，同时也作为祭祀活动的室内场地。在表演场地的西面是展示与十巫文化相关的内容，这里通过图片、文字、影音等手段向人们展示巫文化产生的地域背景、"巫"的神话传说、巫文化对宁厂古镇的影响等。

十巫雕像：为了纪念"灵山十巫"的传说，沿宁厂古镇七里半边街设立十巫雕像。雕像设立于沿街的空间节点上。通过十巫雕像的设立，烘托整个古镇的文化氛围。十巫雕像分别为：巫即雕像、巫姑雕像、巫真雕像、巫彭雕像、巫祗雕像、巫谢雕像、巫咸雕像、巫盼雕像、巫罗雕像、巫礼雕像。巫文化影响遗迹：崖棺墓群位于宁厂中心街，墓口宽1 m，深约3 m，墓中凝聚钟乳石近6 cm厚。受巫文化影响，宁厂庵观寺庙众多，现存有观音阁、万寿宫、吴王庙遗址。巫巴广场：巫巴广场位于古镇中心——衡家涧。为纪念宁厂巫文化，广场上设十巫之首——巫咸的雕像以及反映巫巴文化的壁画等。巫文化特色饮食店：拟建于古镇中心巫巴广场旁的吊脚楼内，主要以巴人鱼宴为主菜，配以当地特色菜肴，体现巫巴文化特色。吊脚楼内可展示三峡各种各样的鱼，布置表现巴人饮食风俗的屏风。为了突出巴人鱼宴的特色，可配印有三峡虎纹、手心纹等图案的餐盘。巫文化特色手工艺制品店：拟建于巫巴广场旁，主要商品有各种材料制成的巴人图腾；以陶、石、木等原始材料制成的鱼形制品；当地的民间工艺刺绣与编制制品；缩小的十巫雕像；根据巫文化制成的脸谱。店面装饰应古朴典雅，追求自然特色；橱窗陈列主题鲜明，色彩和谐，布局协调；也可根据游客的需要加工商品；可采用自助式的加工方式。保留仙人洞的炼丹遗址，将其作为仙人洞的人文景观之一。仙人洞历代留下不少诗文，规划时，应保留原始碑文，并在洞壁上镌刻相关诗文，作为人文景观之一。在精美碑文和诗文烘托的文化氛围内，充分利用仙人洞中浑然天成的自然景观开发旅游资源，形成人文与自然景观完美结合的迷人景致。双溪溶洞群位于城北11 km，靠近双溪乡场的大宁河两岸峭壁上。现已建有灵巫洞，在规划中保留原有设计，游人可在参观溶洞景观的同时，知道灵山十巫的传说，进一步了解巫文化。

2）以"古城文化"为主的巫山大昌古城人居环境建设

大昌古城，从其规模上来看，在今天仅能称其为"镇"，但在历史上这里曾是三峡地区一座"城"，是一座具有1 700多年历史的三峡袖珍古城。大昌古镇在巫山县大宁河东岸，小三峡北端，海拔141 m，已有1 700多年历史。晋朝初（265年）置泰昌；公元280年的西晋太康初年在此设建昌县，太康二年（281年）因避讳，改为大昌；宋、明均在此设大昌县；清康熙九年（1670年）并入巫山[210]。

（1）历史上的大昌古城

历史上，大昌因战乱和水害破坏几度兴废。至明代，大昌已成规模。据文献记载和考古调查，当时的大昌城已是"三街一坊"，有东、西、南三座城门。大昌东西街长不足300 m，南北街长仅150 m，是一个典型的"一灯照全城"的"袖珍"古城[135]。由于大宁河流域在战国时期就是我国一个重要的盐产地,大昌地处军事要冲兼有宁河航运之利,遂得以发展(图 7.52)。

图 7.52 大昌古城区位图

图片来源:自绘.

    三峡工程开工建设前的大昌古城,占地约 10 hm²,东西主街长约 350 m,南北长约 200 m。当时的古城东、西、南三座城门保存完好。东、西、南三条街道构成的"丁"字形格局尚在,街上的青石板被打磨得油光可鉴,浸透了岁月的沧桑。沿街多为两层双披木构建筑,长长的屋檐把天空逼成一条线,重重的封火山墙勾勒出古城丰富的轮廓。街两边的建筑多带一或两重天井,屋宇精巧别致,有的雕梁画栋,有的翘角飞檐,让人叹为观止。城内的温家大院和温氏老屋是古城保存较好的民居。温家大院为四合院布局,两进三间,由门厅、正厅、后厅组成。受地形限制,温家大院与北方的四合院略有不同,布局更加灵活,厅堂房廊,曲回一体,错落有致。雕刻精美的门窗、石刻柱础、雕花砖墙玲珑剔透。古渡口还在使用,爬上 30 多级台阶就是南门,两只石狮子镇守左右。南门是古城的一绝,一棵黄桷树长在城墙的石缝中,枝繁叶茂,成为一景。几位老人坐在树下享受着河上吹来的清风[211]。南门因一株百年黄桷树依附城墙壁生长而最有特色,百年古树也因此成为大昌古镇的灵魂。这棵体型硕大的百年黄桷树,庞大的根系将整个南门牢牢抓住,随着根系的膨胀,城墙多处已经被胀裂。如何将南门及古树完整地搬迁到新址?难倒了诸多专家。搬迁后,如果按照原样将古树栽植在城墙内,不但难度极大,而且不断膨胀的根系对城墙安全也构成威胁。如果不按照原样栽植,南门的特色也将失去。南门古树本来显得很苍老,但由于水位上升,古树得到了更多的水分滋养,愈加显得旺盛年轻(图 7.53)。

图7.53　昔日的大昌古城

图片来源:自摄.

（2）拆迁与复建

1992 年,三峡库区文物规划组的专家考察完大昌古城后,认为古城是三峡工程淹没区内重庆段保存规模最大、最完整的古建筑群,是三峡地区唯一保存完整的古城。在组群的完整性、布局的灵活性、装饰的丰富性方面都较为突出,是地方建筑的代表。大昌古城因此被确定为整体搬迁。古镇尚存古建筑 48 处,保存完好的有 35 处,计划对其进行整体搬迁,其余 13 处拆除后,将作为修复材料使用。整体搬迁的 35 处古建筑中,民居有 26 处。2002 年,老城开始局部拆迁;2005 年 7 月,大规模的搬迁复建工作开始(图 7.54,图 7.55)。搬迁后的古城位于原址东南一隅,大约 5 km 的地方,紧靠小三峡之一的滴翠峡峡口(图 7.56)。2006 年 3 月底完成 35 处古建筑的整体拆迁。2006 年 10 月古镇旧址全部被淹,消失在人们视野中。

图7.54　复建中的大昌古城

图片来源:自摄.

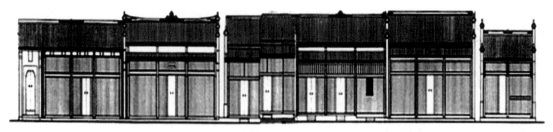

图7.55 大昌古城解放街民居立面图　　图片来源：自摄.

复建按照"留旧去新"的原则对搬迁的古建筑进行复原。古建筑拆除后，首先对构件进行编号，木料还要进行防虫、防腐处理，实在不能再使用的构件才进行替换。复建后，大昌古城融入小三峡旅游：古镇内将再现明清时期的民风民俗，古镇的防火、供电、供水等基础设施则会按照现代进行设计，但均会隐藏起来不会影响古镇的整体风貌。路灯也要尽量和古建筑协调。在大昌古镇的整体搬迁复建过程中，尽量保存了历史遗存的原物，保护了历史信息的真实载体。整个古镇东西主街长350 m，南北长200 m，人们形容这是"四面可通话，一灯照全城"的袖珍古镇。复建的古镇以南北大街、东西大街为主轴，形成南大门、温家大院、明代书院、西大门、巴人田园民居、东大门、关帝庙、江南胜景等千年古镇画面，并完全遵照了

图7.56 搬迁后的大昌镇　　图片来源：自摄.

"以旧迁旧复旧"的原则,完善了古镇的空间布局,通过对环境的重塑,商业形态的科学引导,在防火、供电、供水等基础设施方面则按照了现代化进行设计,但均隐藏于墙壁或地下,以免影响古镇整体风貌。目前,城内屋宇翘角飞檐,精巧别致,古风浓郁,呈现明清建筑特色,也将再现极具旅游价值的千年古镇。大昌古城的复建与开发,极大保护和传承了整个三峡库区的峡江文化,形成有血有肉的活性保护。

（3）以"古城文化"为主的大昌古城新人居环境建设

大昌古镇于 2006 年 3 月开始搬迁,新址位于老城下游 3 km 的西包岭。经过一年多的建设,2007 年 10 月 1 日开始正式对外开放,古镇重新焕发了生机(图 7.57)。

图 7.57　今日的大昌古城与新镇　　图片来源:自摄.

大昌新城采用灰白两种主色调,进城可见原来的南门城墙。原来城墙缝隙上长出的有几百年历史的古树仍旧郁郁葱葱。大昌城内,崭新的仿古移民新居、古色古香的街灯、原貌复建的古镇精品街等景观,使人仿佛穿梭在现代与古代交错的时光隧道中,领略古镇千年风韵。该县从旅游设施软硬件入手,投资 200 多万元改善住宿、游乐、休闲等设施,并投资4 000多万元建成了古镇旅游码头和访客中心。同时,通过职业培训中心,专门在大昌培养了一批"导游"。据了解,"十一"黄金周期间,游客漫步大昌古镇街头,不仅可以观赏狮子龙灯等热闹场景,观赏明清典型的徽派建筑和现代建筑结合的独特风格,还可以现场参观民间刺绣、扎鞋垫、打草鞋、编竹笠等手工制作,亲身体验农村居民生活、生产场景。

7.3.3　基于文化体验的三峡地区现代居住形态规划设计实践

人居环境与人们日常生活联系最为紧密的是居住环境,它也是民间文化体现最为集中之处,因此三峡地区居住区规划设计对文化对策的实现、现代居住形态的设计、重庆文化形态的建设具有典型性。在居住区人居环境规划设计中,应当以人为本,从人的感受出发,注重文化体验。比起其他地区的小区规划,三峡地区的住区更主要是对地形的利用与改造,对地域文化的传承、发扬与体现以及对微环境的生态化改善。三峡地区住区规划也有移民住区与一般住区之分,其体现的文化内涵与方式各不相同。本节选取两个典型住区规划与建设进行解析:一为移民住区,选取重庆市长寿区江南社区型移民居住区为例;二为保障房住区,选取重庆市主城区公租房住区规划设计项目为例。

1)基于"社区文化"体验的三峡重大工程移民住区规划实践

三峡重大工程移民是近 15 年来的大事,大量的工程移民住区在短短几年内被规划、建设,其中有尊重移民文化的适宜之作,也不乏不尽如人意的草率之品。笔者亲历重庆市长寿区江南移民社区型住区的规划与建设,提出基于"社区文化"体验的三峡重大工程移民住区规划理念并付诸实践。

(1)三峡重大工程移民住区及其研究现状

三峡工程建设涉及 19 个县市、106 个集镇和近 5 万 km² 面积以及上百万移民搬迁,工程大,影响广,人口多。由于工程的需要,移民迁建规划设计与建设在过去的十几年中大规模展开,城市功能基本恢复,移民在新的环境里开始了新的生产和生活。

移民住区有几种类型,按城乡来分,主要为受淹城镇移民住区和受淹农村移民住区;按移民住区的建设地点来分,可分为就地后靠型住区和异地迁建型住区。不同的类型有着不同的规划设计方式,不同区县也采取了不同的安置补偿方式。如开县对不愿意集中联建和货币补偿安置的居民实行修建统建房安置的方式。安置实行同结构产权调换,结构和面积价差找补结算。淹没房面积大于还房面积的,结构补差后,按居民房屋补偿价格进行结算。淹没房屋面积小于还房面积的,按库调登记的户头,结构补差后,超面积在 12 m² 以内的部分按综合造价购买,12 m² 以上的部分按市场价格购买。对于纯居民商业门面安置实行货币补偿和门面置换安置两种办法。货币补偿安置实行:商业门面按照旧城该区域土地价格和该门市前 3 年的纳税额,对门市用地评估作价后,实行一次性货币补偿或收购销号,户主自行在新城区购买经营场所;门面置换安置实行:商业门面由门面户集中联建或统建安置。集中联建的,实行在规划划定的安置区,统一规划统一设计,由业主组织将补偿的土地指标及资金集中,进行规模联建。统建安置的,实行同结构产权调换,结构和面积差价找补结算后,还其门市。在安置门面所临街道的宽度不低于淹没门面所临街道宽度的情况下,按安置面积相近的原则,采取抽签定位的办法进行安置。

关于三峡工程移民迁建,国内许多学者展开了相关研究。在库区宏观格局研究上,黄勇在对三峡库区历史发展的研究中指出:三峡地区古代城镇时空格局在区域观念上具有朴素的生态流域观,在实施策略上呈现"点—轴"型开发模式(黄勇,2008),为三峡库区城镇总体空间格局的后续发展建设提出思路。在城镇空间品质研究方面,对三峡库区城镇公共空间文脉的构成要素、影响要素、运动轨迹及表现形式进行了研究,并通过实例提出延续文脉的公共空间发展策略(段炼,2009)。在库区的移民居住环境研究方面,面对三峡库区城市居住空间存在的现实问题,通过实地调研,以居住重构为研究思路,以居住品质的提升带动城镇品质的提升(聂晓晴,2010)。"后三峡时代"的库区建设已经步入了一个新的时期,"十二五"时期是中国城镇化转型发展的关键时期,城乡建设已经进入了量质并重、更加重视质量提升的新阶段。

（2）基于"社区文化"体验的长寿江南社区型移民住区人居环境建设实践

重庆市长寿区江南社区型移民住区人居环境建设的主要地点位于长寿区江南街道。江南街道地处长江以南，是长寿区三峡库区移民重镇，长寿区十里钢城基地，长寿区长江南岸新城。2009年10月22日，经重庆市政府批准，撤销江南镇，设立江南街道。街道辖区面积67.89 km²，城镇建成区域面积75 hm²，耕地面积759 hm²，森林面积2 500 hm²，森林覆盖率36.9%，辖7个村（52个村民小组）、2个社区（17个居民小组），总人口22 528人（其中农业人口10 565人、非农业人口11 973人）。2012年，街道实现生产总值43 430万元，财政收入2.1亿元，增长10.5%；社会消费品零售总额15 530万元，增长77%；农民人均纯收入11 418元，增长16.2%。

江南街道依山傍水，自然环境幽雅，矿产资源丰富，水陆交通便利。它东南与涪陵区石沱镇相邻，西与巴南区麻柳嘴镇接壤，北临长江，与凤城街道、晏家街道隔江相望，地势南高北低。江南街道是长寿区唯一地处长江南岸的三峡移民重地；是秦朝女实业家巴寡妇清的故乡；是百年重钢凤凰涅槃之地，长江上游精品钢材基地。境内有"一脚踏三区"美称的五堡山及其万亩原始生态林、天然溶洞、古刹遗址；有素称"十龙宝地"的龙桥湖；有历史悠久的扇沱水码头；有临江雄踞的清代古建筑王爷庙等江南特有的人文自然景观。渝怀铁路大桥和长寿长江公路大桥横跨南北，茶涪高等级公路横贯东西，境内长扇路、五庆路、龙石路纵横交错，构成便捷的水陆交通网络体系，使江南与长寿城区连成一体并融入重庆主城一小时经济圈。

对于重庆移民库区来说，部分地区地形条件以浅丘、平坝为主，该区距离城镇较近，交通状况良好，城镇化水平较高，二、三产业发达，经济实力较强。该类型区居民点整理应重点通过开发式改造，整体搬迁，建设新型社区，使村庄融入城市，农民变为真正意义上的市民。以宅基地、村庄内部用地、产业用地整理为主，将居民点整理与城市化、工业化相结合，加强居民新村及小城镇的建设。在政府指导及农户的积极参与下，控制移民社区扩展边界，整治农村居民点用地，建设移民社区，逐步引导农民统一居住，提高建筑密度和容积率，促进土地的节约集约利用，为城镇建设提供发展空间，并减轻城镇扩张对农用地的胁迫（图7.58）。

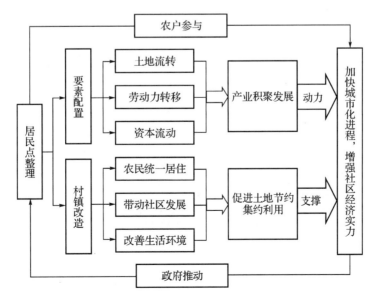

图7.58　社区移民型城乡统筹模式　　图片来源：自绘.

长寿江南社区型移民住区位于长寿区江南新城,占地210亩(约0.14 km²),建筑面积28万 m²,总计3 081套住房,7层砖混结构。一期房于2008年5月开始征地平基工作,2009年9月已全面交付使用(图7.59)。二期项目于2009年2月初开工,目前主体已全面竣工,环境施工正在进行。一期集约用地显著。如江南社区型移民住宅区示范工程完工后,只占地210亩(约0.14 km²),节约土地209%。

图7.59 第一期社区型移民住宅工程 图片来源:自摄.

长寿江南社区型移民住区采用商业与居住结合的住宅建筑街坊式布局形态,进行功能组合模块化设计(图7.60)。当前大多数住区是由单元式住宅拼联形成居住组团和小区,但这种布局形式不能满足一部分库区移民以农耕为主的生活方式和集镇商贸活动的要求。若全部采用目前国内村镇住宅中广泛使用的独立式农宅进行分散布局,则又会造成土地的极大浪费,且难于形成有机的住区总体空间形态。由纵横相交的街巷空间构成的街坊式移民住宅布局方式,其内部街巷两侧主要是店铺住宅结合的民居建筑。店宅式民居独门独户,户户毗连,前街后院,符合传统商业贸易活动和居民农耕生产的要求。该住区在总体布局上采用店、宅、院结合的小面宽、大进深式住宅建筑组合方式,这种布局形式不仅满足移民生产生活的要求,易于形成商业贸易活动所需的街巷空间,而且建筑组团布局紧凑,大大节约了土地。

图7.60 江南社区型移民住区规划效果图 图片来源:自摄.

长寿江南社区型移民住区的功能组合模块化设计,结合当地蓬勃发展的生态农业,针对旅游等行业发展的需要,根据移民的传统生活习俗进行模块化设计,各功能部分相对独立,可分可合,使得当地移民在从事传统农业的基础上发展副业或参与第三产业成为可能,进一步提高了移民的收入,帮助传统移民向新的职业角色进行转化(图7.61)。

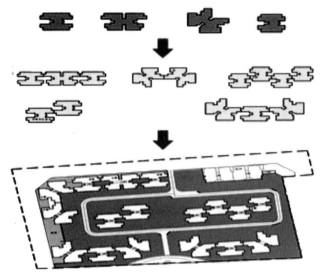

图 7.61　移民住区模块化设计示意图　　图片来源:自绘.

2) 基于"宜居文化"体验重庆市"二环时代"大型住区规划实践

对现代文化地理形态的研究用于重庆市空间文化形态的建设,其中以"重庆市二环时代大型居住区"是现代居住形态人居环境建设的典型代表。

(1) 重庆市"二环时代"大型住区规划设计背景

二环大型聚居区,是指在内环以外的二环区域规划的 21 个新大型聚居区,规划总范围约 404 km²,包括歇马、大学城、西永、白市驿、陶家、西彭、水土、木耳、悦来、翠云、空港、蔡家、鸳鸯、钓鱼嘴、华岩、龙洲湾、龙兴、郭家沱、峡口、茶园、鹿角。在这些聚居区中,有一些同时也是城市副中心,如悦来片区、龙兴片区、西永片区、白市驿片区、陶家片区、龙洲湾片区等。

2011 年 11 月重庆市市政府常务会议审议通过《主城"二环时代"大型聚居区规划设计》(《重庆晨报》),重庆市规划局发布二环区域 21 个新大型聚居区的具体规划,整体规划到2020 年,覆盖人口约六七百万。这些大型聚居区各有功能特色,交通便利,居住和就业都非常方便。21 个聚居区中,要建 4 亿 m² 的房子,其中 3 亿是住宅,1 亿是商务。主城原有建筑2 亿多平方米,"二环时代"实际上要再造两个现有的主城。

二环区域的 21 个大型聚居区,今后将被轨道线网覆盖。根据修订后的《重庆市城乡总体规划(2007—2020 年)》,到 2020 年,主城人口将达到 1 200 万,中心城区约 700 万人,重庆市市轨道里程将由原来的 360 km 提高到 478 km。新增的一百多千米,意味着轨道线网基本覆盖 21 个大型聚居区。从规划图上可以看到,不少聚居区都有 3～4 条轨道线路经过,还有一些区域进行了轨道线路的远景规划。2020 年后,轨道交通还要进一步加密。此外,这些聚居区都是交通聚集地,快速路、高速路、主次干道与轨道一样在加速建设,公交、步行通道、长途汽车等其他交通方式将同步实施,以实现一体化衔接(图7.62)。

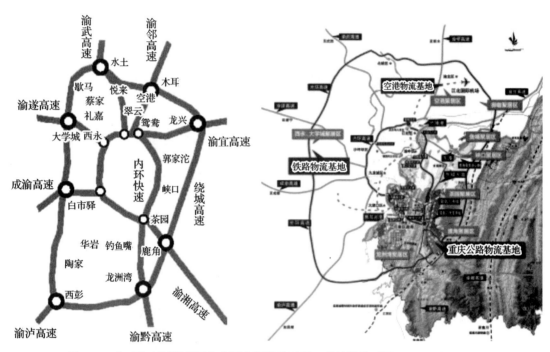

图 7.62 "二环时代"聚居区与主要交通线路以及三基地的关系图　图片来源:自绘.

二环 21 个新大型聚居区不是传统意义上的居住区,是按照"多中心组团式"结构和"产居结合、配套完善"的原则进行规划的。人的集聚要和产业布局相结合,比如大学城集聚区和西永微电子园区、蔡家集聚区和水土工业园区、空港集聚区和空港保税区连在一起,"产居结合"是指尽量避免居民每天在居住地和工作地之间远距离钟摆流动,市民要既能住得舒服,也能就近上班。比如大学城聚居区和西永微电子园区、蔡家聚居区和水土工业园区、空港聚居区和空港保税区等,就相互连在一起。启动的公租房建设正是围绕这 21 个聚居区布局,目前已有多处公租房陆续竣工交付。

重庆是山水之城,21 个大型聚居区也把这一特点运用到规划中。每个聚居区都依山傍水,规划有大型公园、广场、学校、医院、健身场馆、超市、养老院、社区活动中心等公共服务体系。在龙兴、蔡家、大学城、悦来等地势较为平坦的聚居区,规划有自行车道;在歇马,已自然形成多条登山步道,以后也将利用起来,打造休闲小镇。

(2) 倡导"宜居文化"体验的龙洲湾聚居区规划实践

龙洲湾聚居区位于长江之滨、铜锣山下,属于李家沱—鱼洞组团,是城市向南拓展的重点区域,是重庆市主城区的南大门。距重庆江北机场约 38 km,距龙头寺火车站约 11 km,距重庆港口码头 15 km,距重庆市中心约 12 km。龙洲湾聚居区东以铜锣山为界、南以云篆山为界、西以长江为界、北以白居士大桥和内环快速路为界,总用地面积 22.35 km² (图 7.63)。

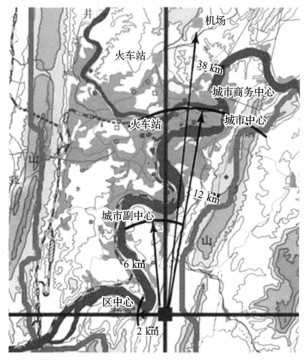

图 7.63　龙洲湾聚居与城市交通节点的位置关系　图片来源：自绘.

　　龙洲湾古属巴郡，有着显著的人文特色，如军事革命文化、名人文化与休闲文化等。军事革命文化主要是指在历史上，巴县涌现出了"宁抛头颅不丢寸土"的英雄将军巴蔓子、"革命军中马前卒"的邹容、辛亥革命志士杨沧白、新中国首任女大使丁雪松等优秀儿女（图 7.64）。名人有政治家张仪、三国时期的董允父子、明代重臣赛氏子孙，直至巴县诸多有名的知县如王尔鉴等，明代的龙为霖、周开封，近代的李伯钊、刘盛亚等。

巴蔓子　　　　　　　丁雪松　　　　　　　邹容

图 7.64　军事文化名人　图片来源：自摄.

　　而休闲文化包括美食文化和商业文化，其中代表性的美食有重庆老火锅、南泉六合鱼、童记烧鸡公等（图 7.65）。

图 7.65　美食文化代表　　图片来源：自摄.

　　该地从秦代设郡至今有两千多年历史，是巴渝文化的主要发祥地，培育了接龙民间吹打、木空山歌等优秀的民族民间文化。从 20 世纪 90 年代初，该地先后被重庆市文化局命名为"山歌之乡"、"民间文学之乡"、"民间吹打之乡"、"川剧之乡"等称号。巴渝十大民间艺术还有"巴渝吹打"、"民间歌舞"等，同时还有 80 人分别被授予民间故事家、民间歌手和民间吹打乐手等称号（图 7.66）。

图 7.66　民间文化艺术　　图片来源：自摄.

　　巴南区的前身是千年历史名邑巴县，历史悠久，一直是"巴郡文化"汇聚的中心地区，是中国优秀旅游城区，山水园林城区，是中国第十个、西部第一个、重庆唯一一个"中国温泉之乡"①。（图 7.67）

图 7.67　民间休闲娱乐文化　　图片来源：自摄.

---

　　①　2007 年 10 月 25 日申报"中国温泉之乡"成功。

规划将龙洲湾定位为：融千年文化、注现代活力，兼居住、商业配套的巴南文化新中心。通过优美的居住环境、便利的城市交通、完善的配套服务创造宜居新城，打造"宜居龙洲"；通过自然的山水肌理、生态的城市公园、先进的生态措施营建低碳城区，打造"生态龙洲"；通过凝聚经济活力、提升城市美丽、建造城市地标提升核心竞争力，打造"活力龙洲"（图7.68）。

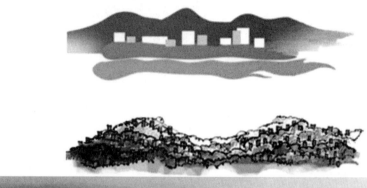

图7.68　生态龙洲沿江立面规划设计　图片来源：自绘.

规划提出"文化龙洲"的理念，龙洲湾聚居区的文化主题是"承千年巴郡、揽市井风情"：认识龙洲湾，欣赏龙洲湾，回味龙洲湾；诠释、传承与发展；整合地方文化资源，突出城市文化特色（图7.69）。

龙洲湾聚居区新城的文化系列不仅应充分体现地域山水特征，而且应在鱼洞老城区及鱼洞历史街区原有文脉的传承和延续的基础上，以独有的城市特色及人文魅力继续徜徉在巴渝文化的长河中。同时在新的社会发展形势下，城市设计要创造出具有识别感的"巴南韵味"，在这块古老的土地上展现出强大的活力，赋予古城新的魅力（图7.70）。

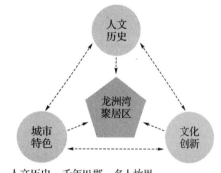

人文历史：千年巴郡、名人故里
城市特色：重庆南大门的"第一湾"，温泉之乡
文化创新：现代休闲、现代养生康体

图7.69　"文化龙洲"设计思路图

图片来源：自绘.

文化元素的提炼和运用：码头文化，作为重庆南大门的"第一湾"，巴南的码头文化与重庆的码头文化一脉相承，设计中通过对体现码头文化的元素符号进行提炼，配以各种文化雕塑与建筑小品，体现其特有的地域文化精神，展示其文化内涵。居住文化，巴蜀区域的居住主要受地理环境及民俗礼仪的影响。规划尊重地方居住生活习惯，构筑山城水边的本土居住生活，让景观、建筑立体化，更具传统艺术的张力，又富有生活安详、恬静的意蕴和诗意。

构筑城市文化意象：龙洲湾聚居区的城市文化意象应与现有的老城文化氛围相联系，并将帮助开启城市发展的一个新时代。不仅体现巴南传统文化精华，且应利用山水自然资源突出山地城市空间特征，在延续原有文脉的同时加以发展和创新，彰显地方特色，展示新城特色（图7.71）。

图 7.70　龙洲湾聚居区文化场所规划图　　　　**图 7.71　龙洲湾聚居区规划总平面图**

图片来源：自绘．

　　城市景观：文化融入城市生活，通过景观廊道及视觉通廊的打造，将山水及人文景观引入城市视线；建立滨江民俗体系，完善城市文化主题空间体系及文化步行绿廊体系，构筑民俗风韵文化走廊；通过滨水岸线及水上景观的设计，拉近城市与水的距离；通过文化融入街景设计，凸显山城浓郁的商业文化，打造具有地域风格特色的城市绿化景观；设置特色饮食文化街区，凸显巴南饮食文化特色（图 7.72）。

　　城市建筑：文化融入城市界面，建筑形象应具有地方特色，体现巴南的地域性特色；建筑色彩的运用应符合巴南特色。

图 7.72　龙洲湾聚居区局部效果图

图片来源：自摄．

城市历史:塑造一个立体生动的巴南聚居区。建立历史文化展示区,并提供举行节庆活动的场所;旅游开发与文物古迹的保护相协调,力求恢复历史街区原貌,同时对历史街区周围自然环境予以保护,并且保留特色建筑;可在公共空间的实际中融入历史文化元素,通过细节的设计营造富有特色的城市文化,体现出"巴郡处处宜"的特点;设置文化主题节点,如尚河商业文化街、渝民风情长廊等。

建立文化公共空间联系:建立地段场所与城市历史文化要素间完整的视觉联系,利用视觉引导和暗示,使人能够"望山"、"观城"、"知水",各个区段形成视觉联系。依托开敞空间的优势和良好的公共服务设施,充分挖掘社会文化,利用和开发城市旅游资源,展开丰富多彩的城市节日活动。大型公共文化设施与生活场所回归水岸。鼓励沿江活动,营造欢乐气氛,成为展示经济活力和城市魅力的舞台。

7.3.4 突出文化符号的建筑形态设计实践

建筑是人居环境的微观载体,也是物质文化的典型体现。三峡地区建筑形态设计和文化景观设计中应突出地域文化符号,将文化融入建筑或景观细部的设计,使得建筑地域特色鲜明,地方文化得以延续。本节以三峡地区农村居民点聚居规划与建筑设计和龙潭古镇的旅游规划和建筑设计为例,阐述文化地理对策如何应用其中。

1) 突出公共文化服务的农村居民点设计

农村住宅区、农村居民点的人居环境规划与建设往往未受到应有的重视,然而广大农民群众的生活代表了大多数国人的生活,是实现城乡统筹的关键。笔者试图在进行三峡文化地理变迁研究的同时,从公共文化服务的角度开展农村居民点的人居环境设计。

(1) 三峡地区农村居民点现状

三峡地区农村居民点普遍存在土地利用粗放、公共文化服务缺失等问题。以长寿区为例,农村居民点人居环境建设主要有以下问题:

居民点用地面积大,人均户均面积高:由于长寿区地处重庆中部山区,居民点分布受地形地貌、传统居住习惯以及山区农业生产活动的影响较大,因而长寿区农村居民点用地呈现出分散分布、面积大等特点。根据土地利用变更调查资料,2007 年长寿区农村居民点用地面积高达 9 221.13 hm²,占建设用地面积的 44.80%,其中农村居民点用地面积最大的石堰镇高达915.69 hm²。人均农村居民点用地面积为 166.25 m²,超过了 150 m²/人的国家标准,其中人均农村居民点用地面积最大的江南街道高达 284.16 m²,超过了国家标准的近一倍,晏家街道、云台镇人均居民点用地面积也超过 200 m²/人,石堰镇、云集镇、葛兰镇、洪湖镇、长寿湖镇、龙河镇、渡舟街道、新市镇、海棠镇、双龙镇等 10 个街镇的人均农村居民点用地面积也超过了 150 m²/人,超过国家标准的 13 个街镇的农村居民点面积占全区农村居民点用地总面积的 80.85%。

居民点缺乏统筹规划,规模小,布局分散:现阶段土地利用总体规划或城镇规划通常只考虑城镇建成区范围内的用地,很少考虑村镇规划、村庄规划,同时受技术条件方面的制约,长期以来我国对农村居民点的规划一直未给予足够的重视,农村居民点长期处于自然形成、自我发展和变迁状态,导致了绝大多数居民点规模小、布局不合理。2007年长寿区农村人口为55.47万人,农村居民点图斑个数高达20 441个,居民点平均规模仅为0.45 hm²/个,居民点平均密度高达221.68个/km²。这种小规模的居民点,基本上无生产服务设施与公共配套设施,只有居住功能,给农民的日常生产、生活带来极大的不便。由于受规模效益的影响,这种小型居民点的功能改造很难进行,严重制约农民生活质量的提高。以家庭为单位的农业生产方式使农村土地利用格局形成了"农村居民点+家庭责任田"的相对封闭的不规则单元,受传统生产方式和居住观念影响,农户长期习惯于以自然院落的形式分散居住,由此形成了村民住宅"满天星"式的分布格局,以山区地区最为明显,地形限制比较大。

居民点闲置现象较为严重:农村居民点主要以外延式扩展为主,居民点用地规模不断扩大,破旧的居民点不断被荒废,由于城乡发展差距等原因,长寿区农民外出务工较多,大量青壮年劳动力在城市中居住,异地城镇化特征明显,本地城镇化的比例较小,从而导致了大量的闲置宅基地和抛荒耕地,"空心村"现象不断加剧。通过调查分析,2007年渡舟街道农村居民点闲置率约为10.40%,长寿湖镇农村居民点闲置率约为13.60%,云台镇农村居民点闲置率约为23.40%,闲置居民点较多,居民点整理潜力较大。

居民点用地配置不合理,集约利用水平低:由于土地使用制度等历史原因,村庄建设缺少系统规划,导致农村居民点功能不合理,基础设施不配套,土地利用结构不合理,土地利用效益低下。大多数住宅以单层和低层建筑为主,占地面积较大,建筑容积率很低;村容村貌脏、乱、差,道路和供排水等基础设施建设滞后。由于受市场经济发展和传统观念的双重影响,农户建房不顾政策规划的要求,择好地,多占地,并屡屡建新不拆旧,一户占用多处居住用地。村庄的建设呈"块状无序分散"扩张,村庄四周新房林立,内部却破破烂烂,结果造成土地利用粗放,而这些外围的土地多是交通便利、长期耕作、土质肥沃、农业基础设施较完善的耕地,这些耕地不断地减少将威胁当地农业生产的稳定性和持续性。

三峡地区农村居民点的粗放建设,究其原因,主要是村庄规划滞后、农民旧观念根深蒂固、管理措施不完善等。

村庄规划滞后:长寿区土地利用总体规划中没有对农村宅基地的具体使用布局作详细的规划,乡镇只有一个概略的数字控制,村镇建设规划也往往以镇为中心,忽略村庄建设规划。由于村庄土地建设规划的缺位,农民为图个人方便,往往在老宅附近或自家承包地附近选址建房,这也是造成村庄用地盲目无序发展的一个重要原因。在实际调查过程中还发现,长寿区下属的18个街镇并不是每个街镇都编制了村镇规划,即使一些街镇编制了村镇规划,往往也被束之高阁,有的甚至早已遗失。

农民旧观念根深蒂固:长寿区农民土地公有观念淡薄。虽然我国《土地管理法》明文规定:农村宅基地归集体所有,农民只有使用权,任何单位和个人不得私自转让或买卖。但多数农民"宅基地私有"的思想根深蒂固,总认为宅基地早占早拥有,多占得便宜。有的农民尽管孩子很小,就以种种借口索要宅基地;有的把本来宽敞的房屋闲置起来,另外申请宅基地盖新房。这种落后的文化、思想观念也是造成农村居民点盲目扩张的原因之一。

管理措施不完善:由于宅基地是无偿使用,致使不占白不占、占了也白占、不占吃亏的思想滋长,农户分家后另建新房,旧房留作杂房用,村集体没有统一收回调节使用或拆除,同时历史沿革的多户共居旧宅，只要有一户还在使用，即使其余的都成为空置房，也无法拆除。由于管理监督没有跟上，造成建新拆旧等措施难以落实到位，致使违法占地现象普遍，此外由于农业生产的特殊性，实行农户联建难度大，大多农户乐于单家独院的建房方式。在宅基地全程审批管理中没有到位，农户建房中除主房以外其他用地的管理没有完全到位，建房户往往将批准的建房面积用来建造主房，而将附房和庭院用地扩张到批准面积之外，有的农户庭院面积比批准建房面积大几倍；"一户一宅"政策的配套措施也不完善，缺乏具体可操作的政策指导。

(2) 突出公共文化服务的长寿区云台镇农村居民点设计

正是由于以上三峡地区农村居民点存在的若干问题，笔者提出突出公共文化服务的农村居民点设计理念，并对长寿区云台镇的农村居民点进行了人居环境规划设计与建设实践。

三峡广大农村地区地形条件较为复杂，中浅丘、深丘与山地均有分布，山高路陡，农村居民点过于分散，部分农民居住地距离耕作农田较远，散村、散户的比例较大，农民生产不便，该区外出务工人员比例较大，人口异地城市化明显，抛荒耕地和闲置居民点数量较多，农业用地经营粗放，土地节约集约化水平较低，人均户均农村居民点用地面积超标现象突出。此类地区农村居民点整理方式应采取"小集中、大分散"的模式，在小范围内进行散户归并、迁村并居，在较大的范围内居民点仍然分散布置；对闲置宅基地进行复垦，新增耕地主要用于补充耕地，结合山区生态建设，推进山地农林综合开发。

云台镇位于长寿区北部，距区府 35 km，距重庆主城区 100 km。场镇位于东经 107.11°，北纬 30.07°，属三级台地浅丘区，处于明月山支脉的东南翼。斜谷宽阔、土地肥沃，海拔 305～1 009 m，辖区面积 87.32 km²。常年最高温度 40.5 ℃，最低温度−1～2 ℃，日照 1 190 h，年平均降雨量 1 067.7 mL，相对湿度 79.9%，无霜期 335 天。光照丰富，雨量充沛，冬暖春早，对发展农业生产十分有利。耕地面积 34 657 亩(约 23.1 km²)，森林面积 15 000 亩(约 10 km²)，有煤、石灰石等矿产资源，适合种植水稻、玉米、小麦、红苕、油菜、豆类、蔬菜等农作物；梨、桃、李、葡萄、黑桃、板栗等经济作物。云台镇辖 1 个居委会、13 个行政村，总人口 5.2 万人，城镇常住人口 1.2 万人，场镇建成区面积 2.3 km²。交通便捷，渝宜高速公路穿境而过，建有互通式立交桥，距场镇 2.5 km；318 国道横穿城镇，是万州、武汉以至上海进出重庆的交通要道。距长寿区深水港码头、铁运站 35 km，通过渝宜高速路辐射全国各地。镇域内储水充沛，有各类水库 6 座，发展种养殖业及加工工业用水有保障；拥有 3.5 万 kW 及 11 万 kW 变压站各 1 座，能充分满足各类用电需要；卧渝线等天然气管道途经该镇，建有日供天然气 10 万 m³ 的配气站 1 座；设有万门程控电话分局。70 年代四川省石油局川东钻探公司在云台镇设置基地，苦心经营 30 年来，各类基础设施良好，配套齐全。云台镇是重庆小城建设示范镇、重庆市"百镇工程"镇之一、长寿区三个中心镇之一，各项基础配套设施齐全，享受重庆市给予小城镇的各种优惠政策。2005 年成为重庆市首批中小企业创业基地，拥有 600 亩(0.4 km²)创业基地。

长寿云台镇农村居民点示范工程位于长寿云台镇安坪村，共 46 户，平均每户占地面积 145 m²，建筑面积 165 m²。住宅区总占地面积约 10 亩(约 6 666.67 m²)，建筑总面积约 0.76 万 m²。工程分为三期，一期为风貌特色整治，二期为居住功能提升，三期为配套设施完善。一期工程对高速沿线的散点式住宅进行风貌整治,对建筑屋面、墙体、门窗、院落等进行改造,使其具有传统地域特色的形态外观。对结构及功能进行更新设计,使其满足新形势下农民的生活生产需要(图 7.73)。

图 7.73　长寿云台镇农村居民点住宅　图片来源:自摄.

在长寿云台镇农村居民点人居环境设计中,采用了以下措施:

农村居民点归并集中复垦:通过土地整理复垦新增农村用地,居民点归并集中复垦,盘活农村居民点用地,达到集约节约土地的目标。具体措施有:明晰农村居民点土地产权,实施村镇建设规划,优化内部用地结构,加强土地利用管理力度,保证旧宅基地及时复垦,实行多渠道资金筹措方式等。

跨村整合发展模式:图 7.74 显示了跨村整合捆绑型农村实现城乡统筹发展模式:在政府的推动与帮助下,选择经济发展较好而且土地需求压力较大的村庄与经济发展较落后的村庄实施捆绑,在尊重农民自愿的基础上,实施落后村庄整村搬迁,跨村和经济发达村庄的居民在区位条件较好的地点统一居住,建设新型社区。经济落后村庄的农民自愿将土地承包经营权、宅基地使用权统一流转给土地合作社,经济发达村庄提供资金与技术帮助经济落

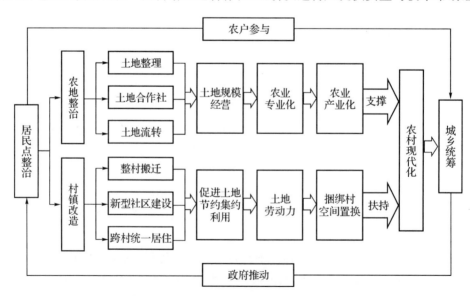

图 7.74　跨村整合捆绑型城乡统筹模式　图片来源:自绘.

后村庄进行土地整治,因地制宜,实行土地规模化经营,发展生态农业、现代农业,开展农业旅游,实现农业的专业化与产业化;经济落后村庄通过对宅基地复垦,挂钩指标提供给经济发达村庄使用,发展壮大集体经济,落后村庄通过统一组织就业培训,向发达村庄提供丰富的劳动力资源,发达村庄承担一定的农村剩余劳动力的转移任务。农民作为土地合作社的股民,将享有土地股份的分红和土地增值收益,生活得到保障,收入得到提高,最终实现农村现代化,达到城乡统筹的目的。

山地特色户型模块化设计:突出"散居、山地、农居"的特点,从山地传统地域建筑中汲取养料。依据"台、吊、跨、靠、分、架、挑、坡、梭、托、合、错等类型模式,并结合家庭结构、经济情况、生产类别等方面,进行户型设计,充分结合散居移民特点,供住户灵活选类型(图7.75)。

以人为本的住宅建筑功能空间组织:库区移民搬迁主要是农村占地移民和集镇原有居民,住宅户型设计务必考虑人的行为、交往活动等因素,集镇生活的特点和习惯以及农耕生产的需要。移民住区的生命力和建筑适应当地居民的生活形态是分不开的。例如部分移民住区采取居民原住地店、宅结合的传统住宅功能布局,利用天井、抱厅空间解决大进深建筑采光通风问题等,都值得借鉴。在另一方面,随着经济发展和人民生活水平日益提高,传统民居也反映出种种不适应性,诸如建筑局部层高过低,室内空间分割过于模糊,各功能之间干扰严重,厨卫空间狭小且采光、通风不良等。在移民住宅的设计中我们力求做到扬长避短,努力创造良好的居住生活环境。

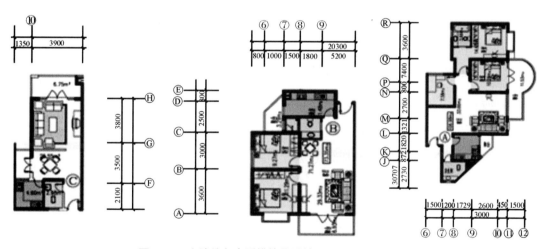

图7.75 山地特色户型模块化设计 图片来源:自绘.

传统住宅的元素提炼与实际运用方式:店、宅结合,有利生存。住宅在内部功能组织上采取店铺和住宅结合的形式,满足大昌移民"家家有门面,户户有商店"的要求。采取3.9 m和4.8 m两种面宽的住宅户型。根据住户的需要又可以灵活处理成前店后宅和下店上宅两种主要形式。商业和居住功能空间有较明确的分区,互不干扰。

抱厅共享,组织交通:抱厅又称"亭子天井",即巴渝传统民居中在天井上加盖屋顶的做法,其优点是抱厅空间可以作为室内空间加以利用。该地区移民住宅设计可借鉴巴渝传统民居中的抱厅和天井空间组织交通,既解决了小面宽大进深住宅内部的采光通风问题,又结合楼梯形成上下贯通的户内共享空间,丰富了住宅内部的空间层次。

明厨明厕,管道集中:保证厨房、卫生间面积标准,做到厨、卫直接对住宅外部采光通风且管道集中,摒弃了以往有些大进深住宅中厨房、厕所通过天井采光通风而造成对居室的干扰和影响,较大改善了居民的生活环境。

前街后院,农耕特色:考虑到移民的农业生产要求,在住宅后部设置小院,以满足种植、饲养,堆放农具、杂物等要求。

适宜地形与气候的地方建构模式语言:考虑移民所在地域的地形、气候等自然环境条件,把从传统民居中提炼出的适宜特定环境及气候的营建方法、构造方式的"模式语言"运用到设计当中,并尝试地方材料的使用和改良。以一种低技术的姿态解决建筑与地形的关系和采光、通风、遮阳等技术性问题,创造宜人的居住生活环境。移民住宅在以砖混结构为基础的同时可以兼顾地方材料的使用和改良。例如青石、砂岩是部分移民住区当地广泛使用的建筑材料,设计中便可以尝试将石材用于墙裙、勒脚、室外踏步等处。

因地制宜、借山观水的移民住宅建筑特色营造:移民住区的建筑形式特色不是刻意追求的结果,而是其所在自然人文环境和使用者生活形态要求内外作用的共同产物,是自然人文环境、生活形态、营造手段和艺术形态的有机统一。移民住宅建筑设计在满足居民生产生活要求的同时尝试在布局形态、空间肌理、建筑特色等方面提取传统场镇风貌特色因子,将传统住区深厚的历史文化脉络贯穿其中,突出移民住宅建筑的地域特色。

2)突出传统文化符号的龙潭古镇建筑设计

龙潭古镇位于渝东南武陵山区腹地,重庆市酉阳县东南部,距县城 30 km,面积1.5 km²,是土家族、苗族、汉族等少数民族聚居地。龙潭镇因镇上两个积水潭,形似"龙眼",常积水成潭故名"龙潭"。古镇自"龙眼"之间穿过,形如"龙鼻"(图 7.76)。

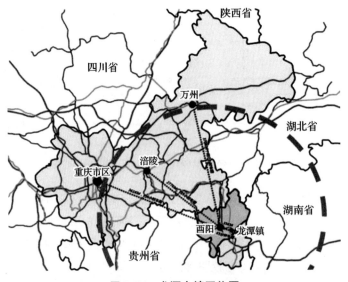

图 7.76 龙潭古镇区位图

图片来源:自绘.

(1) 龙潭古镇沿革

自秦统一全国至今,由梅树龙潭到如今龙潭,据书面记载已有 2 200 多年的历史。龙潭自蜀汉以来,曾相继为"县丞"、"巡检"、"州同"、"县佐"所在地。自宋及清 600 余年的"蛮不出洞,汉不入境"土司统治政策,造就了龙潭这一千年古镇独有的建筑艺术和神奇的民族文化。清雍正十三年(1735 年)龙潭被一场大火烧毁,才迁往龙潭河(古称湄苏河)旁重建。凭借龙潭河、酉水河之便,逐渐发展成为重要的商业集镇,古称"龙潭货"、"龚滩钱"。石板街从瓦厂弯(牌坊)经永兴街、中心街、永胜街至永胜下街的梭子桥(垮纸厂沟),全长约 3 km 的石板街被磨得青黝如玉,光可鉴人。另一条街起自福兴桥,下抵江西潭顺河街,全长 0.5 km,主街宽约 5 m,全用方块青石铺成(图 7.77)。

图 7.77 龙潭古镇

图片来源:自摄.

龙潭是国家历史文化名镇,其文化内涵丰富(图 7.78)。既有保存完好的建筑景观,又有古今几代名人文化,还有丰富多样的民俗文化、码头文化、龙文化等。建筑景观包括宫庙建筑万寿宫(乾隆行宫)、禹王宫、天后宫、龙王庙、王家大院、吴家院子、西南公寓等;土家吊楼;"西洋派"教会建筑——福音堂等。名人文化包括古代的"巴蜀之师"(武王伐纣之前锋)、"八部大王"(唐明皇平"安史之乱"主力军)、彭公爵主、向王天子、田好汉等;近代的有王勃山、赵世炎、刘仁、王剑虹、赵世兰、赵君陶等。民俗文化包括:龙舟表演、旱龙船、土家器乐、龙潭汉剧、婚礼抬嫁娘、摔跤、梯玛神歌等。码头文化又称货龙潭,包括仁和码头、中码头、大码头、万寿宫(江西潭)码头、猫儿岩码头、中油房码头、甘家河码头、猪行坝码头、赵家河码头等。古镇分设九龙,以万寿宫为龙头,以石板街为龙身,古镇百龙聚首,龙头桥、龙泉井、龙洞、石刻龙、龙床、赛龙船、龙灯、龙柱等龙文化丰富。这里依山傍水,又被称为"三十六洞天"、"七十二福地"的风水宝地。

龙泉井

大码头

抗战纪念碑

吴家院子

赵家院子

甘家茶馆

禹王宫

八卦井

西南公寓

禹王宫

图 7.78 龙潭古镇的历史文化资源 图片来源:自摄.

(2) 突出传统文化符号的龙潭古镇有机更新保护规划及建筑改造设计

龙潭古镇文化丰富,为保护传统文化并在新的时代谋求发展,龙潭进行了突出传统文化符号的古镇有机更新保护规划及建筑改造设计,通过保护与发展工作,重现龙潭繁荣盛景,带动旅游发展(图 7.79)。

图 7.79 龙潭古镇市井图 图片来源:自摄.

规划将龙潭古镇发展定位为：以文化、旅游、商贸配套服务为主要职能的巴渝古镇保护示范区；渝黔湘鄂旅游精品游线上的重要新兴节点。配套等级高且设施齐全，在全国有重大影响力的国家历史文化名镇旅游名景区；以"货龙潭"商贾文化为根本特色，融民俗、土家、革命等文化为一体，集多元文化影响形成的独特建筑景观群落之大成的世界文化遗产申报基地。

"物华天宝"是龙潭自然资源与文化环境得天优势的发掘与体现；"货龙潭"是商贾文化主导形成的龙潭古镇建筑群落的有机更新与保护。

龙潭古镇的人居环境空间建设分为三个步骤：第一步：古镇核心保护区，主要是石板老街＋九桥溪街＋重点建筑；第二步：古镇旅游开发保护区；第三步：整合古镇周边资源，龙潭镇整体建设。而配套设施也是分第一、第二、第三阶段逐步实现。（图7.80）

图7.80 龙潭古镇山水关系现状照片 图片来源：自摄.

核心保护区——古镇历史文化保护街区内建筑应维持传统建筑风貌，对于重点建筑的修缮整治遵循"修旧如旧"的原则。

建设控制区——区域内新建筑应采取与古镇风格相协调的传统建筑风格（图7.81）。

风貌协调区——采用新中式，体现素雅宜人的氛围。

图7.81 龙潭古镇速写

核心保护区

建设控制区

风貌控制区
图例
■ 核心保护区
■ 建设控制区
■ 风貌协调区

风貌协调区

保护分区规划图

图7.82 龙潭古镇保护分区规划图

图片来源：自绘.

规划结构为"一轴、两翼、四区、多点"。一轴:东西向规划一条由九桥溪入口至文庙的主轴线。两翼:南北向沿石板老街及新石板街发展两条旅游轴线。四区:古镇核心旅游观光区、旅游配套服务区、镇区服务片区、镇区服务商务中心区。多点:多个景观节点(图7.82,图7.83)。

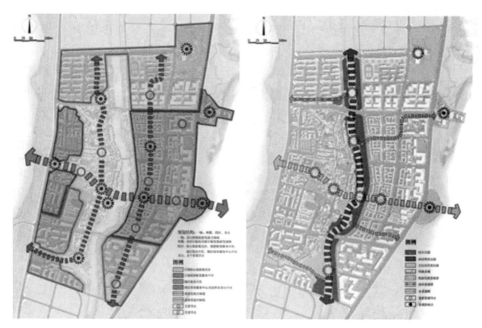

图 7.83　龙潭古镇规划结构图(左)与景观结构图(右)　　图片来源:自绘.

景观结构为"两轴、四带、五园、多点"。两轴:南北轴为龙潭河两岸的滨河景观轴。东西轴为以九桥溪水系景观为核心的旅游发展景观轴(2~6 m)。四带:核心保护区北端的现状水系景观带(2~4 m);核心保护区南端的现状水系景观带(2~6 m);河东新区南北两侧的2条水系支流景观带(4~8 m)。五园:分别为东北角的赵世炎故居公园;商务配套区西侧的文化景观公园;中山公园;文庙公园以及梭子桥文化公园。多点:包括九桥溪主轴和龙潭河滨河景观轴上的多个重要景观空间节点以及赵世炎故居景观节点与工业博物馆景观节点(由现状工业厂房改造)。赵世炎故居景观节点和工业博物馆景观节点地势较高,是重要景观控制点。开敞空间包括:码头、广场空间、滨水空间、公园开放空间等。

规划对古镇历史文化保护区内群落肌理模式及院落空间原型进行梳理,有效提取。提取的元素要能体现龙潭古镇"一门连千户"等地域文化空间的根本特点,力图将空间原型运用到河东新区的街区设计中,使文脉有机传承。

古镇历史文化保护区内开发强度以中低开发强度为主,整个片区开发强度分为三级,开发强度控制在1.8内;中心镇区以低开发强度为主,容积率控制在1.0以下;龙潭河东岸旅游服务区以及中心镇西部部分区以中强度开发为主,容积率控制在1.2~1.5之间;北部商业区开发强度最高,容积率控制在1.8以下。

古镇历史文化保护区内建筑以低层为主,建筑高度控制在18 m以内;中心镇区建筑以多层为主,建筑高度控制在24 m以内,新建建筑不得对历史街区建筑产生遮挡;北部商业区以多层建筑为主,局部可布局小高层建筑,建筑高度控制在60 m以内;步行系统主要是青石板老街,保留十巷①,新建商业步行街,并加强东西向的可达性(图 7.84,图 7.85)。

1. 甘家院子
2. 赵家院子
3. 绸缎商号
4. 西南公寓
5. 甘家茶馆
6. 古银行
7. 天主教堂
8. 生漆业商号
9. 杨二客栈
10. 古印刷厂
11. 盐商号
12. 王家西院
13. 王家东院
14. 天后宫
15. 轩辕宫
16. 吴家院子
17. 禹王宫
18. 万寿宫
19. 火神庙
20. 药材商铺
21. 文庙
22. 工业遗址博物馆
23. 赵世炎故居
24. 行政办公
25. 福星桥风雨廊桥
26. 石桥
27. 大众桥风雨廊桥
28. 风雨廊桥
29. 索桥
30. 民俗广场
31. 休闲茶社
32. 亲水平台
33. 五星级宾馆
34. 四星级宾馆
35. 医院
36. 居住小区
37. 客运站
38. 加油站
39. 船厂遗址公园
40. 中山公园
41. 桥头公园
42. 露天剧场
43. 希望小学
44. 小学
45. 商业大厦
46. 风情街
47. 滨河街
48. 新石板街
49. 水街
50. 现代商业街
51. 九桥溪新街

图 7.84　龙潭古镇规划总平面图　　图片来源:自绘.

图 7.85　龙潭古镇鸟瞰图　　图片来源:自绘.

---

①　十巷:甘家巷子、猪行坝巷子、王家巷子、衙门口巷子、柴行坝、船厂(万家)巷子、二村(下河)巷子、电影院巷子、赵家巷子、巷对巷。

　　龙潭古镇有河东水街、九桥溪老街、顺河街等多条老街,为了使古镇重新焕发生机,对老街民居建筑进行改造。老街民居的改造思路主要是从"面—线—点"三个层次来开展。面:全覆盖地进行建筑保护列表,采用表格形式整理,列出现状及整治的措施;线:全覆盖地进行街巷风貌整治,设计石板老街立面,作出改造前后效果对比;点:分类型地进行民居单体改造,将民居分若干类型,结合元素进行整治设计(图7.86,图7.87)。

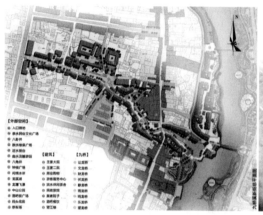

图7.86　九桥溪老街规划平面图(左)与鸟瞰图(右)

图片来源:自绘.

图7.87　顺河街整体鸟瞰效果图(左)与河东水街内景图(右)

图片来源:自摄.

　　建筑改造的主要策略是针对龙潭老街近年新建设的平屋面建筑,采用平改坡方法以与周边老宅屋面协调。龙潭老街的建筑改造模式主要有四种:半改坡齐墙式,半改坡檐口式,全改坡齐墙式以及全改坡檐口式。位于九桥溪老街与顺河街交界处的群体建筑,共2~3层,设计选用龙潭传统建筑符号,整体风格与周边环境保持协调。

　　建筑设计中提取龙潭现状民居建筑元素,分类型;元素进行标准化类型设计,指导建设;对封火墙、吊脚楼等重点民居进行整理;从屋顶、围护、门窗系统、梁柱、阳台及其他系统等方面进行细节改造设计(图7.88~图7.91)。

图 7.88　龙潭建筑改造设计前后对比图　　图片来源:自摄.

屋顶系统：龙滩古镇民居的屋顶体系主要包括小青瓦、屋挑檐和屋脊饰等三部分。围护系统：主要包括封火墙、木板墙和砖石墙。其中封火墙既传承了徽派风格，又具有龙潭特色。木板墙大量存在于民居建筑中，是古镇建筑传统特色的主要承载体。砖石墙多出现于后期营造建筑，部分石墙的斑驳肌理极富美感。门窗系统：分为框档门、格扇门和格扇窗。框档门由实木板制成，外观朴素，方便拆卸，多用于底层店铺及户门。格扇门为带花格窗的木门，格扇窗为带镂空花纹的木窗，精致美观。梁柱系统：梁柱系统可拆分为木横梁、柱身和柱础。横梁和柱身的材料为整段或半面的原木。柱础为简洁石块，少有装饰。阳台系统：主要包括木阳台、木栏杆和小挑檐。木质阳台及栏杆比例协调，朴素雅致，在龙潭素有"土家吊脚楼"的美称。部分民居在阳台上设小出檐遮风避雨。其他系统：横风窗多设于户门之上，多为木质格栅或纹理，有通风、装饰、采光等多重功能，是古镇老街民居中十分普遍且重要的建筑元素。老街民居木墙多由石墙基承载，木石搭配自然协调。少数民居有老虎窗等特殊建筑构件。

屋顶系统元素再设计：屋脊饰（WJS），从龙潭古镇中提取具有传统风貌特色，保存完好，且能够大量建造施工的屋脊饰样品。依据造型及式样的不同，分为四种类型，并命名为 WJS-1、WJS-2、WJS-3、WJS-4。修复后绘出计算机 CAD 及 3D 模型，定出标准尺寸。采用传统小青瓦叠砌做法，均为轴对称，不涂彩漆装饰。中心拼出花形或圆形花纹，两侧用瓦或砌成拱月，或叠拼成方形。瓦当（WD），提取圆形及十字形两种瓦当类型。圆形定为 WD-1，上有云头纹样。十字形为 WD-2，上作植物纹，建出尺寸模型。挑檐（TY），挑檐指屋面挑出墙面的部分，由梁及吊瓜柱组成，类型定名为 DY，建出尺寸模型以指导施工。鸱吻（CW），鸱吻是传统民居屋脊上的传统装饰构件，砌筑于屋面正脊两端。该类型定名为 CW，采用传统小青瓦叠砌做法。

围护系统元素再设计：封火墙（FHQ），提取平檐口及翘檐口两种类型，分别定义为 FHQ-1 及 FHQ-2，建出尺寸模型。木板墙（MBQ），取当地木材，处理为板材，保留原木纹理及色彩，类型定名为 MBQ，建出尺寸模型以指导施工。砖石墙（ZQ），使用当地石材及青砖料，分为 ZQ-1 及 ZQ-2 两种类型，前者采取一丁一顺砌筑方法，后者采用顺砖砌法并在局部留出洞口。

门窗系统元素再设计：格栅门（GSM），采用当地木材加工，构件分两段式处理，上部镂空花窗，下部为线脚木板。根据花窗纹理样式不同，设计为 GSM-1、GSM-2 及 GSM-3 三种元素类型，包括中心对称回纹、轴对称回纹等。建出实际尺寸 CAD 及 3D 模型，以指导施工。框档门（KDM），采用当地木材加工，不设花窗，采用板材加线脚的做法，依据线脚复杂程度，分为 KDM-1 及 KDM-2 两种类型。建出尺寸模型以指导施工。横风窗（HFC），取用当地木材加工，根据花纹样式不同，定出 HFC-1、HFC-2 及 HFC-3 等三种类型。逐一定出标准构件建造尺寸，建出 CAD 及 3D 模型。格栅窗（GSC），取用当地木材加工，由格栅纹理不同，设计六种类型。GSC-1 型通过横竖格栅分割窗口而形成肌理，中间可选设 210 毫米见方采光通风洞口。建出尺寸模型以指导施工。格栅窗（GSC），均采用当地木材，有中心对称密纹、轴对称回纹、轴对称方格纹、人字回纹及植物自由纹等多种纹理，分别设为 GSC-2、GSC-3、GSC-4、GSC-5 及 GSC-6 等类型。定出标准尺寸，建出 CAD 及 3D 模型，可依据老街民居实际情况具体指导施工。

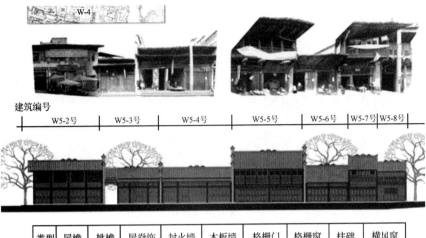

类型	屋檐	挑檐	屋脊饰	封火墙	木板墙	格栅门	格栅窗	柱础	横风窗
编号	WD-1,WD-2	TY	WJS-1	FHQ-1	MBQ	GSM-2	GSC-4	ZC-1	HFC-1
元素									

图 7.89　龙潭古镇民居立面改造设计图　　图片来源:自绘.

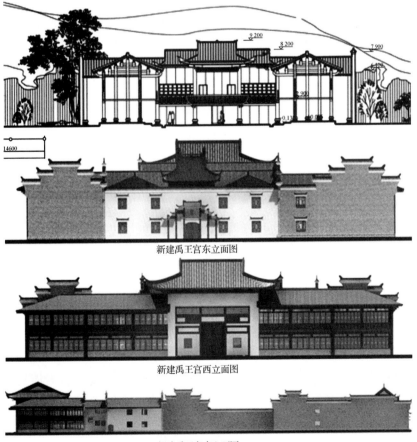

新建禹王宫东立面图

新建禹王宫西立面图

新建禹王宫南立面图

图 7.90　新建禹王宫各立面图　　图片来源:自绘.

图 7.91　新建禹王宫鸟瞰图　　图片来源:自绘.

梁柱系统元素再设计:柱身(ZS),取原木进行加工,保留原有木色及朴素自然肌理,不加额外涂绘装饰,根据老街民居实际情况定出尺寸,以指导施工。屋梁(WL),取原木进行加工,保留原有木色及朴素自然肌理,不加额外涂绘装饰,根据老街民居实际情况定出尺寸。柱础(ZC),取当地石材进行加工,根据造型肌理不同,分为 ZC-1 及 ZC-2 两种类型。前者造型简洁,后者采用瓜状、柱状及方台基结合的复合造型。均保留石材天然肌理,不增加额外涂绘装饰,根据老街民居柱身的实际情况定出尺寸。阳台(YT),采用木作,栏杆采取雕空花纹木式。根据栏杆花式不同,分为 YT-1 及 YT-2 两种类型。定出标准尺寸,建出 CAD 及 3D 模型,可依据老街民居实际情况具体指导施工。

7.4　应处理好的几种关系

7.4.1　三峡传统文化的保护与开发、继承与创新之间的关系

三峡地区传统文化是难得的文化资源,亦是三峡地区历史内涵的体现。传统文化的价值不仅没有因为现代生存方式的形成而受到冷落,反而在现代背景下急剧增值。古代的或民间的传统文化受到游客及国内外人士的高度关注和欢迎。要实现三峡地区文化的和谐、持续与积极发展,就要处理好传统文化的保护与发展、传统文化的继承与创新之间的关系。

保护与发展并非不可协调的矛盾,在人居环境文化建设的过程中,常常要保护与发展并举。对优秀传统文化遗产的保护是大繁荣大发展的基础,在继承的基础上创新,发展又反过来利于文化遗产的保护。

每一个区域文化都有其积极面与消极面。正如孔夫子所言"择其善者而从之,其不善者而改之"①。挖掘和传扬传统文化的积极要素,摒弃其消极要素,全面落实科学发展观,发展先进文化,支持有益文化,改造落后文化,抵制腐朽文化。

---

① 《论语·述而第七》。

7.4.2 文化遗产保护与社会经济发展之间的关系

文化与经济、保护与开发既对立又统一。从广义上来说,文化与经济是人类所创造财富中整体与部分的关系。经济是人类财富的一部分,也是文化的一部分。从狭义上看,经济是文化的基础,文化是经济的上层建筑,二者共生互动。"经济支撑文化,文化驱动经济,两者相辅相成,相得益彰"[212]。"诗意不可以贫穷为代价"(香格里拉·乌托邦),文化作为经济发展的动力、资源与润滑剂,具有独特的、不可替代的功能。

然而,在国民经济快速发展的过程中,总是出现"重经济,轻文化"的现象,为了经济利益不惜摧毁几千年的文化遗产,造成开发式破坏或建设性破坏。随着社会的发展、人民文化程度的提高,对文化的态度也在发生改变。人们逐渐意识到人类任何经济活动最终要落实在一定的区域空间内,而各个地区又有其特殊的区域文化。群体意识、价值观念、精神面貌、行为习惯、管理制度等区域文化形式,一般都有着鲜明的地域特点,对当地的经济社会发展的作用不可估量。人民逐渐明白,几千年的文化遗产不可被短期的经济效益所替代。

曾几何时,国人急功近利,往往是"文化搭台,经济唱戏"。各地常以"文化"的名义开展各项活动,实则炒作各种业务;各种产品均以"文化"标榜。文化与经济的关系又走入另一个极端。在文化价值驱动下,文化成为高附加值的重要保障。然而,经济强势并不等于文化强势。经济与文化也并非只能顾其一而不可得其二。我们可以在很多发达国家看到传统和现代的完好结合,看到经济与文化的相得益彰。

如今,文化不再是经济舞台上的陪衬与点缀,而成为关系社会发展全局,并影响未来的推动力量。随着我国经济迅速发展、第三产业对城市化的驱动力增强,文化对经济的带动作用正逐步凸显[213]。"富口袋还要富脑袋,富脑袋才能富万代",物质文明与精神文明共建,文化与经济互动,文化与经济同构。文化向经济的渗透,更淋漓尽致地发挥了文化的功能,同时也丰富了文化的内涵。文化是地区经济的推动力与支撑力,为经济发展提供精神动力与智力支持。各地从"文化搭台,经济唱戏"逐渐向"经济搭台,文化唱戏"转变。社会经济应由文化引领,科学发展。

文化的内涵具有双重性,既有社会属性也有产业属性,当代文化既包括公益性文化事业又包括经营性文化产业。发展文化事业、发展文化产业应该并行。党的十六大提出:要积极发展文化事业和文化产业,以推动先进文化建设,通过文化体制改革,将过去与计划经济相联系的单一"事业"型文化体制,转变为与市场经济相适应的新型文化体制。新型文化体制既要保持和发展文化公益事业、引导事业单位适应市场经济环境,增强自身的发展活力;也要大力发展文化产业,通过完善文化产业政策来支持其发展,以增强我国文化产业的整体实力和竞争力。

7.4.3 地域文化与全球化的关系

全球化是社会发展的必然趋势。它使各国的文化遗产成为全人类的共同财富,使跨文化交流日益广泛,同时也一定程度上造成了"文化趋同"现象[214];有学者认为地域、民族性文化在一定条件下可转化为国际性文化,国际性文化也可以被吸收、融合为地域与民族文化[215]。在人居环境建设中,清楚地认识地域文化与全球化的关系,是协调发展的前提。随着科技的发展,网络的普及,地区之间、国家之间的交流日益频繁,文化全球化不可避免。文化全球化并非文化的同质化,地域文化在全球化的浪潮下是生是死,取决于文化特色是否鲜明,文化生命力是否顽强,文化是否符合人类社会的发展方向。

费孝通在《从反省到文化自觉和交流》中提出"在和西方世界保持兼容、积极交流的过程中,把我们的好东西变成世界性的好东西。首先是本土化,然后是全球化"[216]。优秀传统地域文化是智慧的源泉,是发展的内在动力。因此,强化地域文化特色,是地域文化应对全球化的重要举措。一个区域文化特色的形成取决于一定的地理环境,一个特定的人群,一定时期内的生产方式以及受外来文化的影响。

在全球化下,对和谐社会目标的追求是不变的。既要有崇高的理想与目标,又要立足于社会生活实际,不可脱离现实;既要保持民族精神,又要具有时代精神;既要继承与发扬传统地域文化精华,又要吸收与借鉴世界优秀文化成果。对内,促进文化的发展与繁荣;对外,推动三峡文化走出去,与全国、与世界对话,向世界展示当代三峡风貌。

7.5　本章小结

本章在认识到文化对地区发展的重要性与传统空间规划中文化性的缺失的情况下,提出从物质空间规划到文化空间规划的技术思路:建立文化地理数据库,形成三峡地区文化地理图谱;开展文化空间规划,提升物质环境的文化功能;构建地方公共文化服务体系等;从人居环境的不同空间层次进行实践案例研究,包括注重空间和谐与城乡统筹的城市总体规划、重在保护与发展的三峡历史文化古镇规划与人居环境建设实践、基于文化体验的三峡地区现代居住区规划设计与突出文化符号的建筑形态设计实践;并提出处理好传统文化的保护与开发、继承与创新之间的关系,文化遗产保护与地方经济发展之间的关系以及地域文化与全球文化的关系。

8 走向文化繁荣的美好人居

文化是人类社会的灵魂。作为社会的思想灵魂,文化是社会的重要组成部分。一个社会,既要有物质文明,又要有精神文明;既要有繁荣的经济,又要有繁荣的文化。而且,社会越发展,文化也就越重要。在当代社会,文化已经成为国家综合实力的重要部分、国际交往的重要内容和民族融合与冲突的重要因素。文化是一定社会的经济和政治的反映,又对经济和政治的发展有着巨大的反作用。文化是由科学、法律、道德、文学、艺术、哲学等多种因素构成的,表现为文化产品、创作方式(体制)、文化观念等多种层次,其核心是价值观。文化是抽象的,将抽象的文化内涵物化在人居环境物质空间上,将文化的动态过程外化于人居环境物质空间中的人类活动,才能使之被人们所感受。要实现三峡地区文化和谐、可持续与积极发展,笔者提出从人居环境的物质空间规划到文化空间规划的思路,试图将文化的潜在价值转化为现实,提高人居环境品质,实现人类社会的永续发展。

在人类社会发展过程中,物质环境会随时空更替而消减、转化,而文化则可超越时空,持续地发挥着影响力,是真正的灵魂所在。在信息全球化的大背景下,三峡文化的构建离不开自己的地域文化母体,地域人居环境亦不可能脱离地域文化而存在。人居环境建设中"物质建设是容易的事情,而文化损失是不可弥补的"。因此,保持地域文化特色实现地域文化的和谐、可持续与积极地发展对人类社会尤为重要。对此,本书通过研究形成以下观点:

1)"文化"是人居环境科学体系中的重要组成部分

研究认为,在人居环境建设体系下,"文化"渗透于人居环境体系的各个学科之中,是一条贯穿于各个方面的无形线索,反映为人们的各种思想、行为方式以及人类活动所创造的一切物质与精神财富的总和。人居环境不仅是一个物质存在,而且是一个各种物质与非物质文化交织缠绕的网络,文化在其中具有"融贯的地位,纽带的作用"。在人居环境建设体系下,文化地理的研究对象为一定区域范围内文化现象的组成、文化的变迁过程、文化与地理环境之间的关系、文化地理的时空扩展过程、影响文化地理变迁的因素和动力机制以及文化地理变迁模式等。研究按照文化属性的不同层次将三峡人居环境的文化分为物质文化与非物质文化,并针对三峡地区将各种文化层次进行归类,以分析人居环境建设体系下的文化组成。

2)三峡地区文化地理变迁史反映地区的人居环境变迁

三峡地区的文化史是以"战争、移民、文明、航运"为主题的人与自然抗争的历史。研究全面梳理三峡人居环境的文化地理的历史脉络,指出了三峡地区是一个东西南北文化交融的黄金通道;独特的自然环境孕育了三峡地区的早期人类活动,从而产生三峡文化的起源。从"巫山人"到治水神话、诸巫、夔子国,再到战火、移民、诗人的经过,直至三峡工程、移民新城,不同历史时期的三峡文化地理形成与发展在各具特点的同时,又共同形成一个不间断的文化序列,演绎着这个古老山区的不朽神话。本书同时描述了以农耕文化、巴楚文化、巫鬼文化、移民文化、交通文化、饮食文化为代表的三峡主要文化类型的历史地域扩展过程,揭示了三峡典型文化的独特魅力与平面到立体、单一到多维、线性到网络的地域扩展规律。总结了人居环境空间语境下三峡文化历史发展的文化历史的悠久性、文化积淀的多样性以及文化空间扩展的复杂性等特点。

3)三峡人居环境的文化地理变迁机制是一种混合机制

三峡人居环境的文化地理变迁机制是一种多因素、双向力作用下的混合机制。研究认为"文化变迁"是一种人类物质与精神财富积累的过程,包括人类文化所发生的一切变化,包括文化生活、文化内容、文化制度、文化观念等的变化。影响文化变迁的因素有自然、社会、经济、科技等外部因素与人类认知与文化自身的内部因素;在内外因素的共同影响下,形成推动文化正向发展的动力以及延缓文化发展的阻力;文化有着静态传承与动态传承两种传承方式,并发现具有从被动传承向主动传承、从泛化传承向强化传承、从机械传承到有机传承、从灌输—依赖传承到建构—创新传承的趋势。研究从时空多维审视三峡文化地理变迁的过程,总结了三峡地区文化地理特征,认为三峡地区文化地理的变迁在时间上呈现出"渐变—突变—渐变"的规律,在空间上呈现出"点扩散—线传播—面影响—多维立体变迁"特点;其文化变迁除了普遍机制外,还有特殊因素作用下的内外机制。

同时,研究认为由于主导因素与作用力的不同,三峡人居环境的文化地理变迁模式古今呈现出明显差异。研究总结了三峡地区古代人居环境建设文化地理变迁的时空延展型的自然式演进模式与当代时空压缩型的突变式演进模式,并在此基础上提出了当代城镇适应性规划对策。

4)提出实现三峡人居环境的文化目标及其实现对策

三峡人居环境的文化愿景是"和谐、可持续与积极",而文化地理区划与协调、文化生命周期的认知与调控、文化价值的评估与提升是实现这一愿景的三条途径。本书提出了三峡地区人居环境建设的文化发展对策,从地域文化的空间和谐、时间可持续与保持先进性三个方面提出了三峡地区文化地理区划方法、文化生命周期调控方法与地域文化价值多维评估方法等理论与方法。

本书认为从物质空间规划到文化空间规划的技术思路转变,是促使人居环境品质提升的重要途径。研究提出从物质空间规划到文化空间规划的技术思路,建立文化地理数据库、开展文化空间规划、构建地方公共文化服务体系等,以实现三峡地区文化和谐、可持续与积极地发展。

地域文化的时空分布与变化生动地表达了人类活动的时空分布与变化。从某种意义上来说,地域文化发展史即为人居环境建设史,人居环境建设变迁可反映地域文化地理变迁。三峡地区具有显著的自然环境特点与地域文化特色。研究立足于人居环境背景下的文化地理学视角,确立了从时间及空间两个维度来揭示三峡地区文化地理变迁的过程,梳理了三峡地域人居环境的文化脉络,分析了文化地理变迁的影响因素与机制,全面探讨了提升三峡地区人居环境品质的文化路径,全景式地展现了该地域文化"过去—现在—未来"的发展过程,旨在促进该地域文化的传承与创新,指导三峡地区人居环境的文化建设。

人居环境科学体系博大精深,三峡地区文化地理变迁历史悠久,各类研究众多纷繁。要在人居环境科学体系中来研究地域文化变迁的过程与规律,掌握多学科的理论、方法与庞大的数据支撑是本研究最为根本的难点。① 难点之一：数据之难。本次研究的时间、空间跨度很大，数据的收集和处理是本次研究的难点之一。要进行三峡地区文化地理变迁的研究，势必要有大量历史文化数据。在研究之初，笔者拟建立三峡地区的文化地理空间信息数据库。但由于三峡地区行政建制的频繁调整，地属边远山区，经济社会发展落后，有关文化记载的资料缺失严重，未果，进而影响后来文化地理变迁的空间分析与模拟，最终不得不放弃此研究方案，转而从历史的角度梳理文化变迁过程，不得不从现象学的思维方法中去寻求出路。每提及此，总深感遗憾。然而即便是运用历史地理学的方法进行文化变迁历史进程的梳理、研究与分析，仍需大量文史资料，详细了解作为研究对象的三峡地区文化历史与现象。在大量阅读历史文献、地方志以及其他学者的归纳总结后，还是感觉数据缺失严重，难窥全貌，踌躇难以落笔。② 难点之二：方法之难。本书涉及文化、历史、地理、人居环境等多门学科的交叉与综合，是一项艰难的跨学科的挑战，需要多学科的研究方法与技术，但作者的知识水平远不够应付自如。虽笔者曾多次尝试运用各种较为前沿的技术方法，但终究由于数据问题或软件平台问题不得不放弃。对此，本书试图用相对传统的技术方法来缓解此类问题推动研究继续进行，然而"文化"的特性却使得有关文化的研究颇显"软"，不够"硬"。研究方法上的不足，使得本书进行得异常艰难，这也是今后尚待努力之处。

行文至此，终至完结。回顾全文，洋洋洒洒数十万字，仍意犹未尽；面对诸多不足处，仍倍感忐忑。① 综述不全：各学科经典文献阅读量偏少，导致文献综述不够全面。由于本研究的综合性较强，需要对多学科进行长期的知识积累，并非三五年之易，笔者深感经典文献阅读量偏少，文献综述不够全面，仅管窥一斑，尤感汗颜。② 方法不新：写作与研究过程中使用的方法不新，定量研究偏少，各个学科的综合性研究方法融贯得不够深入，降低了研究的科学含量。③ 数据不够：数据与实例支撑偏少，导致结论的推导略显脱节。本研究需要有足够的数据资料与实践案例支撑，然而由于资料的缺失，使得行文艰难，导致结论的推导与之前的过程分析略显脱节，难免有拼凑之嫌。

当前，人类已进入文化觉醒期，掌握文化地理变迁过程，认识文化变迁规律，正确对待传统文化与新兴文化，充分体现地域的时代特色，实现地域文化的和谐、持续、积极发展，积极探索与实践，实现人居环境建设的可持续，实现"文化强国"，推动人类社会的不断进步。在"后三峡时代"，三峡人居环境仍在继续。希望通过该书的研究能帮助人们树立正确的地域文化价值观，将地域文化的传统价值与现代精神结合，达到文化发展积极、和谐与可持续愿景。基于本次研究，笔者今后将在人居环境领域继续开展有关地域文化的后续研究，持续跟踪三峡地域人居环境的动态演进，探求山地地区新型城镇化的文化模式。笔者期望通过研究，为实现"文化强国"，传递文化正能量，推动地域文化可持续发展，促进文化空间和谐贡献自己绵薄之力。诚然，关于地域人居环境文化建设，不是个人之力、短期内可以完成的，需要更多人的关注与共同努力。相信，通过努力，走向文化繁荣的美好人居终将伴随人类社会的发展而逐步实现！

参考文献

[1] 余秋雨. 文化苦旅[M]. 上海：中国出版集团东方出版中心，1992.

[2] 吴良镛. 人居环境科学导论[M]. 北京：中国建筑工业出版社，2001.

[3] 赵万民. 三峡工程与人居环境建设[M]. 北京：中国建筑工业出版社，1999.

[4] 毛泽东. 毛泽东著作选读[M]. 北京：人民出版社，1986.

[5] 于丹. 读书在这个时代到底有什么用？[J]. 社区，2009(17)：6-8.

[6] [美]萨缪尔·亨廷顿. 文明的冲突与世界秩序的重建[M]. 周琪，刘绯，张立平，等，译. 北京：新华出版社，2002.

[7] 武廷海. 中国城市文化发展史上的"江南现象"[J]. 华中建筑，2000(03)：122-123.

[8] 周宜君. 长江三峡区域地理研究综述[J]. 云南地理环境研究，2006(04)：5-9.

[9] 武廷海. 区域：城市文化研究的新视野[J]. 城市规划，1999(11)：12-14,64.

[10] [奥]埃尔温·薛定谔. 生命是什么[M]. 上海：上海人民出版社，1973.

[11] [美]威廉·费尔丁·奥格本. 社会变迁——关于文化和先天的本质[M]. 王晓毅，陈省国，译. 杭州：浙江人民出版社，1989.

[12] [美]克莱德·M. 伍兹. 文化变迁[M]. 施维达，胡华生，译. 昆明：云南教育出版社，1989.

[13] [英]马林诺夫斯基. 文化论[M]. 费孝通，译. 重庆：商务印书馆，1944.

[14] [英]马林诺夫斯基. 科学的文化理论[M]. 黄建波，等，译. 北京：中央民族大学出版社，1999.

[15] 刘明. 环境变迁与文化适应研究述要[J]. 河北经贸大学学报(综合版)，2009(02)：54-58.

[16] 黄亚平，陈静远. 近现代城市规划中的社会思想研究[J]. 城市规划学刊，2005(05)：27-33.

[17] 童恩正. 文化人类学[M]. 上海：上海人民出版社，1989.

[18] Boas F, et al. General Anthropology[M]. Boston：D. C. Health & Co.，1938.

[19] 石峰. "文化变迁"研究状况概述[J]. 贵州民族研究，1998(04)：5-9.

[20] 司马云杰. 文化社会学[M]. 济南：山东人民出版社，1986：403-414.

[21] 杨镜江. 文化学引论[M]. 北京：北京师范大学出版社，1992.

[22] 石奕龙，郭志超. 文化理论与族群研究[M]. 合肥：黄山书社，2004：65.

[23] 赵旭东. 在文化对立与文化自觉之间[J]. 探索与争鸣，2007(03)：16-19.

[24] 费孝通. 江村经济[M]. 上海：上海人民出版社，2007.

[25] 胡起望，范宏贵. 盘村瑶族：从游耕到定居的研究[M]. 北京：民族出版社，1983.

[26] 郭大烈. 云南民族传统文化变迁研究[M]. 昆明：云南大学出版社，1997.

[27] 周宜君. 长江三峡地理研究回顾与展望[J]//湖北省地理学会 2005 年学术年会文

集[C]. 中国武汉, 2005.

[28] 郦道元, 杨守敬, 熊会贞, 等. 水经注疏[M]. 武汉:湖北人民出版社, 1992.

[29] 吕斌, 陈睿, 蒋丕彦. 三峡工程影响下三峡区域旅游地空间结构研究[J]. 地域研究
与开发, 2004(06):73 - 77, 114.

[30] 吕斌, 陈睿, 蒋丕彦. 论三峡库区旅游地空间的变动与重构[J]. 旅游学刊, 2004(02):
26 - 31.

[31] 吕斌. 打造"三峡旅游经济圈"[J]. 中国国家地理, 2003(06):12 - 16.

[32] 吴良镛, 赵万民. 三峡库区人居环境的可持续发展[J]//1997 中国科学技术前沿
(中国工程院版)[C]. 上海:上海教育出版社, 1998.

[33] 赵万民. 三峡库区人居环境建设十年跟踪[J]. 时代建筑, 2007(04):180 - 182.

[34] [美]D. 帕克, 马小俊. 阿斯旺大坝的功过评述[J]. 水利水电快报, 2000, 21
(04):33.

[35] 谈国良, 万军. 美国田纳西河的流域管理[J]. 中国水利, 2002(10):157 - 159.

[36] [比利时]伊·普里高津, 伊·斯唐热. 从混沌到有序[J]. 曾庆宏, 沈小峰, 译. 上海:
上海译文出版社, 1987.

[37] [美]霍金. 时间简史:从大爆炸到黑洞[M]. 许明贤, 吴忠超, 译. 上海:三联书
店, 1993.

[38] [法]柏格森. 时间与自由意志[M]. 雷震, 马斯洛, 等, 译. 北京:中国社会出版
社, 1999.

[39] 陈正祥. 中国文化地理[M]. 上海:三联书店, 1981.

[40] [英]爱德华·泰勒. 原始文化[M]. 连树声, 译. 北京:三联书店, 1992:506 - 507.

[41] 刘锡涛. 宋代江西文化地理研究[D]. 西安:陕西师范大学, 2001.

[42] 冯天瑜, 何晓明, 周积明. 中华文化史[M]. 上海:上海人民出版社, 1990.

[43] 黄晓伟.《现代汉语词典》(第 5 版)单音节同形词例析[J]. 辞书研究, 2011(01):
38 - 44.

[44] 辞海[M]. 上海:上海辞书出版社, 1980.

[45] [英]迈克·克朗. 文化地理学[M]. 修订版. 杨淑华, 宋慧敏, 译. 南京:南京大学出
版社, 2005.

[46] Jordan, et al. The Human Mosaic—A Thematic Introduction to Cultural Geography [M]. New York: Harper & Row Pub, 1990.

[47] 杨国安, 甘国辉. 人文地理学研究方法述要[J]. 地域研究与开发, 2003(01):
1 - 4, 13.

[48] 周尚意. 文化地理学[M]. 北京:高等教育出版社, 2004.

[49] 江津县志编辑委员会. 江津县志[M]. 成都:四川科学技术出版社, 1995.

[50] 四川省巴县志编纂委员会. 巴县志[M]. 重庆:重庆出版社, 1994.

[51] 忠县地方志编纂委员会. 忠县志(1988—2008)[M]. 重庆:西南师范大学出版
社, 2009.

[52] 巴渝文化丛书之古镇[M]. 重庆:重庆出版社, 2006.

[53] 李孝聪. 中国区域历史地理[M]. 北京:北京大学出版社, 2004.

[54] 宋华久. 三峡民居[M]. 北京:中国摄影出版社,2002.

[55] 曹诗图. 三峡旅游文化概论[M]. 武汉:武汉出版社,2003.

[56] 胡绍华. 三峡地区非物质文化遗产与旅游开发利用原则[J]. 三峡大学学报(人文社会科学版),2007,29(006):5－8.

[57] 熊尚全. 三峡库区非物质文化遗产的分类、现状与保护[J]. 湖北第二师范学院学报,2009,25(12):45－46.

[58] 王恩涌. 中国文化地理[M]. 北京:科学出版社,2008.

[59] 王作新,毕丽艳. 三峡峡口方言词汇的构成来源[J]. 三峡大学学报(人文社会科学版),2004(06):56－59.

[60] 胡绍华. 长江三峡宗教文化概论[M]. 北京:中国社会科学出版社,2010.

[61] 李长禄. 三峡民间美术色彩研究[J]. 重庆三峡学院学报,2002,18(02):24－28.

[62] 蒋昭侠,王丽. 三峡地域文化探讨[J]. 云南地理环境研究,1998,10(2):56－62.

[63] 郭建庆. 中国文化概述[M]. 上海:上海交通大学出版社,2005.

[64] 刘国辉. 三峡重庆库区人口分布变化与人口布局研究[M]. 北京:中国人口出版社,2007.

[65] 裔昭印. 世界文化史[M]. 上海:华东师范大学出版社,2000.

[66] R Inglehart,C Welzel. Modernization,Cultural Change and Democracy:The Human Development Sequence[M]. Cambridge:Cambridge University Press,2005.

[67] B M Fagan. Clash of cultures[M]. Maryland USA:Altamira Press,1998.

[68] 毛曦. 历史文化地理学的理论与方法[J]. 陕西师范大学学报(哲学社会科学版),2002(03):88－94.

[69] 李秀清. 三峡工程淹没区文物保护及旅游协调发展[J]. 长江流域资源与环境,1999,8(01):30－37.

[70] 雷依群,施铁靖,全国师范高等专科学校文科教材编委会. 中国古代史[M]. 北京:高等教育出版社,1999.

[71] 王风竹. 三峡地区"朝天嘴B区类型"遗存分析[M]. 长春:吉林大学出版社,2005.

[72] 杨华. 三峡地区春秋战国时期冶铁业的考古发现与研究——兼论楚国对巴蜀地区冶铁业的影响[J]. 重庆师范大学学报(哲学社会科学版),2005(04):61－69.

[73] 人民网-重庆视窗. 重庆发现三峡地区首个汉代窑炉群[M]. http://cq. people. com. cn/News/20100530/201053085357. htm. 2010.

[74] 晋书·律历志[M]. 1974年点校本. 北京:中华书局,1974.

[75] 蓝勇. 西南历史文化地理[M]. 重庆:西南师范大学出版社,1997.

[76] 常璩. 华阳国志·蜀志[M]//景印文渊阁四库全书[Z]. 上海:上海古籍出版社,1984.

[77] (梁)萧统. 文选·魏都赋[M]. (唐)李善,注. 北京:中华书局,1977.

[78] 赵昆生,张娟. 试论秦汉魏晋南北朝三峡地区的社会经济[J]. 重庆师院学报(哲学社会科学版),2004(05):54－59.

[79] (梁)萧统. 文选·卷四·蜀都赋[M]. (唐)李善,注. 上海:上海书店,1988.

[80] 欧阳修,宋祁. 新唐书·食货志[M]. 北京:中华书局,1975.

[81] 欧阳修,宋祁. 二十五史·新唐书[M]. 影印本. 上海:上海古籍出版社,1986.

[82] 任桂园. 隋唐五代盐政与三峡盐业(上篇)[J]. 重庆三峡学院学报,2005(04).

[83] (北宋)司马光.《资治通鉴》论丛[M]. 刘乃和,宋衍申,主编. 郑州:河南人民出版社,1985.

[84] 张舜. 宋代长江三峡地区经济开发的整体研究[D]. 武汉:华中师范大学,2003.

[85] 邹登顺. 论元明清三峡地区的移民对区域文化发展的影响[J]. 重庆师范大学学报(哲学社会科学版),2004(05):60－66.

[86] 陈可畏. 长江三峡地区历史地理之研究[M]. 北京:北京大学出版社,2002.

[87] 蓝勇. 长江三峡历史地理[M]. 成都:四川人民出版社,2007.

[88] 王纲. 清代四川史[M]. 成都:成都科技大学出版社,1991.

[89] 重庆市文化局,重庆市博物馆,长江水利委员会. 四川两千年洪灾史料汇编[M]. 北京:文物出版社,1993.

[90] 万县市地方志办公室,等. 万县市历代战事和灾害[M]. 铅印本,1996.

[91] 宋濂,李修生. 元史[M]. 北京:汉语大词典出版社,2004.

[92] 周勇. 重庆通史[M]. 重庆:重庆出版社,2002.

[93] 胡昭曦. 张献忠屠蜀考辨[M]. 成都:四川人民出版社,1980.

[94] 王笛. 跨出封闭的世界[M]. 北京:中华书局,2001.

[95] 孙晓芬. 清代前期的移民填四川:四川人的祖先来自何方[M]. 成都:四川大学出版社,1997.

[96] 黄权生. 从《竹枝词》看清代"湖广填四川"——兼论清代四川移民"半楚"的表现与影响[J]. 重庆工商大学学报(社会科学版),2009,26(01):130－138.

[97] 王日根. 乡土之链:明清会馆与社会变迁[M]. 天津:天津人民出版社,1996.

[98] 蓝勇. 深谷回音[M]. 重庆:西南师范大学出版社,1994.

[99] 黎小龙,蓝勇,赵毅. 交通贸易与西南开发[M]. 重庆:西南师范大学出版社,1994.

[100] 何炳棣,葛剑雄. 明初以降人口及其相关问题[M]. 北京:三联书店,2000.

[101] 隗瀛涛. 近代重庆城市史[M]. 成都:四川大学出版社,1991.

[102] 鲁子健. 清代四川财政史料[M]. 成都:四川省社会科学院出版社,1988.

[103] 吴朝弟. 涪陵鸦片百年考[M]. 重庆:西南大学出版社,1999.

[104] 李震. 新文学地理中的西部高地[J]. 陕西师范大学学报,2004,33(06):20－21.

[105] 《中国三峡建设年鉴》编纂委员会,中国长江三峡工程开发总公司. 中国三峡建设年鉴[M]. 宜昌:中国三峡建设年鉴社,2007.

[106] 赵万民,魏晓芳,等. 三峡库区新人居环境建设十五年进展 1994—2009[M]. 南京:东南大学出版社,2011.

[107] 黄勇. 三峡库区人居环境建设的社会学问题研究[M]. 南京:东南大学出版社,2011.

[108] 熊平生,谢世友. 三峡库区人地关系地域系统及其协调途径研究[J]. 决策咨询通讯,2007(06):85－87.

[109] 崔连仲. 世界史:古代史[M]. 北京:人民出版社,1983.

[110] 曾代伟. 巴楚民族文化圈研究:以法律文化的视角[M]. 北京:法律出版社,2008.

[111] 管维良. 大巫山盐泉与巴族兴衰[J]. 三峡学院学报,1999(03):17.

[112] (东晋)常璩. 华阳国志校注[M]. 刘琳,校注. 成都:巴蜀书社,1984.

[113] 刘向. 新序译注[M]. 武汉:湖北人民出版社,1986.

[114] 管维良,陈果. 先秦至南北朝重庆历史与巴渝特色文化[J]. 三峡大学学报(人文社会科学版),2006,28(03):5-8.

[115] 刘不朽. 巴楚在三峡地区的军事争夺和文化交融——关于巴楚关系与巴楚文化之探讨[J]. 中国三峡建设,2005,12(01):64-70.

[116] 重庆市文物局,重庆市移民局. 重庆库区考古报告集[M]. 北京:科学出版社,2003.

[117] 班固. 汉书(五)[M]. 颜师古,注. 北京:中华书局,1962.

[118] 林永仁,来层林. 巴楚文化[M]. 北京:华文出版社,1999.

[119] 赵世华. 神农溪纤夫的宗教信仰[J/OL]. 长江巴东网,2009.

[120] 张琴. 浪迹尘寰:我的人生随笔[M]. 北京:世界知识出版社,2004.

[121] 蓝勇. 长江三峡人地关系的历史思考[N]. 华明日报,2003-02-18.

[122] 岳精柱. 清代巴山移民土著化研究[D]. 重庆:西南大学,2006.

[123] 李孝聪. 中国区域历史地理[M]. 北京:北京大学出版社,2004.

[124] 魏源. 湖广水利论[M]. 北京:中华书局,1976.

[125] 黄权生,杨光华. 四川移民地名与"湖广填四川"——四川移民地名空间分布和移民的省籍比例探讨[J]. 西南师范大学学报(人文社会科学版),2005,31(03):111-118.

[126] 贾孔会. 三峡航运发展史略及展望[J]. 三峡文化研究,2006(06):307-314.

[127] (西汉)司马迁. 史记[M]. 北京:中华书局,1982.

[128] 席龙飞. 中国造船史[M]. 武汉:湖北教育出版社,2000.

[129] 赵涵漠. 八旬老人写120万字手稿回忆上世纪长江船夫生活[N]. 中国青年报,2011-04-20.

[130] 中国国际广播电台. 再唱川江号子[J/OL]. 2009-07-29.

[131] 黄中模,管维良. 中国三峡文化史[M]. 重庆:西南师范大学出版社,2003.

[132] 傅润华,汤约生. 陪都工商年鉴[Z]. 重庆:文信书局,1945.

[133] (西汉)司马迁. 史记·货殖列传[M]. 北京:中华书局,1982.

[134] 立山,刘卫国,任桂园,等. 绝壁上的史诗——永远消逝的三峡古栈道[J/OL]. 新华网,2006-07-26.

[135] 四川省巫山县志编纂委员会. 巫山县志[M]. 成都:四川人民出版社,1991.

[136] 冯岩. 大宁县志[M]. 北京:海潮出版社,1990.

[137] 龚永新,蔡烈伟. 三峡库区茶业发展机遇与对策[J]. 茶业通报,1998,20(03):6-8.

[138] 韩庆春. 建设三峡茶业文化产业促进茶叶经济快速发展[J/OL]. http://blog.sina.com.cn/s/blog52229244010091dk.html,2007-06-17.

[139] 刘不朽. 三峡茶文化探踪:中国饮茶起源与三峡之渊源[J]. 中国三峡建设(工程科技版),2000(08):42-47.

[140] 唐宋文人的三峡茶缘[N]. 中国三峡工程报,2009-11-27.

[141] (元)赵道一. 历世真仙体道通鉴[M]. 道藏第 5 册,1988.

[142] 王万年,李泽民. 三峡情　稻花香——奇山异水出美酒[J/OL]. 中国酿酒网, 2005-06-29.

[143] 编辑部. 中国大百科全书(简明版)[M]. 北京:中国大百科全书出版社,2004.

[144] Steven Vago.　Social Change [M].　New York：Holt, Rinehart & Winston, Zaltman, Gerald and Robert Duncan,1996.

[145] Featherstone M.　The heroic life and everyday life [J].　Theory, Culture & Society,1992,9(01):159-182.

[146] 郑晓云. 文化认同与文化变迁[M]. 北京:中国社会科学出版社,1992.

[147] 黄淑娉,龚佩华. 文化人类学理论方法研究[M]. 广州:广东高等教育出版社,1998.

[148] 黄勇,赵万民. 三峡库区人居环境建设的社会学认识[J]. 城市规划,2007(10): 30-35.

[149] 王鸿儒. 和而不同　有容乃大——贵州民族民间文化的价值评估与发展路向[J]. 社科新视野,2006(01).

[150] 李泽新,赵万民. 长江三峡库区城市街道演变及其建设特点[J]. 重庆建筑大学学报,2008(02):1-6.

[151] 李婷. 析新疆俄罗斯族的文化变迁[J]. 语文学刊(高等教育版),2011(13): 78-80.

[152] 梁鹤年. "文化基因"[J]. 城市规划,2011(10):78-85.

[153] 孙九霞,张倩. 旅游对傣族物质文化变迁及其资本化的影响——以傣楼景观为例 [J]. 广西民族大学学报(哲学社会科学版),2011,33(03):7-13.

[154] Malinowski B.　The Dynamics of Culture Change [M].　New Haven：Yale University Press,1965.

[155] Malinowski B.　A Scientific Theory of Culture[M].　Chapel Hill：University of North Carolina Press,1944.

[156] 武廷海. 追寻城市的灵魂[J]. 城市规划,1997(03):25-28.

[157] 品红木中国红木古典家具网. 文化的传承方式[J/OL]. http://www. pinhm. com/chuancheng/2010/0303/549. html. 2010.

[158] 王润平. 当代中国家庭变迁中的文化传承方式探析[J]. 社会科学战线,2004(03): 273-274.

[159] 方朝晖. 从文化相对论与文化进化论之争[J/OL]. 爱思想,2012-02-12.

[160] [美]布赖恩·费根. 世界史前史[M]. 插图第 7 版. 杨宁,周幸,冯国雄,译. 北京: 世界图书出版社,2011.

[161] 李存山. 儒家的和谐社会理念及其历史局限[J]. 河北学刊,2007(01):18-26.

[162] 景淮堂. 积极文化与消极文化[J/OL]. http://blog. sina. com. cn/s/blog_ 4c7939a00100vb6n. html. 2011-04-02.

[163] 周振鹤. 中国历史上自然区域、行政区划与文化区域相互关系管窥[J]. 历史地理, 2003(19).

[164] 周振鹤. 中国历代行政区划的变迁[M]. 北京:商务印书馆,1998.

[165] 周振鹤. 中国历史文化区域研究[M]. 上海:复旦大学出版社,1997.

[166] 王恩涌. 文化地理学导论:人·地·文化[M]. 北京:高等教育出版社,1991.

[167] 卢云. 文化区:中国历史发展的空间透视[J]. 历史地理,1990(19):81-92.

[168] 老舍,林汝为,李翔,等. 四世同堂[M]. 北京:人民文学出版社,1998.

[169] 吴必虎. 中国文化区的形成与划分[J]. 学术月刊,1996(03):10-15.

[170] Vernon R. International Investment and International Trade in the Product Cycle [J]. The Quarterly Journal of Economics,1966(05):190-207.

[171] [美]摩尔根. 古代社会[M]. 杨东莼,马雍,马巨,译. 北京:生活·读书·新知三联书店,1957.

[172] [美]塞维斯. 文化进化论[M]. 黄宝玮,等,译. 北京:华夏出版社,1991.

[173] [美]托马斯·哈定. 文化与进化 [M]. 韩建军,商戈令,译. 杭州:浙江人民出版社,1987.

[174] 费孝通. 文化的生与死[M]. 上海:上海人民出版社,2009.

[175] Schumpeter J A. Business cycles [M]. Cambridge:Cambridge University Press,1939.

[176] [美]约瑟夫·熊彼特. 经济周期循环论[M]. 叶华,译. 北京:中国长安出版社,2009.

[177] [美]盖瑞·祖卡夫,琳达·弗朗西斯. 灵魂之心:情绪的觉察[M]. 阿光,译. 北京:华文出版社,2010.

[178] Zukav G,Francis L. The Heart of the Soul:Emotional Awareness [M]. New York:Free Press,2002.

[179] 李良品. 川江号子[J]. 中国三峡建设,2006(04):70-73.

[180] 张昆仑. "边际效用价值论"的合理成分[J]. 经济学家,2001(02).

[181] 曾坚,刘丛红. 如何创造城市文化的永恒价值[J]. 城乡建设,2003(02).

[182] 曾坚,陈闻喆,徐刚. 建构21世纪的建筑与文化观念——第20届世界建筑师大会"建筑与文化"分题论文评析[J]. 新建筑,1999(06).

[183] 魏晓芳,谭于芳,唐瑶. 长沙市各区历史文化资源评价[J]. 长沙大学学报,2005(04):9-11.

[184] 张森. 文化产品的市场价值及其评估方法新探[J]. 兰州学刊,2011(08):61-66.

[185] S Zukin. The Cultures of Cities [M]. New York:Wiley-Blackwell,1995.

[186] 吴良镛. 论中国建筑文化研究与创造的历史任务[J]. 城市规划,2003(01):24-25.

[187] 吴良镛. 建筑文化与地区建筑学[J]. 华中建筑,1997(02):13-17.

[188] 吴良镛. 建筑的文化品位[J]. 建筑与文化,2005(12):8-9.

[189] 丁沃沃. 再度审视建筑文化——结构肌理和地形学国际研讨会综述[J]. 时代建筑,2004(06):86-89.

[190] 黄亚平,汪进. 论小城镇特色的塑造[J]. 城市问题,2006(03):6-9.

[191] 赵炜,杨矫. 三峡小城镇"渐变"式城市设计方法初探[J]. 重庆建筑大学学报,2004(06):120-122.

[192] 赵万民,赵炜. 三峡沿江城镇传统聚居的空间特征探析[J]. 小城镇建设,2005

(03):33 - 37.

[193] 黄鹤. 文化规划:基于文化资源的城市整体发展策略[M]. 北京:中国建筑工业出版社,2010.

[194] 单霁翔. 从"功能城市"走向"文化城市"[J]. 建筑创作,2007(06):24 - 28.

[195]《设计家》. 中国新文化空间设计[M]. 天津:天津大学出版社,2011.

[196] 易晓峰. 从地产导向到文化导向——1980年代以来的英国城市更新方法[J]. 城市规划,2009(06):66 - 72.

[197] 包亚明. 空间、文化与都市研究——包亚明研究员在上海大学的讲演(节选)[N]. 文汇报,2005-11-06.

[198] [美]沙朗·佐京. 谁的文化? 谁的城市? [J]//包亚明. 后大都市与文化研究[M]. 上海:上海教育出版社,2005.

[199] 邱成. 挖掘文化资源 打造文化品牌[J]. 群众,2012(03):46 - 47.

[200] 包亚明. 文化:城市中隐没的纬度[A]. 哈尔滨日报,2006-01-23.

[201] 齐勇锋,王家新. 构建公共文化服务体系探索[M]//2006年中国文化产业发展报告[C]. 北京:社会科学文献出版社,2006.

[202] 张晓丽,牟永泉. 公共文化服务体系建设的实践分析——以天津市为例[J]. 经济师,2012(01):87 - 88.

[203] 张楠. 纵横结构的公共文化服务体系模型建构[J]. 浙江社会科学,2012(03):98 - 105.

[204] 万县志编纂委员会. 万县志[M]. 成都:四川辞书出版社,1995.

[205] 重庆市万州区龙宝移民开发区地方志编纂委员会. 万县市志[M]. 重庆:重庆出版社,2001.

[206] 凌月明,燕平,唐远志,等. 长寿县志:1986—2001[M]. 重庆:西南师范大学出版社,2007.

[207] 阿蛮. 宁厂[M]. 重庆:重庆出版社,2003.

[208] 任乃强. 四川上古史新探[M]. 成都:四川人民出版社,1986.

[209] 光绪. 大宁县志(卷一)[M]. 地理·风俗.

[210] 光绪. 巫山县志[M]. 艺文志:30 - 32.

[211] 新华社. 探访大昌古城[J/OL]. 华夏经纬网,http://www.huaxia.com/zt/03 - 12/00517059.html,2006.

[212] 武廷海,鹿勤,卜华. 全球化时代苏州城市发展的文化思考[J]. 城市规划,2003(08):61 - 63.

[213] 吕斌,张玮璐,王璐,等. 城市公共文化设施集中建设的空间绩效分析——以广州、天津、太原为例[J]. 建筑学报,2012(07):1 - 7.

[214] 曾坚,杨晓华. 试论全球化与建筑文化发展的关系[J]. 建筑学报,1998(08):30 - 32,78.

[215] 曾坚,邹德侬,张玉坤. 开创21世纪建筑与文化的新纪元[J]. 建筑学报,1999(06):12 - 15.

[216] 费孝通. 费孝通文集:第十四卷[M]. 北京:群言出版社,1999.

致　　谢

　　本书从拟题到落笔,历时六载,既享受于三峡文化的博大精深、欢欣于人居环境的世事变迁,又痛苦于自身知识的才疏学浅、踌躇于学术研究的浩瀚无边,就在兴奋与惶恐之间纠结度日,在学习与实践之中蹒跚前行。几经坎坷,几度止步,又在师长、兄弟、亲人、朋友的鼓励中奋力前行,续修菩萨道。

　　初识三峡,年纪尚幼,还可见夔门雄、巫峡秀、西陵险,以观光者的身份感叹于自然的伟力;再识三峡,来源于课本,要求背诵的段落"自三峡七百里中,两岸连山,略无阙处;重岩叠嶂,隐天蔽日……"至今不绝于耳;三识三峡,通过媒体,对三峡工程的启动前后的相继报道,使得我对三峡的未来产生些许期盼和隐约忧虑;而真正与三峡结缘,则到了 2006 年,溯峡而上,自湘入渝,走上求学之路,尤其是 2007 年师从赵万民教授,秉承团队学术精神,加入团队山地人居环境系列研究,定题"三峡";2007 至 2013 年之间,每年不少于一次的奔赴三峡地区调研,无数次翻阅三峡地区的地方志史,收集了大量资料,逐渐形成研究思路,期间艰辛与困苦不予人说。文能终成,除个人坚持,还离不开大家的帮助。回望异乡求学之路,从起初的人地生疏到如今的师友遍地,甚是感慨!

　　首先感谢导师赵万民先生。他的治学精神感染着我虚心向学;他的卓越远见开拓着我的视野;他的严格要求锻炼着我的思维;他的广博学识、敏锐目光与豁达气度让我受益匪浅。是先生带领我走入学术的殿堂,使我在学术的道路上不断成长。先生多次教诲,弟子谨记于心。同时还要感谢师母曹冰女士,给我带来清风拂面般的温暖。特别感谢先师黄光宇先生。虽刚入师门,就逢先生辞世,但先师的音容笑貌至今难忘。有幸在先生遗作的最后阶段参与其中,深为先生治学的严谨态度所折服,从先生身上所学到的早已超越知识本身。学生无以为报,惟愿秉承先师之风在学术路上谨然前行,以告慰先师在天之灵。

　　在求学、治学的路上,还得到了许多老师、兄弟和朋友的热情关心和帮助。感谢徐千里、黄天其、谭少华、李和平、龙彬、闫水玉、段炼、李泽新、杨宇振、曾卫、王萍等教授的悉心指导;感谢黄勇、李进、赵炜、李旭、戴彦、黄瓴、陈双、汪洋等师兄师姐对研究的提点与对成长的帮助;感谢朱猛、李云燕、郭辉、刘畅等同门师兄弟的并肩作战,共同成长;感谢陈宁强、史靖远、周琎、阴怡然、刘柳、杨黎黎等师弟师妹的关心与支持;感谢陈兰书记、刘蓓主任以及徐敏、王军、梁洋熙等工作战线的同事们给我的鼓励与支持;感谢在百忙之中评阅和参加答辩的各位专家、教授;还要感谢在研究过程中给予我帮助的很多无名的人们!

　　最后,感谢父母,是你们无私的奉献帮助我完成学业;感谢先生肖峰和儿子肖宇苗,是你们在背后一如既往的理解与支持支撑我走过风雨,永当铭记!

魏晓芳
二〇一三年四月于重庆